Graphentheorie und Netzwerkanalyse

Christin Schmidt

Graphentheorie und Netzwerkanalyse

Eine kompakte Einführung mit Beispielen,
Übungen und Lösungsvorschlägen

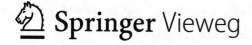

Christin Schmidt
Hochschule für Technik und Wirtschaft Berlin
Berlin, Deutschland

ISBN 978-3-662-67378-2   ISBN 978-3-662-67379-9   (eBook)
https://doi.org/10.1007/978-3-662-67379-9

Die Deutsche Nationalbibliothek verzeichnet diese Publikation in der Deutschen Nationalbibliografie; detaillierte bibliografische Daten sind im Internet über http://dnb.d-nb.de abrufbar.

Planung/Lektorat: Leonardo Milla
Springer Vieweg ist ein Imprint der eingetragenen Gesellschaft Springer-Verlag GmbH, DE und ist ein Teil von Springer Nature.
Die Anschrift der Gesellschaft ist: Heidelberger Platz 3, 14197 Berlin, Germany

Für Tim

Vorwort

Warum ein weiteres Fachbuch zur Graphentheorie und Netzwerkanalyse? Diese Frage stellte ich mir im Herbst 2019, als ich damit begann, eine neue Lehrveranstaltung zum Thema im Masterstudiengang *Angewandte Informatik* zu erarbeiten.

Zwar gibt es zahlreiche exzellente Publikationen dazu, jedoch sind diese Werke in der Regel auf Englisch verfasst. Deutschsprachige Publikationen legen den Schwerpunkt stärker auf mathematische Details, algorithmische Aspekte oder konkrete Bereiche, z. B. Soziale Netzwerkanalyse (SNA). Zudem adressieren Autor:innen oft eine bestimmte Technologie oder Programmiersprache, statt unterschiedliche Implementierungsbeispiele anzubieten.

Graphen und Netzwerke finden sich jedoch in nahezu allen Lebensbereichen. Studierende begegnen Graphen in vielen Situationen schon im frühen Stadium ihres Studiums, wie z. B. in der Informatik bei fast allen Modellierungen im Software-Engineering, als Datenstrukturen oder im Bereich der NoSQL-Datenbanken. Daher ist eine kompakte graphentheoretische Einführung auf Deutsch mit Betrachtung des gesamten Lebenzyklus eigener Datenprojekte, Aspekten der Ethik und des Daten-schutzes sowie ergänzt durch Implementierungsbeispiele in unterschiedlichen Techno-logien/Programmiersprachen von großem Nutzen. Um diese Lücke zu schließen, entstand das vorliegende Buch, welches nicht nur als begleitendes Skript für Lehrver-anstaltungen dienen kann, sondern auch allen interessierten Menschen einen Schnellein-stieg in die Materie ermöglichen soll.

Um die Konzepte, Formeln und Algorithmen in Gänze zu verstehen, ist mathematisches Grundverständnis sicherlich hilfreich, aber keine Voraussetzung. Wem sich beim Anblick griechischer Buchstaben und Programmcode die Nacken-haare aufstellen, lasse diese Elemente eben einfach weg. Wer diese Aspekte allerdings ausbauen und vertiefen möchte, sollte die gezeigten Themen und Beispiele selbst praktisch erkunden und anhand der ausgewiesenen Quellen weiter vertiefen. Eine spezielle Technologie wird dabei weder von Grund auf vorgestellt noch empfohlen. Vielmehr werden Beispiele mit verschiedenen Anwendungen (z. B. `Gephi`, `Neo4j`, `R-Studio`), Programmier- und Abfragesprachen (z. B. `Python`, `R`, `Julia`, `Cypher`) dargestellt.

Das Buch erhebt selbstverständlich keinen Anspruch auf Vollständigkeit, Themen werden nicht erschöpfend behandelt. Das Manuskript enthält ausgewählte wesentliche Teile meiner Lehrveranstaltung.

Kap. 1 führt in die Welt der Graphen und Netze ein. Es zeigt zunächst die Bedeutung und Verbreitung von Graphentheorie und Netzwerkanalyse für verschiedene Disziplinen anhand einiger praktischer Beispiele sowie verschiedener Netzwerktypen, welche in unterschiedlichsten Bereichen charakterisiert und untersucht werden. Ergänzend werden einige gesellschaftliche Aspekte der Netzwerkperspektive durch ihren Einfluss und Einsatz in Wirtschaft, Gesundheitswesen und dem Sicherheitssektor exemplarisch skizziert. Abschließend werden Eigenschaften der Wissenschaftsdisziplin *network science* skizziert.

Kap. 2 beschreibt Aspekte der Modellierung, Erhebung und grundsätzliche Analysemöglichkeiten von Netzwerkdaten. Auf Basis einer Zielstellung wird beschrieben, wie, ausgehend von einer Definition und Abgrenzung der Untersuchungspopulation (Knoten) und Festlegung der zu untersuchenden Relationen (Kanten), Modelle erstellt und zu erhebende Daten festgelegt werden können. Im weiteren Schritt werden Erhebungsverfahren, -methoden sowie gängige Dateiformate im Kontext von Technologien und der Abhängigkeit der zu erwartenden Datenmenge aufgezeigt. Im Zuge dessen wird ein Auszug von Technologien und Frameworks im Umfeld der Netzwerkwissenschaften vorgestellt. Ergänzend werden Merkmalsträger und Merkmale mit Blick auf individuelle Knoten und Kollektive vorgestellt. Hierbei werden für Individuen und Kollektive verschiedene Merkmalstypen mit besonderem Augenmerk auf nicht absolute, relationale Merkmale beleuchtet. Diese müssen vorhanden sein, um konkrete Netzwerkanalysen durchführen zu können. Anschließend werden mit der Eigenschaftsanalyse, der Positionsanalyse, der Strukturanalyse sowie der Dynamikanalyse vier Verfahren der Netzwerkanalyse skizziert, die sich auf Individuen oder einen (Teil-)graphen beziehen können. Aspekte der Visualisierung runden das Kapitel ab.

Kap. 3 widmet sich den Grundlagen der Graphentheorie. Zu Beginn werden verschiedene Netzwerkrepräsentationen vorgestellt. Hierbei wird zunächst der Graph als mathematische Repräsentation eines Netzwerkes mit seinen Bestandteilen, Knoten und Kanten in unterschiedlichen Ausprägungen beschrieben. Erste Kennzahlen und Metriken werden vorgestellt, um einfache Netzstrukturen und -positionen auf globaler Ebene eines gesamten betrachteten Netzes (Makro), regionaler Ebene von Knotengruppen und Gemeinschaften (Meso) sowie auf Ebene individueller Knoten (Mikro) erkennen, unterscheiden und beschreiben zu können. Ergänzend werden die Breiten- und Tiefensuche als Möglichkeiten zum Wandern (Traversieren) im Graphen vorgestellt.

Kap. 4 vertieft die Mikroebene und fokussiert Zentralitätsmaße, welche den Wert einer Kennzahl eines einzelnen Knotens aus radialer oder medialer Perspektive zu den Gesamtwerten eines Netzes in Beziehung setzen. Allen Verfahren gemein ist die Tatsache, dass sie allen einzelnen Knoten im Graphen Werte zuordnen, die eine Reihung nach „Wichtigkeit" ermöglichen. Auf Basis unterschiedlicher Ansätze zur

Konkretisierung dessen, was als „wichtig" anzunehmen ist, werden jeweilige Kennzahlen vorgestellt.

Kap. 5 skizziert, wie statt einzelner Knoten regionale Knotengruppen auf der Mesoebene betrachtet werden können. Anhand unterschiedlicher Analyseebenen werden unterschiedlich große Gruppenstrukturen betrachtet, beginnend mit der kleinsten Einheit: Dyade, Triade, ego-zentrierte Netzwerke und Gruppen in ihren Gruppierungsmöglichkeiten. Das Kapitel widmet sich im weiteren Verlauf dem Konstrukt Gemeinschaften und den vielfältigen Ansätzen, diese als Subgraphenstruktur beschreiben und mittels Zerlegungs-/Detektionsmethoden ermitteln zu können.

Kap. 6 beschreibt zunächst die Grundlagen der Modellierung von Netzwerken mit dem Ziel der Reproduktion von Eigenschaften realer Netzwerke hin zu Vergleichen von Eigenschaften realer Netzwerke mit deren Abweichung von Modellen. Auf Basis der dargestellten Wahrscheinlichkeitsverteilungen, die in realen Netzwerken oftmals beobachtet werden, beschreibt das Kapitel weiterhin statische Netzwerkmodelle hinsichtlich der Verdrahtung und ihres Wachstums auf Basis gegebener Gradsequenzen und fixierter Knotenanzahl. Hierbei werden auch Exponential Random Graph Models (ERGM) als Modellklasse zur Untersuchung abhängiger Parameter bei der Kantenbildung beleuchtet. Das Kapitel gibt zudem einen Ausblick auf dynamische Aspekte von Netzwerken im Zeitverlauf und skizziert Ansätze mit Fokus auf Knoten- oder Kantenveränderungen.

Es folgen spezielle Kapitel, die Querschnittsthemen bei der Datenanalyse im Allgemeinen und, wo möglich, Bezüge zu netzwerkanalytischen Fragestellungen adressieren.

In Kap. 7 wird die Strukturierung des Arbeitsprozesses für Datenwissenschaftler:innen adressiert. Da es in Wissenschaft und Praxis keinen einheitlichen und konsentierten Ansatz für ein Vorgehensmodell gibt, der darüber hinaus auch für die Hochschullehre geeignet erscheint, wird ein Prozessmodell generiert und vorgestellt. Dabei werden die Phasen Erkundung, Datenbeschaffung, Datenpräparation, Exploration/Modellplanung, Modellerstellung, Interpretation, Veröffentlichung und Operationalisierung unterschieden und beschrieben. Mit den Phasen verbundene Aktivitäten, Meilensteine und Artefakte sowie prozessübergreifende Aspekte werden ergänzt, um praktisch Interessierte bei der Strukturierung ihres Arbeitsprozesses zur Untersuchung einer datenwissenschaftlichen Problemstellung zu unterstützen.

Ergänzend führt Kap. 8 in Begrifflichkeiten und Strömungen der Ethik im Bereich Informationstechnologien ein. Analytische Betrachtungsebenen der digitalen Ethik im Allgemeinen sowie gesellschaftliche Ebenen, auf denen sich ethische Fragen und Problemstellungen ergeben, werden vorgestellt. Im Anschluss daran werden Aspekte zu ethischen Grundsätzen und Verhaltenskodizes, zu Privatsphäre/Datenschutz und Vertraulichkeit sowie zur verantwortungsvollen Durchführung und Evaluation von Forschungsvorhaben beschrieben. Das Kapitel skizziert zudem den Begriff *Verzerrung* (engl.: bias) im Kontext der Varianz, welche im Zusammenspiel für Forscher:innen immer ein Dilemma begründet, und beschreibt die Bedeutung der Vermeidung von Diskriminierung.

Kap. 9 beschreibt, warum Datenschutz aus Sicht einer Person, die an datenbasierten Studien und Aktivitäten beteiligt ist, wichtig ist. Ableitend aus grundsätzlichen Prinzipien und rechtlich geschützten Sphären und Grundfreiheiten werden im Kapitel Begriffe, Rechtssubjekte und Verfahren im Umfeld datenschutzrechtlicher Gesetze beschrieben. Es folgt eine Beschreibung von Konzepten und Verfahren zur Anonymisierung einschließlich Pseudonymisierung, welche im Falle des Vorliegens personenbezogener Daten zwingend anzuwenden sind. Anschließend werden Prinzipien des Datenschutzes in Deutschland im Kontext von DSGVO und BDSG skizziert. Den Abschluss des Kapitels bildet die Darstellung des Privacy Protecting Data Mining (PPDM), welches Anonymisierungsansätze zur Veröffentlichung nützlicher Daten unter Bewahrung der Privatsphäre fokussiert.

In Kap. 10 bietet der Hauptteil des Buchs eine zusammenfassende Betrachtung. Ein Appendix enthält Lösungsvorschläge zu den Übungsaufgaben und ein Stichwortverzeichnis.

Mein Dank gilt dem familiären, freundschaftlichen und beruflichen Netzwerk, in welches ich eingebunden sein darf. Ganz besonders herzlich bedanken möchte ich mich bei Dipl.-Inf. [FH] Dennis Koppenburg für die bereichernden Beiträge und wertvollen Anmerkungen, besonders im Rahmen der Korrekturphase dieses Buches.

Hoffentlich haben Sie, liebe Leser:innen, nach der Lektüre nicht nur einen Einblick in die spannende Welt der Graphentheorie und Netzwerkanalyse gewonnen, sondern können auch selber eigene Fragestellungen untersuchen.

Berlin   Christin Schmidt
im März 2023

Über das Buch

Dieses Buch bietet eine kompakte Einführung in die Grundlagen der Graphentheorie und die Methoden der Netzwerkanalyse. Zahlreiche praktische Beispiele und Übungsaufgaben mit Lösungsvorschlägen helfen Leser:innen dabei, die theoretischen Konzepte besser zu verstehen und anzuwenden. Dabei werden unterschiedliche Technologien und Programmiersprachen verwendet, um ein breites Spektrum an Anwendungen abzudecken. Darüber hinaus beleuchten spezielle Kapitel die Methodik mit Blick auf die Planung und Durchführung eigener Netzwerkanalyseprojekte sowie ethische und datenschutzrechtliche Aspekte. So liefert das Buch nicht nur einen theoretischen Überblick, sondern auch praktische Tipps und Anleitungen für die Untersuchung eigener netzwerkanalytischer Fragestellungen. Dieses Buch eignet sich nicht nur als Nachschlagewerk für Studierende und Dozierende vielfältiger Fachdisziplinen mit curricularem Bezug zum Thema, sondern auch als Ergänzung des Repertoires von Praktiker:innen im Bereich Data Science mit Interesse an der Untersuchung von Netzwerken. Ob als theoretischer Einstieg oder als praktischer Ratgeber – dieses Buch leistet einen Beitrag für die Untersuchung und Analyse von Netzwerken und bietet eine Grundlage für weiterführende Studien und Projekte.

Prof. Dr. Christin Schmidt (*1978) lehrt und forscht seit 2011 an der Hochschule für Technik und Wirtschaft Berlin im Studiengang Angewandte Informatik. Schwerpunkte liegen hierbei in den Gebieten verteilte Systeme, Daten- und Netzwerkwissenschaften, ethische und gesellschaftliche Aspekte der Informatik.

Inhaltsverzeichnis

Abbildungsverzeichnis

Tabellenverzeichnis

Listings

Einführung

1

Inhaltsverzeichnis

Dieses Kapitel widmet sich der Hinführung zum Thema Graphentheorie und Netzwerkanalyse. Es wird gezeigt, welche vielfältigen Untersuchungsgebiete die Netzwerkperspektive unterstützt.

1.1 Graphen und Netzwerke

Graphen repräsentieren die Struktur eines Netzwerkes. Ein Graph besteht aus Knoten und Kanten, welche die Verbindungen zwischen Knoten darstellen. Knoten und Kanten besitzen verschiedene charakteristische Eigenschaften (Attribute), welche die Struktur und formale Beschreibung des Graphen beeinflussen. Beispielsweise kann die Eigenschaft von Kanten hinsichtlich einer vorhandenen Richtung der Verbindung zwischen einzelnen Knoten in einem gerichteten Graphen die Berechnung spezifischer Kennzahlen und Eigenschaften begründen, die ohne eine Richtung nicht möglich wären[1].

Abb. 1.1 zeigt beispielhaft ein durch einen ungerichteten Graphen repräsentiertes Netzwerk. Der Graph besteht aus sechs Knoten (A, B, C, D, E, F) und neun Kanten (die Verbindungen zwischen den Knoten).

---

[1] Vertiefung in Kap. 3.

© Der/die Autor(en), exklusiv lizenziert an Springer-Verlag GmbH,
DE, ein Teil von Springer Nature 2023
C. Schmidt, *Graphentheorie und Netzwerkanalyse*,
https://doi.org/10.1007/978-3-662-67379-9_1

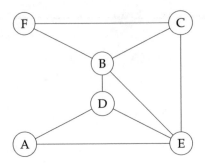

Abb. 1.1 Beispielgraph

Tab. 1.1 Beispiele: Knoten und Kanten

Netzwerk	Knoten	Kante
Soziogramm	Akteure	Beziehungen/Verbindungen
Internet	Computer/Router	Datenverbindung (Kabel, Wireless)
WWW	Website	Hyperlink
Metabolisches Netz	Metabolit	Metabolische Reaktion

Graphen sind eine weitverbreitete Möglichkeit zur Repräsentation von Daten und Algorithmen [1] in: [2, S. 27]. Graphen als natürliche Abstraktion ermöglichen die Darstellung
vieler Phänomene der realen Welt als Modell [3, S. 288].

Tab. 1.1 zeigt beispielhaft einige Knoten und Kanten in ausgewählten Netzwerken.

Theoreme der Graphentheorie ermöglichen es dabei, formale Eigenschaften von Netzwerken zu analysieren. Mittels dieser Perspektive lassen sich vielfältige Zusammenhänge,
Beziehungen und Interaktionen darstellen und untersuchen.

Graphen zur Darstellung von Beziehungen, Verflechtungen und Allianzen finden sich beispielsweise im Werk des Künstlers Mark Lombardi[2], einem US-amerikanischen Künstler [4,
S. 19]. Mit der Intention, Machtstrukturen zu recherchieren und darzustellen, fertigte Lombardi in Handarbeit zahlreiche Soziogramme an, da er den Überblick über die Karteikarten
verlor, welche er im Laufe seiner Recherchen aus öffentlichen Quellen zur Datenhaltung
angefertigt hatte. Die Soziogramme stellen die Beziehungen/Verbindungen (Kanten) von
Personen und/oder Institutionen (Knoten, Akteure) zueinander dar.

Graphen als Repräsentationsform und Grundlage zur Netzwerkanalyse finden sich auch
im Handel mit Gütern und Dienstleistungen oder im Bereich der Verbreitung von Krankheiten, Informationen und Meinungen. So beschreiben Chen et al. [5] mittels verschiedener
Methoden und Kennzahlen aus der Netzwerkanalyse globale, nationale und regionale Ener-
gieströme (Input und Output) bezogen auf das Jahr 2018. Global weist der Graph Eigenschaf-

---

[2] Mehr zu Mark Lombardi und seinen Arbeiten siehe: https://lombardinetworks.net/ [letzter Zugriff:
18.10.2022].

ten einer sog. „kleinen Welt"[3] auf und ist skalenfrei[4]. National nehmen die Volkswirtschaften der Nationen USA, China und Deutschland eine exponierte Rolle beim Energiefluss hinsichtlich aller angewendeten Kennzahlen, die in den nachfolgenden Kapiteln noch fokussiert werden, ein. Zudem ergeben sich auf regionaler Ebene vier Gemeinschaften (Cluster), welche nicht genau denjenigen internationalen Handelsabkommen und den durch sie geschaffenen internationalen Organisationen (z. B. NAFTA, ASEAN) entsprechen, welchen diese Nationen angehören.

Die Netzwerkperspektive ermöglicht somit einen Einblick in zahlreiche Bereiche. Hierbei existiert keine allgemeingültige Kategorisierung, um verschiedene Netzwerke disjunkt einordnen zu können. Deshalb sollen im Folgenden einige Beispiele gemäß der Kategorien technologische Netzwerke, soziale Netzwerke (Soziogramme), Informationsnetzwerke und biologische Netzwerke nach Newman [6, S. 17–104][5] kurz vorgestellt werden, die sich durchaus überlappen können.

Technologische Netzwerke umfassen beispielsweise [6, 17 ff.]:

- Internet: Datennetzwerk, in dem Nachrichten in Pakete unterteilt werden. Vom Sende- zum Empfangsknoten können die Pakete unterschiedliche Routen durch das Netzwerk nehmen. Beim Empfänger werden die Pakete wieder zusammengesetzt. Knoten umfassen z. B. Backbone-Hardware, User; Kanten umfassen z. B. physikalische Verbindungen, Routen;
- Telefonnetz: Knoten fragt Verbindung zu einem anderen Knoten an und bekommt eine feste Verbindung zur Übertragung, die für die Dauer der Übertragung etabliert wird, zugewiesen. Hierbei werden Nachrichten nicht in Pakete unterteilt;
- Stromnetz (engl.: power grid): Hochspannungsleitungen zur Übertragung elektrischer Energie über lange Distanzen hinweg,
- Transportnetzwerke: Straßennetze, Bahnnetze, Luftverkehrsnetze,
- Zustellungs- und Distributionsnetze: Öl-/Gaspipelines, (Ab-)Wassernetze, Verteilungswege von zustellenden Knoten (Post, Logistik, Cargo).

---

[3] Das sog. „Kleine-Welt"-Phänomen (s. Abschn. 6.2.2) bezeichnet Netze mit den Eigenschaften: Transitivität (zwei Knoten, die jeweils eine Kante zu einem dritten Knoten haben, besitzen ebenfalls eine hohe Wahrscheinlichkeit einer Verbindung; s. Abschn. 5.2.2), hoher Clusterkoeffizient (Bildung von Subgruppen mit darin wichtigeren Knoten mit Verbindungen zu anderen Clustern; s. Abschn. 4.1.4) und geringer durchschnittlicher kürzester Pfad/geringer Durchmesser (Details s. Kap. 3).

[4] In skalenfreien Netzen weisen einige wenige Knoten deutlich mehr Verbindungen auf als die übrigen Knoten. Die Anzahl von Verbindungen zwischen Knoten ist, wie bei Kleine-Welt-Netzen, nicht gleichmäßig zufällig verteilt und orientiert sich darüber hinaus an einem Potenzgesetz (s. Abschn. 6.1.4). Im Vergleich zu Zufallsnetzen (s. Abschn. 6.2.1) gelten Kleine-Welt-Netze und ihre Unterform der skalenfreien Netze als robuster (Grund: Der Ausfall eines zufälligen Knotens wirkt sich kaum auf den durchschnittlichen kürzesten Pfad aus, es sei denn, es handelt sich um einen Hub); Details s. Abschn. 6.2.3.

[5] Weitere Kategorien/Beispiele finden sich z. B. in [7, 131 ff., 4, 21 ff., 8, 1 ff., 9, 85 ff., 10].

Soziale Netzwerke (Soziogramme) bezeichnen Netzwerke mit Personen (Knoten) und deren Beziehung bzw. Interaktion untereinander (Kanten), z. B.:

- Soziometrische Netze: Erhobene Stichprobe entspricht untersuchter Population;
- Persönliche Netze (engl.: ego-centered[6]): Netzwerk, ausgehend von einem Knoten („ego"), mit Verbindungen zu anderen Knoten („alteri"),
- Mitgliedschaftsnetzwerke: bipartit[7]/zwei Knotentypen:

1. Akteure,
2. Gruppe, zu der Akteure sich zuordnen lassen.

Informationsnetzwerke umfassen Netze, in denen Daten und Informationen vernetzt sind (und die von Menschen geschaffen wurden) [6, S. 63–77], z. B.:

- World Wide Web: virtuelles Netzwerk aus Websites (Knoten) und Hyperlinks (Kanten) auf Basis des Internets,[8]
- Zitationsnetze: Knoten sind Veröffentlichungen, Kanten entsprechen den Zitationen in anderen Veröffentlichungen,[9]
- Peer-to-Peer (P2P): Overlay-Netz über das physikalische Internet, welches gleichberechtigte Knoten miteinander verbindet und den direkten Datenaustausch zwischen Peers (ohne Intermediäre wie Server) ermöglichen kann. Topologien können durch ein Modell determiniert sein, und einige Knoten können in Abhängigkeit des Grades der Zentralisierung herausragende Rollen einnehmen.

Biologische Netzwerke umfassen beispielsweise:

- Biochemische Netze:
  - Metabolische Netze: Knoten sind chemische Produkte aus Zellreaktionen, Kanten stellen Reaktionsschritte dar. Ein metabolisches Netz ist vereinfacht gesagt (ohne Berücksichtigung von Enzymen, welche sich im Reaktionsverlauf nicht chemisch

---

[6] s. Abschn. 5.3.

[7] Bipartit bedeutet, dass es zwei Knotentypen gibt und Akteure (Typ 1) nicht untereinander verbunden sind, sondern Kanten immer nur zwischen einem Akteur (Typ 1) und einer Gruppe (Typ 2) bestehen können. Bipartite Graphen gehören zur Gruppe der *k-partiten Graphen* (k = Anzahl der Knotentypen); (s. Abschn. 3.2.4).

[8] Dieses Netzwerk ist zyklisch, d. h., es kann Schleifen gerichteter Kanten geben. Dies ermöglicht es, von einem Ausgangspunkt wieder zurück zum Ursprung zu gelangen (s. Abschn. 3.3.5).

[9] Dieses Netzwerk ist azyklisch, d. h., es gibt weder Schleifen gerichteter Kanten, noch ist es möglich, von einer Ursprungsveröffentlichung und der in ihr enthaltenen Quellenliste wieder zurück zu ihr selbst zu gelangen (s. Abschn. 3.3.5).

verändern[10]) gerichtet (Reaktionen haben immer einen In- und Output) und bipartit (s. Abschn. 3.2.4),

- Protein-Protein-Interaktionsnetze: Interaktionen von Proteinen (Knoten) untereinander; nicht rein chemisch, sondern physisch in Form komplexer Faltungen in Interaktion/Nachbarschaft zu anderen Proteinen im Proteinkomplex,

- Neuronale Netze: Interaktionen von Neuronen mittels Knoten (Zellkörper/Soma) und Kanten (Synapsen: 1. Input des Zellkörpers/Somas: Dendriten; 2. Output des Zellkörpers: Axon),

- Ökologische Netze: Interaktionen von Spezies/Gruppen von Organismen in einem Ökosystem (z. B. Nahrungsketten, Prädator-Beute-Interaktion, Wirt-Parasit-Netze).

Graphentheorie und Netzwerkanalyse berühren in vielfältiger Weise die Gesellschaft; auch das Konstrukt „Gesellschaft" selbst repräsentiert ein komplexes System, welches sich mittels dieser Gebiete beschreiben und analysieren lässt.

Barabási und Pósfai [4, 27 f.] beschreiben mehrere gesellschaftliche Bereiche, die durch die Netzwerkwissenschaften beeinflusst werden. So basiert das Geschäftsmodell vieler Firmen, die unter dem Schlagwort „soziale Netzwerke" zusammengefasst werden, auf Netzwerkdaten. Unternehmen stellen Nutzer:innen Infrastrukturen und Dienste bereit. Nutzer:innen „füttern" die jeweiligen Unternehmen explizit und implizit mit Daten, die u. a. via Netzwerkanalysemethoden ausgewertet werden und von den Daten sammelnden Institutionen für vielfältige weitere Zwecke genutzt werden (z. B. Produktvorschläge, Werbung). In Organisationen können mittels der Netzwerkperspektive formale und informelle Strukturen aufgedeckt werden, aus denen spezifische Aktivitäten abgeleitet werden können.

Im Gesundheitswesen spielen Netzwerke eine immer bedeutender werdende Rolle bei der Entwicklung von Medikamenten und somit auch in der Gen-, Zell- und Krankheitsforschung, z. B. bei der Erforschung von Strukturen und Interaktionen von Genomen und molekularen Netzwerken. Ebenso unterstützt die Netzwerkwissenschaft die Erforschung der Ausbreitung und Eindämmung von Krankheiten/Viren sowie die Neurowissenschaften mit Fokus auf Struktur der Zusammenhänge und Abläufe im menschlichen Gehirn.

Ein weiterer Bereich ist die Sicherheit. Hier beeinflusst Netzwerkforschung die Arbeit vieler Sicherheitskräfte, z. B. bei der Analyse von Strukturen und Interaktionen im Zusammenhang mit terroristischen Aktivitäten bis hin zur netzwerkbasierten Kriegsführung gegen dezentral in Netzwerken organisierte gegnerische Parteien.

Netzwerke sind demnach nicht nur omnipräsent, sondern unterliegen hinsichtlich der in ihnen verwendeten Daten auch Aspekten der Ethik (s. Kap. 8) und des Datenschutzes (s. Kap. 9).

---

[10] Derartige Graphen sind tripartit.

1.2   Netzwerkwissenschaft als Wissenschaftsdisziplin

Trotz der im vorherigen Abschnitt angedeuteten Durchdringung verschiedener Disziplinen durch Graphentheorie und Netzwerkanalyse ist die eigentliche *Netzwerkwissenschaft*
(engl.: network science), welche beide Bereiche vereint, relativ jung. Jackson [11, S. xii]
führt aus, dass die Beschäftigung mit Graphentheorie seit ca. fünf Jahrzehnten hauptsäch-
lich in der soziologischen und mathematischen Fachliteratur erfolgte. Erst vor ca. 15 Jahren
fand Graphentheorie mehr Beachtung in anderen Disziplinen, wie z. B. den Wirtschafts-
wissenschaften, der Informatik oder der statistischen Physik. Barabási und Pósfai [4, 25 f.,
36 f.] verknüpfen Impulse zu einem gesteigerten Interesse an Netzwerken mit mehreren oft
zitierten Veröffentlichungen:

- Erdős und Rényi (1959) [12]: Zufall in Form sog. Zufallsgraphen (engl.: random networks, s. Abschn. 6.2.1) hält Einzug in die Graphentheorie; der Ansatz zu einer Erklärung, wie sich Netzwerke formieren, beruht auf der Annahme zufälliger Prozesse, welche
  Kanten zwischen Knoten bilden.[11] Die Eigenschaften derartiger, zufälliger Netze lassen
  sich zum Teil wiederum auf konkrete Netzwerke, welche in unterschiedlichen Bereichen
  beobachtet werden, übertragen [11, S. 9]. Untersuchungen fokussieren hierbei die Bildung von Kanten zwischen Knoten, unterschiedlich starke Zusammenhänge hinsichtlich
  der Kantenanzahl bei Knoten, Pfade zwischen Knoten, durchschnittliche und maximale
  Pfadlängen zwischen Knoten oder die Anzahl isolierter Knoten;
- Granovetter (1973) [13] charakterisiert Eigenschaften und Folgen der Intensität vorhandener Verbindungen zwischen Knoten und beleuchtet u. a. den Zusammenhang zwischen
  individuellem Verhalten und sozialen Netzstrukturen, in die ein Individuum eingebettet
  ist;
- Watts und Strogatz (1998) [14]: Kleine-Welt-Phänomen,[12]
- Barabási und Albert (1998) [15]: Eigenschaften von skalenfreien Netzwerken.[13]

Zu den Eigenschaften der Wissenschaftsdisziplin *network science* zählen Barabási und Pósfai [4, 27 f.] Interdisziplinarität, Datengetriebenheit/empirischer Charakter, mathematischer
Formalismus, Notwendigkeit zu Datenverarbeitung/Berechnungen.

Jackson [11, S. xi] identifiziert im Zusammenhang mit sozialen Netzen drei inhaltliche
Schwerpunkte der Netzwerkforschung:

1. Theorie(-bildung) mit Fokus auf Strukturen und dynamische Aspekte (z. B. Formierung)
   von Netzwerken sowie deren Einfluss auf Verhalten,
2. Empirie und Statistik,
3. Methodologien bei der Netzwerkanalyse.

---

[11] S. Abschn. 6.2.1.
[12] S. Abschn. 6.2.2.
[13] S. Abschn. 6.2.3.

Dementsprechend erfordert *Netzwerkwissenschaft* als Teilgebiet der Datenwissenschaften (engl.: data science) eine Vielzahl von Kompetenzen und interdisziplinäres Fachwissen, welches sich von wissenschaftlicher Methodik über Mathematik und Statistik hin zur Informatik erstreckt. Ergänzend sind profunde Kenntnisse der jeweiligen Bereiche und Anwendungsgebiete (engl.: domains), gesellschaftliche und ethische Reflexionsfähigkeit sowie Rechtskenntnisse unerlässlich.

1.3 Zusammenfassung

Dieses Kapitel zeigte die Bedeutung und Verbreitung von Graphentheorie und Netzwerkanalyse für verschiedene Disziplinen auf. Praktische Beispiele sowie verschiedene Netzwerktypen aus unterschiedlichen Bereichen wurden vorgestellt. Ergänzend wurden einige gesellschaftliche Aspekte der Netzwerkperspektive durch ihren Einfluss und Einsatz in Wirtschaft, Gesundheitswesen und dem Sicherheitssektor exemplarisch skizziert. Weiterhin wurden ein Auszug von Technologien und Frameworks im Umfeld der Netzwerkwissenschaften vorgestellt und Eigenschaften der Wissenschaftsdisziplin skizziert.

Einst Nischendisziplinen, haben sich Graphentheorie und Netzwerkanalyse in vielen weiteren Wissenschaftsbereichen etabliert, eine eigene, junge Disziplin der Netzwerkwissenschaften begründet und vielfältige Anwendungen auf Basis graphentheoretischer Kennzahlen und Konzepte entstehen lassen.

Insgesamt erscheint es deshalb nicht nur lohnenswert, sondern auch notwendig, sich mit Graphen und Netzwerken sowie diesbezüglichen Konzepten, Methoden und Technologien zu beschäftigen. Dies ist Voraussetzung, um ein tiefergehendes Verständnis für Einsatzmöglichkeiten und Grenzen von Graphen und Netzwerken im Kontext eigener Fragestellungen und Disziplinen entwickeln zu können.

Da der Umgang mit Graphen und Netzwerken ein profundes Verständnis von zu erhebenden Netzwerkmerkmalen sowie mathematischer und statistischer Grundlagen voraussetzt, widmen sich die folgenden Kapitel diesen Bereichen.

1.4 Übungen

Aufgabe 1.1. Ihre Beispiele

Nennen und beschreiben Sie drei unterschiedliche reale Netzwerke. Gehen Sie insbesondere darauf ein, um welchen Typ, welche Knoten und welche Kanten es sich handelt.

Aufgabe 1.2. Netzwerktypen

Definieren Sie beispielhaft mögliche Knoten und Kanten für die im vorangegangenen Kapitel genannten Netzwerktypen:

- Stromnetz: Hochspannungsleitungen zur Transmission elektrischer Energie über lange Distanzen hinweg,
- Transportnetzwerke: Straßennetze, Bahnnetze, Luftverkehrsnetze,
- Zustellungs- und Distributionsnetze: Öl- und Gaspipelines, Wasser und Abwassernetze, Verteilungswege von zustellenden Knoten (Post, Logistik, Cargo).

Aufgabe 1.3. Ihr Interesse[14]
Denken Sie darüber nach, welches Netzwerk Sie am meisten interessiert. Beantworten Sie die folgenden Fragen:

- Aus welchen Knoten und Kanten besteht Ihr Netzwerk?
- Wie groß ist das Netzwerk?
- Wie kann das Netzwerk entworfen/ausgearbeitet werden?
- Warum haben Sie Interesse an einem solchen Netzwerk?

Aufgabe 1.4. Einfluss der Netzwerkwissenschaften
In welchem Bereich werden aus Ihrer Sicht die Netzwerkwissenschaften in den nächsten zehn Jahren den grössten Einfluss haben? Begründen Sie Ihre Antwort.

Quellen

1. T. H. Cormen, C. E. Leiserson, R. L. Rivest und C. Stein, *Introduction to Algorithms, Third Edition*, 3rd. The MIT Press, 2009, ISBN: 9780262033848.
2. J. Kepner und H. Jananthan, *Mathematics of Big Data: Spreadsheets, Databases, Matrices, and Graphs*. The MIT Press, 2018, ISBN: 9780262038393.
3. M. A. Russell, *Mining the Social Web: Analyzing Data from Facebook, Twitter, LinkedIn, and Other Social Media Sites*, 1st. O'Reilly Media, Inc., 2011, ISBN: 9781449388348.
4. A.-L. Barabási und M. Pósfai, *Network science*. Cambridge: Cambridge University Press, 2016, ISBN: 9781107076266. Adresse: http://barabasi.com/networksciencebook/.
5. B. Chen, J. Li, X. Wu, M. Han, L. Zeng, Z. Li und G. Chen, „Global energy flows embodied in international trade: A combination of environmentally extended input-output analysis and complex network analysis", *Applied Energy*, Jg. 210, S. 98–107, Jan. 2018. https://doi.org/10.1016/j.apenergy.2017.10.113.
6. M. E. J. Newman, *Networks: An Introduction*. New York, NY, USA: Oxford University Press, Inc., 2010, ISBN: 9780199206650.
7. G. Caldarelli, *Scale-Free Networks: Complex Webs in Nature and Technology*, Ser. Oxford Finance Series. Oxford University Press, 2007, ISBN: 9780199211517.
8. F. Menczer, S. Fortunato und C. A. Davis, *A First Course in Network Science*. Cambridge University Press, 2020. https://doi.org/10.1017/9781108653947.

---

[14] Vgl. [4, S. 40].

9. S. N. Dorogovtsev und J. F. Mendes, *The Nature of Complex Networks*. Oxford University Press, 2022, ISBN: 9780199695119.

10. C. Alsina, *Graphentheorie. Von U-Bahn-Plänen zu neuronalen Netzen*. Librero Nederland bv, 2017, ISBN: 9789089988157.

11. M. O. Jackson, *Social and economic networks*. Princeton, NJ: Princeton University Press, 2008, ISBN: 9780691134406.

12. P. Erdős und A. Rényi, „On Random Graphs I", *Publicationes Mathematicae Debrecen*, Jg. 6, S. 290–297, 1959.

13. M. Granovetter, „The Strength of Weak Ties", *The American Journal of Sociology*, Jg. 78, Nr. 6, S. 1360–1380, 1973.

14. D. J. Watts und S. H. Strogatz, „Collective dynamics of 'small-world' networks", *Nature*, Jg. 393, S. 440–442, Juni 1998, ISSN: 0028-0836. https://doi.org/10.1038/30918. Adresse: http://dx.doi.org/10.1038/30918.

15. A.-L. Barabási und R. Albert, „Emergence of Scaling in Random Networks", *Science*, Jg. 286, Nr. 5439, S. 509–512, 1999. https://doi.org/10.1126/science.286.5439.509. eprint: http://www.sciencemag.org/cgi/reprint/286/5439/509.pdf Adresse: http://www.sciencemag.org/cgi/content/abstract/286/5439/509.

Umgang mit Netzwerkdaten

2

Inhaltsverzeichnis

Dieses Kapitel ist dem Thema gewidmet, wie Netzwerkdaten grundsätzlich modelliert und erhoben werden können, bevor konkretere Analysen auf verschiedenen Ebenen, wie in Folgekapiteln beschrieben, lanciert werden können.

Ausgangspunkt hierbei ist die Zielstellung.[1] Diese beeinflusst, ob Eigenschaften individueller Knoten, Strukturen in (Teil-)Gruppen im Netzwerk, gesamter Netzwerke/Gesellschaften (s. Kap. 4), Analysen zur Formierung und Modellierung von Netzwerken (s. Kap. 6) oder deren Veränderung im Zeitverlauf (s. Abschn. 6.3) betrachtet werden sollen.

2.1 Eingrenzung der Untersuchungspopulation (Knoten)

Eine Untersuchung muss zunächst mit einer Definition beginnen, welche abgegrenzte Einheit *(Untersuchungspopulation)* hinsichtlich welcher Attribute (s. Abschn. 2.5.2) untersucht werden soll [1, S. 63]. Ist diese Abgrenzung falsch, läuft man Gefahr, dass zu untersuchende Strukturen nicht in den Daten enthalten sind und folglich Ergebnisse der Analyse limitiert respektive unbrauchbar sind.

Um *Verzerrungen*[2] schon in der Frühphase einer Analyse[3] zu vermeiden, muss nach Bortz und Döhring darauf geachtet werden, dass „die Stichprobe tatsächlich die gesamte Population, für die das Untersuchungsergebnis gelten soll, repräsentiert" [2, S. 510]. Eine Analyse der Struktur ist nur mit einer Erfassung der mit Blick auf die Fragestellung relevanten Akteure und Beziehungen möglich [1, S. 65].

Allgemein formuliert müssen die zu untersuchenden Knoten und Kanten festgelegt werden (s. Tab. 1.1). So erfolgt zunächst eine Festlegung, welche Knoten untersucht werden sollen und welche nicht. Kriterien sind beispielsweise Grenzen (organisatorisch, geographisch, sozial/gruppenbezogen), Teilnahme an Ereignissen, Eigenschaften von Knoten und Beziehungen/Interaktionen zwischen Knoten. Mögliche Methoden zur Eingrenzung von Netzwerkakteuren bzw. Knoten umfassen beispielsweise:

- *Nominalistische Methode:* Forscher:in grenzt Akteure aufgrund von Merkmalen ein, deren sich Letztere nicht bewusst sein müssen,
- *Realistische Methode:* Die Akteure selbst haben ein Bewusstsein oder zumindest ein Verhalten, einem bestimmten Netz zugehörig zu sein.

2.2 Eingrenzung der Relationen (Kanten)

Relationen lassen sich hinsichtlich Inhalt, Intensität und Form unterscheiden [1, S. 52]. Inhaltlich beschreibt Jansen [1, 53, 68 f.] mögliche Relationen wie folgt:

- Informationsaustausch: Nicht materielle Einheiten werden weitergegeben (z. B. Normen, Kommunikation);

---

[1] S. Abschn. 7.2.1.
[2] S. Abschn. 8.3.1.
[3] S. Abschn. 7.2.1.

- Ressourcenaustausch/Transaktionen: Begrenzte Ressourcen werden transferiert,
- Gefühlsbeziehungen/Bewertungen von anderen (z. B. Freundschaft, Respekt, Reputation für Exzellenz oder Einfluss),
- (Grenzüberschreitende) Mitgliedschaften (z. B. in Gremien, Vereinen),
- Machtbeziehungen,
- Verwandtschaft/Abstammung,
- Affektive Beziehungen,
- Konkrete Interaktionen.

Die *Form von Relationen* meint die potenziellen Richtungen und (A)Symmetrien von Kanten (s. Abb. 5.1 in Abschn. 5.1).

2.3   Eingrenzung von Attributen

Attribute können in Abhängigkeit des Auftretens bei Knoten oder Kanten allgemein wie folgt differenziert werden [1, 47 ff.]:

- *Absolut:* kontextunabhängige, konstante Eigenschaften (z. B. Geburtsdatum einer Person, Produktionsort einer Maschine oder MAC-Adresse eines Knotens),
- *Relational:* kontextabhängige Beziehungen zwischen zwei oder mehr zu betrachtenden Individuen/Elementen (z. B. Beziehung zweier Personen oder Maschinen in einem Produktionsprozess).

Absolute Eigenschaften von Knoten alleine sind als Netzwerkdaten unbrauchbar. Aus relationalen Merkmalen kann ggf. auf absolute Merkmale geschlossen werden, aber nicht umgekehrt. Beispielsweise können aus der gesamten Importquote eines Landes nicht die bilateralen Importströme dieses Landes zu anderen Ländern abgeleitet werden. Die Erhebung relationaler Merkmale kann jedoch unter Umständen problematisch sein. So muss bei der Erhebung (explizit/implizit) auf Datenschutzaspekte geachtet werden. Zudem muss die Angabe der Beziehung bei beiden Knoten überprüft werden, um allfällige Richtungen von Beziehungen und deren Gewichtung für eine Analyse unverfälscht in die Datenbasis einbringen zu können.

Nach Festlegung der im Kontext der Forschungsfrage zu erhebenden Relationen, muss über die Skalierung der *Relationsintensität* entschieden werden [1, S. 69]:

- *Binär:* Eine Relation/Beziehung ist vorhanden oder nicht vorhanden;
- *Ordinal:* Eine Relation ist in Form einer Rangordnung vorhanden oder nicht;
- *Metrisch:* Eine Relation ist in Form einer metrischen Skala vorhanden oder nicht.

Die Relationsintensität und damit die potenzielle Gewichtung von Kanten als zusätzliches Attribut ist durch verschiedene Kriterien wie Häufigkeit oder Ausmaß eines Transfers determiniert. Sie kann nur analysiert werden, wenn diese auch erfasst werden. Eine dichotome/ binäre Erhebung (Relation vorhanden/nicht vorhanden) spiegelt die Intensität der Relation nicht wider.

Da viele Analysen auf binären Skalen und somit auf einfachen Adjazenz-/Inzidenzmatrizen (s. Abschn. 3.1.1) basieren, müssen höhere Skalenniveaus bei erhobenen Daten ggf. auf binäres Niveau transformiert *(dichotomisiert)* werden, d. h., ein:e Forscher:in entscheidet über den Trennungswert einer differenzierten Skala hin zu zwei binären Kategorien.

2.4   Modellierung von Netzwerkdaten

Fast alles kann in Form eines Graphen dargestellt werden [3, S. 141], auch wenn es nicht immer von Nutzen ist [4, S. 1]. Sofern Graphdaten noch nicht vorliegen, stellt sich die Frage, wie man diese erhalten und über einfache Kantenlisten ergänzt durch Knoten- und Kantenattribute ggf. in Datenbankform speichern kann, um weitere Analysen und Abfragen damit durchführen zu können. Robinson et al. [5, 206 ff.] sowie Kusu und Hatano [6, S. 5366] identifizieren als Ausgangspunkt drei Modellierungsansätze im Umfeld von Graphdatenbanktechnologien:

- Resource Description Format (RDF)/Triples,
- Hyper Graph Model (HGM),
- Property Graph Model (PGM).

Das PGM erscheint im Vergleich als z. Zt. etablierte Möglichkeit, Knoten und Kanten mit vielen zusätzlichen Informationen (Attributen) zu modellieren [7, S. 1643]. So wird das PGM von mehreren (Graphdatenbank-)Systemen (z. B. Neo4j, Titan) unterstützt [4, S. 3, 3, S. 141, 9, S. 2].[4]

Rodriguez und Neubauer [4, S. 4] beschreiben zudem, dass Anwendungen, die das PGM unterstützen, implizit auch andere Graphtypen unterstützen. Durch Anwendung von Operationen (z. B. Weglassen oder Hinzufügen spezifischer Elemente) können unterschiedliche Graphtypen generiert werden (s. Abb. 2.1).

Aufgrund dieser vorteilhaften Eigenschaften und seiner Verbreitung soll das Property Graph Model (PGM) im Folgenden kurz vorgestellt werden.

---

[4] Buerli kritisiert fehlende Standards bei Graphmodellen, -formaten sowie -abfragesprachen und attestiert dem Forschungsbereich NoSQL/Graphdatenbanken eine Applikations-/Herstellergetriebenheit [8, S. 6].

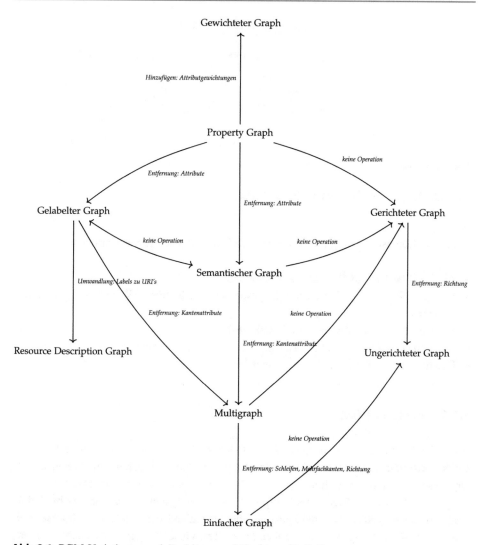

Abb. 2.1 PGM-Variationen nach Rodriguez und Neubauer [4, S. 4]

2.4.1   Property Graph Model (PGM)

Ein PGM zeigt im Ergebnis eine Konkretisierung und Vereinfachung der zu erhebenden Daten und der zu analysierenden Graphen hinsichtlich der Knoten, der Relationen zwischen den Knoten und fokussierten Attributen (s. Abb. 2.2).

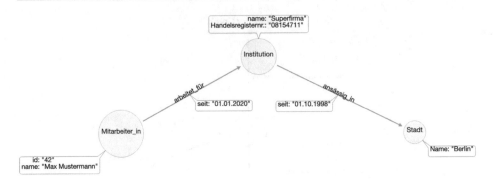

Abb. 2.2 Beispiel: Property Graph Model (PGM)

Gemäß Robinson et al. [5, S. 206] weist ein PGM folgende Eigenschaften auf:

- Ein PGM besteht aus Knoten und Relationen,
- Knoten haben Eigenschaften (engl.: properties) als Schlüssel-Wert-Paare (engl.: key-value pairs),
- Knoten können ein oder mehrere Labels besitzen,
- Relationen sind benannt und gerichtet (diese haben immer einen Start- und Endknoten),
- Relationen können ebenfalls Attribute haben.

2.4.2   Beispiel: PGM

Abb. 2.3 zeigt ein weiteres Beispiel für ein PGM mit konkretisierten Knoten, Kanten und einigen Attributen. Das PGM zeigt ein IoT-Szenario.[5] Knotentypen umfassen hierbei z. B. Organisation, Person, Maschine/System, und Kanten repräsentieren verschiedene Beziehungen; beide besitzen Eigenschaften *(properties)*. Die Systemknoten könnten hierbei als Zusammenfassungen für eine dahinterstehende Systemlandschaft stehen, die ihrerseits ein verteiltes System als eigenen Subgraphen mit weiteren Knotentypen und Relationen repräsentiert.

Ein derartiges PGM kann direkt in einer Anwendung modelliert oder in diese übertragen werden. Im zugrunde liegenden Forschungsprojekt wurde Abb. 2.3 als Basis für eine Übertragung in Neo4j herangezogen. Abb. 2.4 zeigt das Ergebnis und eingegrenzte Knoten und Relationen wie folgt:

---

[5] Das PGM entstand im Rahmen eines Forschungsprojekts zum Thema „Graphentheorie in einem Blockchain-basierten IoT-Szenario" im Wintersemester 2019/2020. Im Fokus dabei stand die Frage, wie das sog. Asset Management mit Fokus auf Wartung und Reparatur von Maschinen mittels einer Blockchain und Anwendungen der künstlichen Intelligenz abgebildet und unterstützt werden könnte.

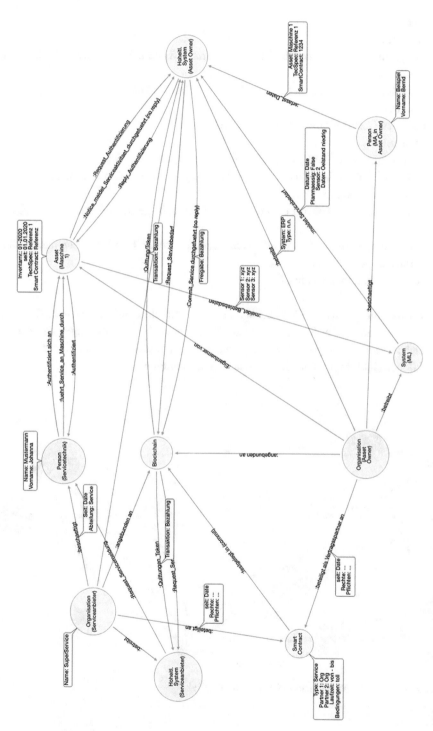

Abb. 2.3 Beispiel: PGM in einem IoT-Szenario

- Knotentypen:
  - Asset (Maschine),
  - IT-Systeme (z. B. Blockchain, Machine Learning System, hoheitl. Systeme der Organisationen),
  - Organisationen (z. B. Asset Owner, Service Organisation),
  - Smart Contract,
  - Personen (z. B. Mitarbeiter:in, Servicetechniker:in).
- Relationen:
  - Interaktion: Maschine/System-Maschine/System, Typen, z. B.:
    R-Protokoll: keine Antwort erforderlich (asymmetrisch, z. B. ML meldet Servicebedarf an Lead),
    RR-Protokoll: Antwort erforderlich (mutual, z. B. gestufte Authentifizierungsanfrage),
  - Interaktion: Mensch-Maschine/System (asymmetrisch, z. B.: Servicetechniker:in führt Service an Asset durch),
  - Weitere Relationen (mutual).

Diese Ausbaustufe ist als eine Möglichkeit zu verstehen, ein PGM zu erstellen. Ein PGM muss immer anhand realer Szenarien und konkreter Daten feingranular angepasst werden. Auch andere Modellierungen wären möglich, so könnten weitere Knoten beispielsweise Transaktionen (inkl. Input- und Outputknoten) repräsentieren.

Abb. 2.4 Beispiel: PGM in einem IoT-Szenario (Neo4j)

2.5   Erhebung von Netzwerkdaten

2.5.1   Auswahl des Erhebungsverfahrens

Netzwerke sind relationsspezifisch, d. h., für jede betrachtete Relation müssen entsprechende Daten, welche diese Relation erfassen, mit adäquaten Methoden erhoben werden. Da an dieser Stelle keine vollumfängliche Betrachtung aller empirischen Erhebungsmethoden[6] gegeben werden kann, sollen nur einige Aspekte beleuchtet werden.

Jansen [1, S. 63] beschreibt, dass Netzwerkdaten aufgrund der Analyseeinheit *Beziehungen,* oder allgemein gesprochen *Relationen,* Besonderheiten bei der Datenerhebung aufweisen. Sind die zu untersuchenden Knoten eingegrenzt, ist zu beachten, dass bei Wegfall eines Knotens oder Wegfall von Teilinformationen zum Knoten bei der Datenerhebung nicht nur die absoluten Informationen/Merkmale über diesen Knoten für eine Analyse fehlen, sondern gleichzeitig auch dessen Relationen, welche das gesamte betrachtete Netz hinsichtlich dessen Strukturen und Dynamik beeinflussen könnten.

2.5.2   Merkmalsträger, Attribute und Analyseebenen

Eine einheitliche Typologie von Merkmalen und Merkmalsträgern für die Netzwerkanalyse gibt es nicht. Jansen [1, S. 46] beschreibt im Kontext der SNA[7] einen möglichen Ansatz mit mindestens zwei Analyseebenen und Merkmalsträgern: *Individuum* und *Kollektiv.* Diese Perspektive kann auf die in diesem Lehrbuch verwendete Unterscheidung zwischen *Knoten, Knotengruppen* und *Attributen* übertragen werden.

Unabhängig von der konkreten Methode muss eine Untersuchung die Güte der Messungen hinsichtlich der folgenden Kriterien sicherstellen [1, S. 79]:

- *Zuverlässigkeit/Reliabilität:* intertemporale, interpersonelle und interinstrumentale Konstanz der Messergebnisse,
- *Gültigkeit/Validität:* Grad, inwiefern genau das gemessen wurde, was gemessen werden sollte.

Hollstein [11, 410 ff.] in: [12] und Newman [13, S. 39, 52] beschreiben qualitative Erhebungsmethoden wie folgt:

- Observationen (indirekt),
- Interviews (direkte Befragung),
- Dokumente/Archivdaten (indirekt).

---

[6] Vgl. vertiefend [2, S. 510].

[7] Die Beschreibungen basieren auf Lazarsfeld und Menzel (1961/1969) [10].

Tsvetovat und Kouznetsov [14, 162 ff.] weisen auf die Begrenzung der Stichprobengröße bei den obigen, klassischen Verfahren hin und ergänzen Server-Logs und soziale Medien als Quellen zur direkten oder indirekten Datensammlung. Nach de Nooy et al. [15, S. 26] sind wegen der Ungenauigkeit der Erinnerungen von Befragten indirekte Verfahren den direkten vorzuziehen. Dies kann so allgemein jedoch nicht gelten, da die Erhebungsmethode auch von der Fokussierung auf eine quantitative und/oder qualitative Zielstellung abhängt.

2.5.3 Dateiformate

Mit Blick auf die in Kap. 3 skizzierte Repräsentation von Graphen stellt sich auch die Frage, welche Formate die zu erhebenden Daten im Rahmen der geplanten Methodologie (s. Abschn. 7.2.1) und genutzten Technologien (s. Abschn. 2.5.4) haben sollen.

Bei Graphdaten wird oftmals zwischen *text-basierten* und *XML-basierten* Formaten unterschieden [16, S. 189]. Während XML-basierte Graphen aussagekräftiger und flexibler als text-basierte Formate erscheinen, muss bei XML mit erhöhten Dateigrößen und längeren Parsingzeiten gerechnet werden [14, S. 142].[8]

In allen Fällen sollte eine Bestandsaufnahme der Qualität und Quantität verfügbarer bzw. zu erhebender Daten sowie deren Quell- und Zielformate bei eigenen Analysevorhaben erfolgen.

2.5.4 Technologien

In Bezug auf Technologien in Abhängigkeit der zu erwartenden Datenmengen skizzieren Tsvetovat und Kouznetsov [14, 139 ff.] die folgenden Möglichkeiten:

- Small data (in-memory): Kantenlisten, .net-Format (ASCII), GraphML (XML),
- Medium data: Datenbank-Repräsentation,
- Big data: (verteilte) NoSQL-Datenbanken (z. B. Neo4j).

Tab. 2.1 zeigt einige von zahlreichen Technologien und Anwendungen im Bereich der Netzwerkanalyse, die zur Darstellung, Berechnung und Speicherung von Graphen zur Verfügung stehen.[9] Die Übersicht ist sehr unvollständig, da es je nach Programmierparadigma, Datenbank und Analysemethode weitere Anwendungen gibt, deren Vorstellung und Beschreibung nicht an dieser Stelle erfolgen soll und kann.[10]

---

[8] Ein Vergleich XML-basierter Formate XGMML, GraphXML, GraphML und GXL findet sich in [16, S. 195].

[9] Letzter Zugriff auf URLs in Tab. 2.1: 28.11.2022.

[10] Vgl. Übersicht mit Funktionszuordnung von Anwendungen im Umfeld der Social Network Analysis (SNA) von Huisman und van Duijn [17, 580 ff.] in: [12].

Tab. 2.1 Technologien & Anwendungen im Umfeld der Netzwerkanalyse (Auszug)

Name	(Query) Language	URL
Visualisierung/Analyse		
Gephi	/	https://gephi.org/
Cytoscape	/	https://cytoscape.org/
Package NetworkX	`Python`	https://networkx.github.io/
Package iGraph	`R`	https://igraph.org/r/
Package JuliaGraphs	`Julia`	https://juliagraphs.org/
Graph-Datenbanken[11]		
Neo4j	`Cypher`	https://neo4j.org
Tigergraph	`GSQL`	https://www.tigergraph.com/
Titan	`Gremlin`	https://titan.thinkaurelius.com
GraphDB	`SPARQL`	http://graphdb.ontotext.com
Hyper Graph DB	mehrere (via API)	http://www.hypergraphdb.org/
Apache TinkerPop (Apache)	`Gremlin`	http://tinkerpop.apache.org/
MS Azure Cosmos DB	`Gremlin`	https://azure.microsoft.com/de-de/services/cosmos-db/

Ausgewählte Technologien und Implementierungsbeispiele werden in den folgenden Kapiteln ergänzend vorgestellt. Hierbei liegt der Fokus nicht auf Vertiefung einer Perspektive. Vielmehr soll ein kleiner Einblick und Einstieg in die Bandbreite verfügbarer Werkzeuge in den Netzwerkwissenschaften zur eigenen Vertiefung ermöglicht werden. Tab. 2.2 zeigt hierzu einen Abgleich der Passfähigkeit zwischen ausgewählten Technologien und einigen Kennzahlen und Algorithmen. Hierbei wurde der Standardfunktionsumfang der jeweiligen Technologie zugrunde gelegt, was nicht bedeutet, dass dieser nicht erweitert werden kann (z. B. durch weitere Plug-Ins, Bibliotheken, Packages).

Hierbei zeigt sich, dass die ausgewählten Technologien und Anwendungen tendenziell verschiedenen Funktionsschwerpunkten zugeordnet werden können: Speicher/Persistierung, Berechnung und Visualisierung. Eine Technologie kann momentan nicht alle drei Schwerpunkte gleich gut abdecken. Gesteigerte Speicherkapazitäten gehen mit limitierten Berechnungs- und Visualisierungsmöglichkeiten einher, gesteigerte Berechnungs- und Visualisierungsmöglichkeiten müssen ohne persistente Speicherkapazität auskommen.

Dementsprechend muss in der Praxis kurzfristig immer mit Anpassungen, Ergänzungen und Kombinationen mehrerer Funktionen und somit Technologien gerechnet werden. Eine Empfehlung, welche Technologie zu welchem Szenario passt, kann und soll an dieser Stelle nicht im Mindesten erfolgen, da dies vom jeweiligen Implementierungsszenario abhängt und auf Grund vieler Einflussfaktoren individuell abgewägt werden muss.

---

[11] Einen Überblick über einige Graphdatenbanken und -modelle bieten Pokorný [18] sowie Angles [19].

Tab. 2.2 Vergleich: Technologien (Auszug)

	Neo4j (Cypher)	Python (NetworkX)	R (iGraph)	Gephi
Makro-Level (Global)				
Grad	+	+	+	+
Durchschnittl. Grad	+	+	+	+
Dichte	−	+	+	+
Kürzester Pfad	+	+	+	+
Diameter	−	+	+	+
Durchschnittl. Pfadlänge	−	+	+	+
Komponenten	+	+	+	+
Mikro-Level (Zentralität eines Knotens)				
Grad/Gradzentralität	+	+	+	−
Nähezentralität (closeness)	+	+	+	−
Zwischenzentralität (betweenness)	+	+	+	+
Cluster-Koeffizient	+	+	+	+
Eigenvektor-Zentralität	+	+	+	+
Katz-Zentralität	−	+	−	−
Meso-Level (Knotengruppen)				
Reziprozität	−	+	+	+
Triadenzensus	+	+	+	−
Ego-zentrierte Netze	−	+	+	+
Clique	−	+	+	−
k-Clique	−	+	−	−
k-Plex	−	−	−	−
k-Kern	−	+	+	+
Starke/schwache Gem.	+	+	+	+
Partitionierung/Community Detection, z. B.:				
Bisektion (Kerninghan & Lin)	−	+	−	−
Edge Removal (Girvan & Newman)	−	+	+	−
Hierarchisches Clustering	−	−	+	−
Modularitäts-basiert (Greedy/Louvain)	+	+	+	+
Label-Propagation	+	+	+	−
Blockmodelle	−	+	+	−
Visualisierung/Layout-Algorithmen, z. B.:				
Fruchterman-Reingold	−	+	+	+
Circular	−	+	+	+
Formate (Import/Export), z. B.:				
Text-basiert	+	+	+	+
GraphML (XML)	+	+	+	+
GEXF (Gephi)	−	+	−	+
Pajek	−	+	+	+

2.6   Netzwerkanalyse

2.6.1   Analyseperspektiven und -ebenen

In der Netzwerkanalyse werden Merkmale von einzelnen Knoten untersucht, eine Untersuchung von Kollektiven (s. Abschn. 5.4) sollte immer auch einen Bezug zu den einzelnen Elementen/Individuen herstellen und mehrere Ebenen in Beziehung bringen, z.B. mittels der folgenden Analyseansätze:

- *Komparativ:* Vergleich der Merkmalsausprägung eines betrachteten Elements mit einem entsprechenden Merkmal des Kollektivs zur Ermittlung der Stellung eines Elements im Kollektiv, z.B. Einkommen einer Person (absolutes Merkmal) eingeordnet in Quartile der Einkommensverteilung innerhalb eines festgelegten Kollektivs (Firma, Branche, Bundesland, Land) und
- *Kontextuell:* Analyse von Elementen in mehreren Kollektiven.

Jansen [1, 47 ff.] beschreibt hierbei, dass komparative Merkmale auf Basis absoluter Merkmale problemlos ermittelbar sind. Die Untersuchung eines komparativen Merkmals zielt auf die Abweichung der Ausprägung(en) einzelner Knoteneigenschaften (absolutes oder relationales Merkmal) von der Ausprägung im gesamten Netz ab.

Analysen von Merkmalen in Kollektiven/Knotengruppen fokussieren die folgenden Perspektiven [1, 50 ff.]:

- *Analytisch:* Errechnung aus *absoluten* Merkmalen der Kollektivmitglieder,
- *Strukturell:* Errechnung aus *relationalen* Merkmalen der Kollektivmitglieder und
- *Global:* Merkmale, die unabhängig von den Kollektivmitgliedern ermittelt werden können.

Die Analyse *struktureller* Merkmale dient im weiteren Schritt zur Ermittlung komparativer respektive kontextueller Merkmale eines Kollektivs (s. Abschn. 5.4). Je nach Größe der betrachteten Gemeinschaft können weitere Analysen auf verschiedenen Ebenen, die über einen individuellen Knoten hinausgehen, unterschieden werden [20, 126 f. 1, 54 f.]:

- Dyadenanalyse: Paarbeziehungen (s. Abschn. 5.1),
- Triadenanalyse (s. Abschn. 5.2), z.B. zur Ermittlung von Transitivität oder der Ausgeglichenheit von Beziehungen,
- Ego-zentriertes Netzwerk (s. Abschn. 5.3), z.B. zur Bewertung sozialer Verbindungen oder Erklärung von Diffusionsprozessen,

- Gruppe (s. Abschn. 5.4), z. B. zur Detektion und Analyse von Cliquen oder sonstigen Gemeinschaften oder zur Blockmodellanalyse/Ermittlung struktureller Äquivalenz.[12]

2.6.2 Analyseverfahren

Analyseverfahren im Bereich von Netzwerken und Graphen werden uneinheitlich klassifiziert.

Huisman und van Duijn [17, S. 584] in: [12] skizzieren im Umfeld von SNA Analyseverfahren mit unterschiedlichen Schwerpunkten wie folgt:

- Deskriptive Kennzahlen (sowohl für Knoten, als auch für Kanten),
- Struktur und Lokation (bezogen auf Gruppen und Subgruppen, z. B. Zentralität und Cliquen),
- Rollen und Positionen (soziale Rollen, Status, Position, z. B. strukturelle Äquivalenz- und Blockmodelle),
- Dyadische/triadische Methoden,
- Statistische Wahrscheinlichkeitsmodelle (z. B. exponential random graph model),
- Netzwerkdynamik (Evolutionsmodelle).

Müller [20, 128 ff.] beschreibt vier Verfahren der Netzwerkanalyse wie folgt:

- *Eigenschaftsanalyse:* explorative, statistische Untersuchung von Attributen von Netzwerkelementen mit Klassifikation von Merkmalen, Merkmalsträgern und Analyseebenen (s. Abschn. 2.8),
- *Positionsanalyse:* Fokus auf quantitativen Eigenschaften hinsichtlich der:
  - Zentralität: abhängig von der Nähe zu anderen Knoten (s. Abschn. 4.1.1) oder der Anzahl (in)direkter Beziehungen (s. Abschn. 4.1.2); basiert auf Dyaden (s. Abschn. 5.1),
  - Zentralität: abhängig von der Lage auf Kommunikationsweg zwischen zwei Knoten (s. Abschn. 4.1.3); basiert auf Triaden (s. Abschn. 5.2) und Transitivität,
- *Strukturanalyse:* quantitative, globale Eigenschaften eines Netzwerkes, welche einen Vergleich mit anderen Netzwerken zulassen, z. B. Durchmesser, Dichte, durchschnittlicher Grad, durchschnittliche Pfadlänge, durchschnittliche Zentralität, Verbundenheit (s. Kap. 3), Modularität (Zerlegung in Komponenten/Knotengruppen; s. Abschn. 5.4),
- *Dynamikanalyse:* Untersuchung von Attributwerten, Positionen und Strukturen im Zeitverlauf (s. Abschn. 6.3).

Zusammenfassend gibt es eine Vielfalt von Verfahren zur Analyse statischer und dynamischer Kennzahlen von Netzwerken, die sich entweder auf absolute oder relationale Eigenschaften (Position, Zentralität) auf Ebene eines Knotens oder im Knotenverbund beziehen.

---

[12] Hierbei werden Knoten mit ähnlichen Außenbeziehungen zu Blöcken gruppiert.

Um die Struktur von Netzwerken besser zu verstehen, können Teilgraphen betrachtet werden, die auf Basis von Position/Zentralität und/oder Gruppenverbundenheit (z. B. Clique) eingegrenzt werden (s. Kap. 4). Ergänzend können die Eigenschaften eines observierten Netzwerkes in den Kontext von statischen respektive dynamischen Modellen im Zeitverlauf (s. Kap. 6) gestellt werden.

2.7 Aspekte der Visualisierung von Netzwerken

Visualisierung ist eine ergänzende Analyse- und Darstellungsmöglichkeit für Netzwerke. Insbesondere bei ersten Explorationen gesammelter Daten und bei der Dokumentation von Zwischenergebnissen und Teilgraphen hilft eine Visualisierung der gesammelten (Teil-)Daten eines Netzwerkes. Dabei adressieren Visualisierungen menschliche Fähigkeiten zur visuellen Erkennung von Mustern, Anomalien und Beziehungen [21, S. 45]. Visualisierung ist deshalb kein Ersatz für statistische Berechnungen und Modellierungen [22, S. 22].

Bei vielen, insb. größeren Netzwerken entsteht bei ersten Datenimporten und willkürlichen Visualisierungen oftmals ein typischer Ausgangspunkt: der *Haarball* [23, S. 154] (s. Abb. 2.5a). Alle Knoten und Kanten liegen sehr nahe beieinander, die Darstellung wirkt unübersichtlich mit nicht vorhandenem inhaltlichen Beitrag. Einzelne Knoten und Kanten sind nicht erkennbar, Strukturen bzw. Gewichte werden weder bei der Anordnung von Knoten und Kanten, noch bei deren Größe oder Einfärbung berücksichtigt.

Um das Auftreten derartiger Haarbälle zu minimieren und das Potenzial der visuellen Darstellung von Netzwerken, Exploration von Mustern sowie Dokumentation von (Zwischen-)Ergebnissen adäquat ausschöpfen zu können, sollen im Folgenden einige Rahmenbedingungen und Hinweise zur Visualisierung aufgegriffen und vorgestellt werden

2.7.1 Layout

Ein Layout und somit das Arrangement von Knoten beeinflusst die menschliche Wahrnehmung von Zusammenhängen im Graphen [24]. Z. B. beschreiben Kypridemou et al. Verzerrungen bei der Wahrnehmung von Dichte eines Netzwerkes in Abhängigkeit verschiedener Layouts [25].

Abb. 2.5 zeigt, dass Layouts einen großen Unterschied hinsichtlich der Übersichtlichkeit und damit hinsichtlich des inhaltlichen Beitrags zur Netzwerkanalyse ergeben. Gezeigt werden $G(n, p)$-Zufallsgraphen mit gleichen n = 50 und p = 1/10 (s. Abschn. 6.2.1), aber mit unterschiedlichen Layouts.

Die Frage, was ein *gutes* Layout zur Netzwerkvisualisierung ist, kann allgemein nicht beantwortet werden. Auf Basis von Dunne und Shneiderman [26] nennt Golbeck hierbei einige Kriterien [21, S. 47]:

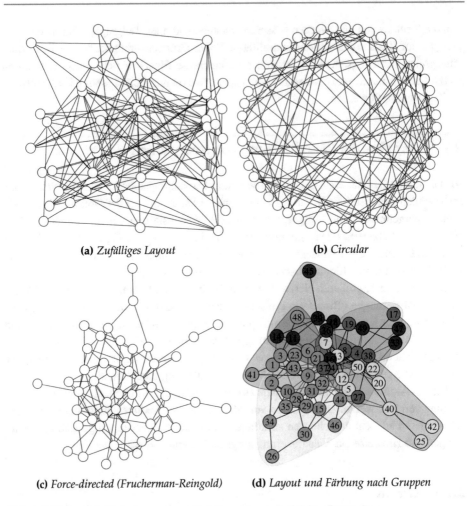

(a) *Zufälliges Layout*   **(b)** *Circular*

(c) *Force-directed (Frucherman-Reingold)*   **(d)** *Layout und Färbung nach Gruppen*

Abb. 2.5 Unterschiedliche Layouts von Zufallsgraphen mit gleichen Parametern

- Jeder Knoten ist sichtbar,
- Der Knotengrad kann für jeden Knoten ermittelt werden,
- Jede Kante kann von der Quelle zum Ziel verfolgt werden,
- Cluster und Ausreißer sind identifizierbar.

Diese Kriterien sind in der Idealform nur bei verhältnismäßig sehr kleinen Netzwerken und auch bei einer Betrachtung von Teilgraphen umsetzbar. Zur Umsetzung stehen eine Reihe von Layoutalgorithmen im Bereich der Netzwerkvisualisierung zur Verfügung. Platt [23, S. 154] empfiehlt davon konkret die folgenden in Abhängigkeit der Netzwerkgröße:[13]

---

[13] Hierbei wird nicht spezifiziert, ab wann man von einem kleinen oder großen Netzwerk ausgeht.

- *Zirkulär* (engl.: circular): platziert alle Knoten auf einem Kreis (für kleine Netze geeignet, Fokus auf lokale Struktur und individuelle Kanten, s. Abb. 2.5b),
- *Shell:* platziert Knoten auf konzentrischen Kreisen (erlaubt mehr Knoten als zirkuläres Layout sowie Visualisierung von Zentralität, da zentralere Knoten näher im Zentrum liegen),
- *Force-directed:* geeignet für fast alle Netzwerke (erlaubt Visualisierung von Gemeinschaften, s. Abb. 2.5c).

Force-directed-Algorithmen, z. B. Fruchterman-Reingold oder Force-Atlas, ziehen zusammengehörige Knoten näher zueinander und stoßen weniger vernetzte Knoten ab [27, S. 101]. So ist diese Algorithmenklasse ein adäquater Ausgangspunkt für viele Visualisierungen von (Teil-)Netzwerken.[14]

2.7.2 Visualisieren von Attributen

Wie Abb. 2.5d zeigt, spielen neben dem Layout auch andere Faktoren zur Beeinflussung der visuellen Darstellung eines Netzwerkes eine Rolle, z. B. Farbe, Größe der Knoten und Kanten und/oder Gruppenzugehörigkeit.[15] Visualisierungsmöglichkeiten von Attributen können allgemein wie folgt zusammengefasst werden [27, S. 153]:

- *Labels:* unterstützen die Identifizierung von Knoten und Relationen,
- Knotenattribute:
  - Unterschiedliche *Knotengrößen* unterstützen die Darstellung nicht-negativer Quantitäten,
  - Unterschiedliche *Knotenfarben* unterstützen die Darstellung von Kategorien und divergierenden Quantitäten,[16]
- Kantenattribute:
  - *Kantengewichte:* unterstützen, ausgedrückt durch die visualisierte *Kantendicke,* die Darstellung der Intensität einer Relation,
  - *Kantenfarben:* unterstützen (wie Knotenfarben) die Darstellung von Kategorien und divergierenden Quantitäten.

Weitere Kantenanpassungen empfehlen sich zur Erhöhung der Übersichtlichkeit in gerichteten Graphen (z. B. Pfeilgröße, Biegung) [27, S. 153]. Zudem empfehlen sich Skalierungen und Filterungen für komplexe und unübersichtliche Netzwerke, die ausführlich an anderer

---

[14] Mehr zu Layoutalgorithmen und Darstellungsmöglichkeiten in [27, 87 ff.].

[15] Gemeinschaften und deren Ermittlung werden im Kontext von Knotengruppen in Kap. 5 thematisiert. Der in Abb. 2.5d zugrunde liegende Algorithmus der Label Propagation findet sich in Abschn. 5.4.4.3.

[16] S. Abschn. 2.7.3.

Stelle behandelt werden [27, S. 153]. Darüber hinaus ist für eine Analyse von Netzwerken auch die Visualisierung von statistischen Berechnungen und Modellen relevant, die an dieser Stelle nicht behandelt werden können.[17]

2.7.3 Färbungen

Tittmann [29, 76 ff.] beschreibt, dass eine entscheidende Triebkraft der Graphentheorie das sog. *Vier-Farben-Problem* war. Demnach entdeckte der Mathematiker Gutherie im 19. Jahrhundert, dass beim Einfärben von Landkarten vier Farben für eine unterschiedliche Einfärbung von Ländern ausreichen, sodass zwei Länder, die aneinander grenzen, nicht die gleiche Farbe haben. Färbungen von Graphen haben heute immer noch eine wichtige Bedeutung für Anwendungen, z. B. bei der Frequenzplanung in Funknetzen [29, S. 88].

Bei Färbungen ist wichtig, ob diese *zulässig* sind. Eine Färbung ist zulässig, wenn Knoten eines Graphen mit x Farben gefärbt werden können, sodass adjazente Knoten nicht die gleiche Farbe haben [29, S. 77]. Die *chromatische Zahl* bezeichnet hierbei die minimale Anzahl von Farben für eine zulässige Färbung eines Graphen [30, S. 47]. Für planare Graphen genügen hierbei stets vier Farben. Ein „Graph ist k-färbbar, wenn eine zulässige Färbung von G mit k Farben existiert" [29, S. 80].

Daraus folgt nicht, dass immer die minimale Anzahl an Farben für Färbungen sinnvoll und aussagekräftig ist, obwohl eine minimale Färbung meist aus unterschiedlichsten Gründen (z. B. Übersichtlichkeit) angestrebt werden sollte.

2.7.4 Gruppierungen

Dinge können auf unterschiedliche Weise als zusammengehörig erscheinen und damit die Basis für Gruppierungen als ähnlich zu behandelnde Entitäten bilden [22, S. 22]:

- Nähe (engl.: proximity): Dinge, die örtlich nah beieinander sind,
- Ähnlichkeit (engl.: similarity): Dinge, die ähnlich aussehen,
- Verbindung (engl.: connection): Dinge, die visuell miteinander verbunden sind,
- Gemeinsames Schicksal (engl.: common fate): Elemente mit gleicher Bewegungsrichtung/gleichen Attributen werden zusammengefasst.

Diese Überlegungen zur Gruppierung sind nur eine Ausgangsbasis und münden in die Definition und Abgrenzung von Knotengruppen, entweder nach struktureller oder regulärer Äquivalenz, was in Kap. 5 thematisiert wird. Wichtig hierbei ist, dass definiert wird, welche Parameter die Gruppierung determinieren und dass die Daten die dazu benötigten Attribute auch enthalten. Gruppierungen können dann ergänzend eigene Färbungen, Knoten- und/oder Kantengrößen und auch Knotenpositionierungen erhalten.

---

[17] Hierzu sei auf Healy [22] sowie Spiegelhalter [28] verwiesen.

2.8   Beispiel: Netzwerk des Musikprojekts „Desert Sessions"

Die obigen theoretischen Ausführungen sollen anhand eines praktischen Beispiels zusammengeführt und verdeutlicht werden. Als Anschauungsbeispiel soll das Projekt *Desert Sessions* dienen, bei dem unterschiedliche Musiker:innen seit 1997 an verschiedenen veröffentlichten Alben mitgewirkt haben. Bei diesem Projekt gibt es keine feste Stammbesetzung.
   Die zugrunde liegenden Fragen könnten lauten:

- Welche Musiker:innen sind an den verschiedenen Alben des Musikprojekts beteiligt?
- Bei welchen anderen Bands wirken diese Musiker:innen noch mit?

Ziel ist es, eine explorative Eigenschaftsanalyse (s. Abschn. 2.6.2) der Knoten im zu erstel-
lenden Netzwerk des Musikprojekts durchzuführen.
   Zunächst muss der Property Graph als Modell (PGM) erstellt werden, damit ersichtlich
wird, welche Knoten mit welchen Beziehungen und Eigenschaften betrachtet werden sollen.
Abb. 2.6 zeigt das Ergebnis mit exemplarischen *Properties* mit vier Knoten und drei Relationen. Beispielhaft sind an Knoten und Kanten noch zusätzliche Eigenschaften dargestellt,
welche im Folgenden nicht alle erhoben werden.
   Auf Basis dieses Modells wird klar, welche Daten bezüglich der Knoten und Kanten
betrachtet und somit erhoben werden müssen. Bei der Datenerhebung für das Beispiel
konnten die benötigten Daten bei Wikipedia gefunden[18] und in ein Tabellenkalkulations-
programm übertragen, aggregiert und aufbereitet werden. Abb. 2.7 zeigt einen Auszug der
gesammelten Daten zu den vier Knotentypen im für `Neo4j` für einen Import bentötigten
`*.csv`-Format (kommagetrennt).

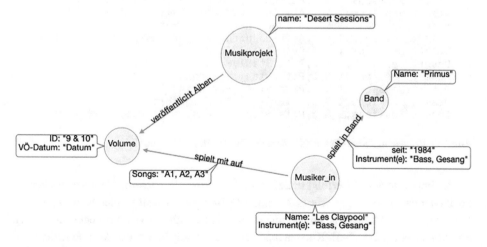

Abb. 2.6 PGM „Desert Sessions"

---

[18] Aufgrund der Datenquelle erhebt das Beispiel keinen Anspruch auf Vollständigkeit und Aktualität.

```
project,volume,artist,band
Desert Sessions,1 & 2,Josh Homme,Queens of the Stone Age
Desert Sessions,1 & 2,Josh Homme,Kyuss
Desert Sessions,1 & 2,Josh Homme,Eagles of Death Metal
Desert Sessions,1 & 2,Josh Homme,Screaming Trees
Desert Sessions,1 & 2,Josh Homme,Them Crooked Vultures
Desert Sessions,1 & 2,John McBain,Monster Magnet
Desert Sessions,1 & 2,John McBain,Hater
Desert Sessions,1 & 2,John McBain,Wellwater Conspiracy
Desert Sessions,1 & 2,Fred Drake,earthlings?
Desert Sessions,1 & 2,Fred Drake,Ministry of Fools
Desert Sessions,1 & 2,Dave Catching,Eagles of Death Metal
Desert Sessions,1 & 2,Dave Catching,Queens of the Stone Age
Desert Sessions,1 & 2,Dave Catching,Tex and the Horseheads
Desert Sessions,1 & 2,Dave Catching,The Ringling Sisters
Desert Sessions,1 & 2,Dave Catching,earthlings?
Desert Sessions,1 & 2,Dave Catching,Mondo Generator
Desert Sessions,1 & 2,Dave Catching,Masters of Reality
Desert Sessions,1 & 2,Dave Catching,Yellow#5
Desert Sessions,1 & 2,Dave Catching,Gnarltones
Desert Sessions,1 & 2,Ben Shepherd,Soundgarden
Desert Sessions,1 & 2,Ben Shepherd,Hater
Desert Sessions,1 & 2,Ben Shepherd,Wellwater Conspiracy
Desert Sessions,1 & 2,Brant Bjork,Brant Bjork & The Bros.
Desert Sessions,1 & 2,Brant Bjork,Kyuss
Desert Sessions,1 & 2,Brant Bjork,Fu Manchu
Desert Sessions,1 & 2,Brant Bjork,Mondo Generator
Desert Sessions,1 & 2,Brant Bjork,Yellow#5
Desert Sessions,1 & 2,Alfredo Hernández,Brant Bjork & The Bros.
Desert Sessions,1 & 2,Alfredo Hernández,Queens of the Stone Age
Desert Sessions,1 & 2,Alfredo Hernández,Kyuss
Desert Sessions,1 & 2,Alfredo Hernández,Across the River Che
Desert Sessions,1 & 2,Alfredo Hernández,Yawning Man
Desert Sessions,1 & 2,Alfredo Hernández,Mondo Generator
Desert Sessions,1 & 2,Alfredo Hernández,Fatso Jetson
Desert Sessions,1 & 2,Alfredo Hernández,Avon
Desert Sessions,1 & 2,Alfredo Hernández,Orquestra del Desierto
Desert Sessions,1 & 2,Pete Stahl,Scream
Desert Sessions,1 & 2,Pete Stahl,Wool
Desert Sessions,1 & 2,Pete Stahl,Goatsnake
Desert Sessions,1 & 2,Pete Stahl,earthlings?
Desert Sessions,1 & 2,Pete Stahl,Foo Fighters
Desert Sessions,1 & 2,Pete Stahl,Orquestra del Desierto
```

Abb. 2.7 Rohdaten „Desert Sessions" (Auszug) für den Import in Neo4j

Der Import in Neo4j erfolgt mittels der Abfragesprache Cypher[19] entweder über die Shell oder den Neo4j-Browser (s. Listing 2.1). Im ersten Schritt werden beim Import zur Vermeidung von Mehrfachnennungen/Dubletten Indexe für die vier anzulegenden Knoten erstellt (s. Listing 2.1, 2–5). Knotennamen sind redundant in den Rohdaten enthalten und

---

[19] Vgl. online: https://neo4j.com/docs/cypher-manual/current/introduction/; https://neo4j.com/developer/cypher/, [letzter Zugriff: 7.11.2022].

sollen beim Import nicht für jedes Auftreten einen neuen Knoten im Graphen erzeugen. Im zweiten Schritt werden die Daten aus dem Import-Ordner der Neo4j-Distribution geladen (s. Listing 2.1, 8–9) und die Knoten angelegt (s. Listing 2.1, 10–13). Im letzten Schritt werden die Beziehungen angelegt (s. Listing 2.1, 16–35). Da die Eingabe im Beispiel nicht gesammelt in der Shell, sondern im Neo4j-Browser sequenziell dargestellt wurde, werden die Daten vor jeder einzelnen Abfrage in den Arbeitsspeicher geladen.

```
 1  // Erstellen von Indexen
 2  CREATE CONSTRAINT ON (v:Volume) ASSERT v.name IS UNIQUE;
 3  CREATE CONSTRAINT ON (a:Artist) ASSERT a.name IS UNIQUE;
 4  CREATE CONSTRAINT ON (b:Band) ASSERT b.name IS UNIQUE;
 5  CREATE CONSTRAINT ON (p:Project) ASSERT p.name IS UNIQUE;
 6
 7  // Erstellen der Knoten
 8  LOAD CSV WITH HEADERS FROM 'file:///ds.csv' AS row
 9  WITH row.project AS project, row.volume AS volume, row.artist AS artist, row.band AS
       band
10  MERGE (v:Volume {volume: toUPPER(volume)})
11  MERGE (p:Project {project: toUPPER(project)})
12  MERGE (a:Artist {name: toUPPER(artist)})
13  MERGE (b:Band {name: toUPPER(band)})
14
15  // Erstellen der Beziehungen
16  LOAD CSV WITH HEADERS FROM 'file:///ds.csv' AS row
17  WITH row.project AS project, row.volume AS volume, row.artist AS artist, row.band AS
       band
18  MATCH (p:Project {project: toUPPER(project)})
19  MATCH (v:Volume {volume: toUPPER(volume)})
20  MERGE (p)-[rel:VEROEFFENTLICHT]->(v)
21  RETURN count(rel)
22
23  LOAD CSV WITH HEADERS FROM 'file:///ds.csv' AS row
24  WITH row.project AS project, row.volume AS volume, row.artist AS artist, row.band AS
       band
25  MATCH (a:Artist {name: toUPPER(artist)})
26  MATCH (v:Volume {volume: toUPPER(volume)})
27  MERGE (a)-[rel:MITWIRKUNG]->(v)
28  RETURN count(rel)
29
30  LOAD CSV WITH HEADERS FROM 'file:///ds.csv' AS row
31  WITH row.project AS project, row.volume AS volume, row.artist AS artist, row.band AS
       band
32  MATCH (a:Artist {name: toUPPER(artist)})
33  MATCH (b:Band {name: toUPPER(band)})
34  MERGE (a)-[rel:MITWIRKUNG]->(b)
35  RETURN count(rel)
```

Listing 2.1 Beispiel: Datenimport, Anlegen von Knoten und Relationen (Cypher)

Nach erfolgreichem Import werden insgesamt 118 Knoten angelegt, davon 66 Bands, 46 Musiker:innen, fünf Volumes/Alben und ein Projekt (Desert Sessions). Ergänzend werden 186 Relationen angelegt, 181 zwischen Musiker:innen und Bands sowie fünf zwischen dem Projekt und den veröffentlichten Alben (s. Abb. 2.8).

Der Graph enthält die Knoten Musikprojekt (grauer Knoten, weißes Label), Alben (dunkelgraue Knoten, weiße Label), Bands (mittelgraue Knoten, weiße Label) und Musiker:innen (graue Knoten, schwarze Label) sowie die Kanten (grau). Unterschiedliche Knotengrößen und/oder Kantendicken sowie potenzielle Strukturen/Musterausprägungen sind in diesem Graphen (noch) nicht repräsentiert. Um weitere Anpassungen der Visualisierung auf Basis einer Eigenschaftsanalyse darstellen zu können, bedarf es zunächst zusätzlicher Berechnungen zur Ermittlung von Kennzahlen auf den importierten Daten.

Im Kontext der Fragestellung des Beispiels erscheint es interessant, die Knotengrade von Knoten des Typs Musiker:in zu Album sowie Musiker:in zu Band nicht nur zu ermitteln, sondern den Wert bei den jeweiligen Knoten auch als weitere Eigenschaft/Property zur weiteren Verwendung zu speichern. (Listing 2.2 zeigt die entsprechenden Datenabfragen (engl.: queries) in `Cypher`). Um die Frage zu beantworten, wer wie oft bei den Alben mitgewirkt hat, wird die Anzahl der Verbindungen von einem/einer Musiker:in zu einem Album gezählt und als neue Eigenschaft abgespeichert (s. Listing 2.2, 13–16). Eine anschließende Abfrage ermittelt diese Eigenschaft bei den Knoten und gibt diese absteigend sortiert aus (s. Listing 2.2, 19–21).

Tab. 2.3 zeigt im Ergebnis, dass ein Musiker an allen fünf und zwei Personen an vier Alben mitgewirkt haben. Von insgesamt 46 beteiligten Musiker:innen waren 13 Musiker an mehr als einem Album beteiligt, was einem Anteil von 28,26 % an allen Mitwirkenden entspricht.

Tab. 2.3 Musiker:innen mit mehr als einer Mitwirkung bei „Desert Sessions"

Musiker:in	Mitwirkung an Alben
Josh Homme	5
Fred Drake	4
Dave Catching	4
Ben Shepherd	2
Brant Bjork	2
Alfredo Hernández	2
Pete Stahl	2
Nick Oliveri	2
Mario Lalli	2
Tony Mason	2
Chris Goss	2
Alain Johannes	2
John McBain	2

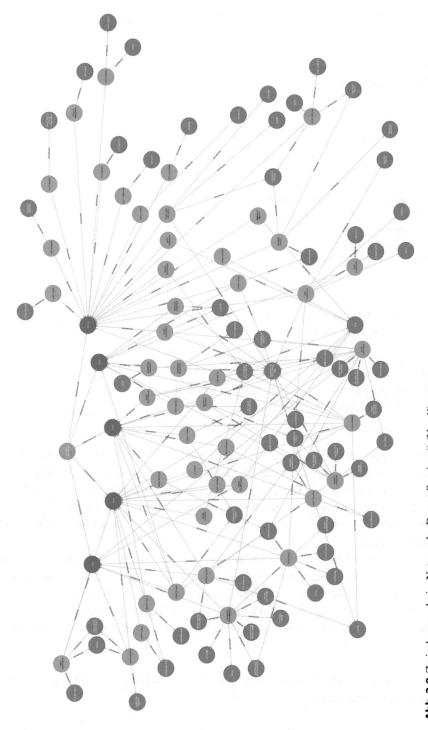

Abb. 2.8 Zwischenergebnis: Netzwerk „Desert Sessions" (Neo4j)

```
 1  // Ermittlung des Grads: ausgehend von Artist zu Band (weitere Zugehoerigkeit zu
        Bands; ohne Speichern)
 2  MATCH (n:Artist)-[r]->(b:Band)
 3  RETURN n.name AS Node, count(r) AS Outdegree_band
 4  ORDER BY Outdegree_band
 5
 6  // Grad, zuerst fuer die Bands (mit Speichern)
 7  MATCH (n:Artist)-[r]->(b:Band)
 8  WITH n, count(DISTINCT r) AS degree_band
 9  SET n.deg_band = degree_band
10  RETURN n.Name, n.deg_band
11
12  // ... dann fuer die Volumes/Alben
13  MATCH (n:Artist)-[r]->(v:Volume)
14  WITH n, count(DISTINCT r) AS degree_vol
15  SET n.deg_vol = degree_vol
16  RETURN n.name, n.deg_vol
17
18  // Wer hat bei den meisten Volumes mitgespielt?
19  MATCH (n:Artist)
20  RETURN n.name AS Musiker_in, n.deg_vol AS Anzahl_Volumes
21  ORDER BY Anzahl_Volumes DESC
22
23  // Bei wie vielen Bands wirkt der/die Musikerin noch mit?
24  MATCH (n:Artist)
25  RETURN n.name AS Musiker_in, n.deg_band AS Anzahl_Bands
26  ORDER BY Anzahl_Bands DESC
```

Listing 2.2 Beispiel: Abfrage der Knotengrade (Cypher)

Um die Frage zu beantworten, wer bei wie vielen anderen Bands mitwirkt, wird die Anzahl der Verbindungen von einem/einer Musiker:in zu einer Band gezählt und als neue Eigenschaft abgespeichert (s. Listing 2.2, 7–10). Eine anschließende Abfrage ermittelt diese Eigenschaft bei den Knoten und gibt diese absteigend sortiert aus (s. Listing 2.2, 24–26).

Im Ergebnis (s. Tab. 2.4) zeigt sich, dass zwei Musiker mit neun anderen Bands die Rangliste anführen.

Darauf aufbauend entstand die Frage, wer die Bands sind, die am häufigsten Mitwirkende an den Alben stellen. Hierzu kann der Eingangsgrad der Knoten vom Typ *Band* ermittelt, gespeichert und für eine Abfrage entsprechend genutzt werden (s. Tab. 2.5).

Aufbauend auf Abb. 2.8 kann die Visualisierung des Graphen in Neo4j verbessert werden. So wäre es beispielsweise wünschenswert, die Knotengrößen proportional zu den ermittelten Kennzahlen wie folgt darzustellen:

- Je höher die Anzahl der Mitwirkenden an einem Album, desto größer soll ein Knoten *Album* dargestellt werden.

Tab. 2.4 Top 10: An „Desert Sessions" beteiligte Musiker:innen und Anzahl weiterer Bands

Musiker:in	Weitere Bands
Dave Catching	9
Alfredo Hernández	9
Pete Stahl	6
Mark Lanegan	6
Joey Castillo	6
Brant Bjork	5
Nick Oliveri	5
Josh Homme	5
Josh Freese	4
Troy van Leeuwen	4

Tab. 2.5 Top 10: Bands der an „Desert Sessions" beteiligten Musiker:innen

Band	Mitwirkung an Alben
Queens of the Stone Age	12
Eagles of Death Metal	5
Earthlings?	4
Masters of Reality	4
Mondo Generator	3
A Perfect Circle	3
Kyuss	3
Screaming Trees	3
Hater	2
Wellwater Conspiracy	2

- Je höher die Anzahl der Mitwirkungen an einem Album, desto größer soll ein Knoten *Musiker:in* dargestellt werden.
- Je höher die Anzahl der Mitwirkungen in einer Band, desto größer soll ein Knoten *Band* dargestellt werden.

Der Graph sollte demnach auf einen Blick visualisieren, welche Alben die meisten Mitwirkungen aufweisen, wer der/die aktivste Musiker:in ist und welche Bands die meisten Musiker:innen aus dem Kreise aller Mitwirkenden haben. Da `Neo4j` nativ nicht über derartige Visualisierungsmöglichkeiten verfügt, muss auf andere Anwendungen und Bibliotheken zurückgegriffen werden. Im Beispiel wurde dazu die Bibliothek `neovis.js`[20] genutzt, um eingebettet in `Javascript/HTML` auf die Datenbankinstanz in `Neo4j` zuzugreifen.

---

[20] Vgl. https://github.com/neo4j-contrib/neovis.js [letzter Zugriff: 8.09.2022].

Listing 2.3 zeigt hierzu die Definition einer entsprechenden Funktion `draw()`, in der ein Objekt `config` erstellt wird. Dieses Objekt spezifiziert den Zugriff auf `Neo4j`, die darzustellenden Daten und deren Visualisierungskonfiguration.

```
 1  <html>
 2    <head>
 3      <title>Foo</title>
 4      <style type="text/css">
 5        #viz {
 6          width: 1000px;
 7          height: 800px;
 8        }
 9      </style>
10      <script src="https://rawgit.com/neo4j-contrib/neovis.js/master/dist/neovis.js"></script>
11      <script>
12        function draw() {
13          var config = {
14            container_id: "viz",
15            server_url: "bolt://localhost:7687",
16            server_user: "YOUR USER",
17            server_password: "YOUR PW",
18            labels: {
19              "Artist": {
20                caption: "name",
21                size: "deg_vol"
22              },
23              "Band": {
24                caption: "name",
25                size: "indegree"
26              },
27              "Volume": {
28                caption: "volume",
29                size: "count"
30              },
31            },
32            relationships: {
33              "MITWIRKUNG": {
34                "caption": false,
35                "thickness": "weight",
36              },
37            },
38            initial_cypher: "MATCH p=()-[r:MITWIRKUNG]->() MATCH (n) RETURN p,n",
39            arrows: true,
40          }
41          var viz = new NeoVis.default(config);
42          viz.render();
43        }
44      </script>
45    </head>
46    <body onload="draw()">
47      <div id="viz"></div>
48    </body>
49  </html>
```

Listing 2.3 Beispiel: Visualisierung mit neovis.js

Abb. 2.9 zeigt den endgültigen Graphen, der mit `neovis.js` die Knoten Alben (rot), Bands (blau)[21] und Musiker:innen (gelb) sowie die Kanten (gelb) darstellt. Hierbei ist die Knotengröße der Knoten von Bands proportional zu deren Eingangsgrad (je mehr Musiker:innen, die eine Relation zu diesen haben, desto größer). Die Knotengröße der Knoten der Musiker:innen ist proportional zu ihrer Mitwirkung an den Alben.

Abb. 2.9 ist im Ergebnis ein gerichteter knotengewichteter Graph, der alle Knoten in Anhängigkeit ihrer „Bedeutung"[22] und der Beziehung untereinander im Zusammenhang mit dem Musikprojekt *Desert Sessions* darstellt.

Je „bedeutender" ein Knoten, desto größer und zentraler ist er im Graphen. Auf einen Blick ist ersichtlich, welche Personen und weitere Bands mehr oder weniger Bedeutung/Einfluss in Form von Mitwirkung im Musikprojekt haben und wie diese noch zusammenhängen. Eine derartige Darstellung wäre auf Basis eines relationalen Datenmodells ad hoc nicht möglich.

Selbstverständlich könnten auf Basis weiterer Eigenschaften in den Rohdaten weitere Kennzahlen berechnet werden und Analysen sowie Visualisierungen mittels verschiedener Graph-Algorithmen dargestellt werden.

So wäre es denkbar, Knoten anhand spezifischer Eigenschaften weiter in Gruppen zu unterteilen (oder mittels Algorithmen unterteilen zu lassen) sowie diese weiter zu analysieren und zu visualisieren. Potenzielle Fragestellungen hierbei könnten z. B. sein:

- Wer spielt welche Instrumente bei welchen Titeln?
- Wer spielt tendenziell mit anderen zusammen?
- Gibt es auffällige Muster/Eigenschaften?

Zudem könnte der Betrachtungshorizont des ego-zentrierten Netzwerkes um das ursprüngliche Musikprojekt erweitert werden, indem man z. B. die Mitglieder der Bands der Mitwirkenden und deren weitere Mitwirkung in anderen Bands und/oder Musikprojekten mit einbezieht oder einen Knoten vom Typ *Live-Auftritte* hinzufügt.

Das vorgestellte Beispiel zeigt, wie man von einer Frage hin zu einem Modell, einer Datenerhebung und schließlich zu einem visualisierten und analysierbaren Graphen gelangt, mit dem die zugrunde liegende Frage beantwortet werden kann.

2.9 Zusammenfassung

Das Kapitel widmete sich Aspekten der Modellierung, Erhebung und grundsätzlichen Analysemöglichkeiten von Netzwerkdaten.

---

[21] Der Knoten „N.N." repräsentiert Solokünstler:innen ohne Bandbezug.

[22] Bedeutung meint hier die zuvor beschriebenen, errechneten und in die Visualisierung mündenden Kennzahlen auf Basis von Knotengraden/Anzahl von Beziehungen.

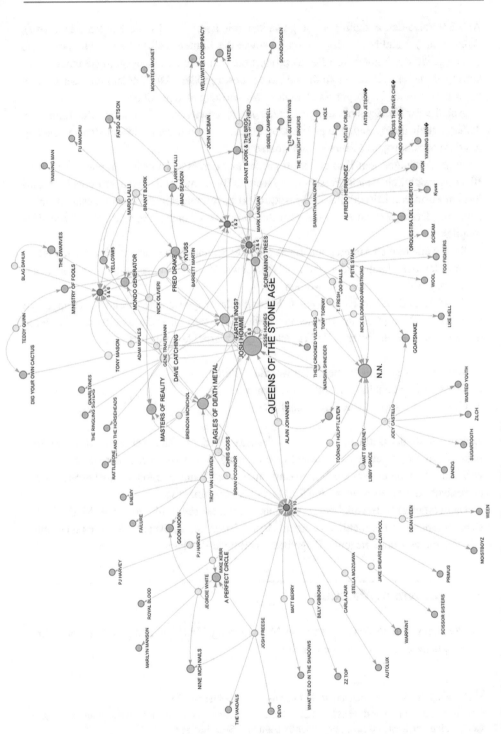

Abb. 2.9 Ergebnis: Affiliationsnetz „Desert Sessions" (neovis.js)

Zunächst wurde beschrieben, wie bei einer Datenerhebung und -analyse eine Definition und Abgrenzung der Untersuchungspopulation (Knoten) erforderlich ist und dann eine Festlegung der zu untersuchenden Relationen, deren Intensität und somit auch des erforderlichen Skalenniveaus erfolgen kann. Zusätzlich wurden Aspekte bei der Eingrenzung von Knoten- und Kantenattributen beschrieben.

Dabei wurden auch Merkmalsträger und Merkmale mit Blick auf individuelle Knoten und Kollektive vorgestellt.

Abschn. 2.4 führte in Modelle mit Fokus auf das *Property Graph Model (PGM)* ein, welches als Abstraktion eines Graphen Knoten, Kanten sowie Eigenschaften enthält, die in den zu sammelnden Daten enthalten und/oder aus diesen generierbar sein müssen.

Im weiteren Schritt wurden in Abschn. 2.5 Erhebungsverfahren im Kontext von Merkmalsträgern, Attributen und Analyseebenen sowie gängige Dateiformate im Kontext von Technologien in Abhängigkeit der zu erwartenden Datenmenge vorgestellt.

Abschn. 2.6 befasste sich mit weiteren Perspektiven, Ebenen und Verfahren der Netzwerkanalyse auf Knoten- und Gemeinschaftsebene. Abschn. 2.7 fokussierte Aspekte der Visualisierung von Netzwerkdaten hinsichtlich von Layoutmöglichkeiten, Algorithmen sowie Manipulation der Darstellung von Attributen von Kanten und Knoten.

Das Kapitel endete mit einem praktischen Beispiel. Hierbei wurden auf Basis einer zugrunde liegenden Frage einzelne, im Kapitel skizzierte Konzepte exemplarisch durchlaufen und beschrieben:

- Eingrenzung relevanter Knoten und deren Beziehungen sowie Modellierung als Property Graph (s. Abb. 2.6),
- Sammlung und Aufbereitung von Daten (s. Abb. 2.7),
- Import in Graphdatenbank `Neo4j` (s. Listing 2.1, Abb. 2.8),
- Queries zur Abfrage, Berechnung und Speicherung weiterer Kennzahlen auf Basis des Knotengrades in `Cypher` (s. Listing 2.2),
- Modifizierte Visualisierung des `Neo4j`-Graphen als knotengewichteter Graph und Bereitstellung für weitere Analysen und Anpassungen mittels `neovis.js` (s. Listing 2.3, Abb. 2.9).

Tiefergehende Analysen, welche einige der in diesem Kapitel genannten Analyseverfahren und -ebenen zum Gegenstand haben, benötigen fundierte theoretische Grundlagen. Diese werden in den Folgekapiteln dargelegt.

2.10   Übungen

Aufgabe 2.1 Abgrenzung und Datenerhebung bei Knoten in einem ego-zentrierten Netzwerk
Stellen Sie sich vor, Sie sollen ein ego-zentriertes Netzwerk, also ein soziales Netzwerk, ausgehend von einer Person, erstellen:

- Wie ermitteln Sie relevante Knoten?
- Wie ermitteln Sie Kanten und potenzielle Gewichtungen?

Schlagen Sie hierzu geeignete Datenerhebungen und konkrete Methoden vor!

Aufgabe 2.1 Modellieren und Erstellen eines eigenen Netzwerkes
Analog zu Abschn. 2.8 sind Sie dazu aufgefordert, einen ähnlichen, eigenen, analysierbaren Graphen zu erstellen, zu visualisieren und zu analysieren. Gehen Sie hierzu mit einer Anwendung Ihrer Wahl wie folgt vor:

- Grenzen Sie die für Sie relevanten Knoten und deren Beziehungen ein.
- Modellieren Sie den für Ihre Fragestellung relevanten Graphen als Property Graph.
- Sammeln Sie Daten.
- Stellen Sie Ihren Graphen dar.
- Berechnen Sie einfache deskriptive Kennzahlen (z. B. Ranglisten, Grade bestimmter Knoten).
- Visualisieren und beschreiben Sie Ihren Graphen.
- Beantworten Sie Ihre zugrunde liegende Fragestellung.

Quellen

1. D. Jansen, *Einführung in die Netzwerkanalyse: Grundlagen, Methoden, Forschungsbeispiele.* VS Verlag für Sozialwissenschaften, 2013, ISBN: 9783663098751.
2. J. Bortz und N. Döring, *Forschungsmethoden und Evaluation in den Sozial- und Humanwissenschaften*, 3. Aufl. Berlin, Heidelberg: Springer, 2003, Nachdruck, ISBN: 3-540-41940-3.
3. J. J. Miller, „Graph database applications and concepts with Neo4j", in *Proceedings of the Southern Association for Information Systems Conference, Atlanta*, GA, USA, Bd. 2324, 2013.
4. M. A. Rodriguez und P. Neubauer, „Constructions from Dots and Lines", *CoRR*, Jg. abs/1006.2361, 2010. arXiv: 1006.2361. Adresse: http://arxiv.org/abs/1006.2361.
5. I. Robinson, J. Webber und E. Eifrem, *Graph Databases*, 2. Aufl. Beijing et al.: O'Reilly, 2015, ISBN: 978-1-4919-3089-2.
6. K. Kusu und K. Hatano, „Combining Two Types of Database System for Managing Property Graph Data", *in 2018 IEEE International Conference on Big Data (Big Data)*, Dez. 2018, S. 5366–5368. https://doi.org/10.1109/BigData.2018.8622050.

7. H. Pang, P. Gan, P. Yuan, H. Jin und Q. Hua, „Partitioning Large-Scale Property Graph for Efficient Distributed Query Processing", in *2019 IEEE 21st International Conference on High Performance Computing and Communications; IEEE 17th International Conference on Smart City; IEEE 5th International Conference on Data Science and Systems (HPCC/SmartCity/DSS)*, Aug. 2019, S. 1643–1650.

8. M. Buerli und C. Obispo, „The current state of graph databases", *Department of Computer Science, Cal Poly San Luis Obispo*, Jg. 32, Nr. 3, S. 67–83, 2012.

9. M. Junghanns, A. Petermann, N. Teichmann, K. Gómez und E. Rahm, „Analyzing Extended Property Graphs with Apache Flink", in *Proceedings of the 1st ACM SIGMOD Workshop on Network Data Analytics*, Ser. NDA '16, ACM, 2016, 3:1–3:8, ISBN: 978-1-4503-4513-2. https://doi.org/10.1145/2980523.2980527. Adresse: https://doi.org/10.1145/2980523.2980527.

10. P. F. Lazarsfeld und H. Menzel, „On the Relation Between Individual and Collective Properties", in *Complex Organizations. A Sociological Reader*, A. Etzioni, Hrsg., New York: Holt, Rinehart & Winston, 1961, S. 422–440.

11. B. Hollstein, „Qualitative Approaches", in *The SAGE Handbook of Social Network Analysis*. Sage Publications Ltd., 2011, S. 404–416, ISBN: 9781847873958.

12. J. P. Scott und P. J. Carrington, *The SAGE Handbook of Social Network Analysis*. Sage Publications Ltd., 2011, ISBN: 9781847873958.

13. M. E. J. Newman, *Networks: An Introduction*. New York, NY, USA: Oxford University Press, Inc., 2010, ISBN: 9780199206650.

14. M. Tsvetovat und A. Kouznetsov, *Social Network Analysis for Startups: Finding connections on the social web*. Sebastopol, CA (USA): O'Reilly Media, 2011, ISBN: 9781449317621.

15. W. de Nooy, A. Mrvar und V. Batagelj, *Exploratory Social Network Analysis with Pajek*. New York, NY, USA: Cambridge University Press, 2011, ISBN: 9780521174800.

16. S. Yousfi und D. Chiadmi, „Graph file format for ETL", in *2014 Second World Conference on Complex Systems (WCCS)*, IEEE, Nov. 2014, S. 189–195. https://doi.org/10.1109/ICoCS.2014.7060933.

17. M. Huisman und M. van Duijn, „A readers' guide to SNA software", in *The SAGE Handbook of Social Network Analysis*. Sage Publications Ltd., 2011, S. 578–600, ISBN: 9781847873958.

18. J. Pokorný, „Graph Databases: Their Power and Limitations", in *Computer Information Systems and Industrial Management (CISIM), Lecture Notes in Computer Science*, K. Saeed und W. Homenda, Hrsg., Bd. 9339, Cham: Springer, Sep. 2015, S. 58–69. https://doi.org/10.1007/978-3-319-24369-6_5.

19. R. Angles, „A comparison of current graph database models", in *2012 IEEE 28th International Conference on Data Engineering Workshops*, IEEE, 2012, S. 171–177. https://doi.org/10.1109/ICDEW.2012.31.

20. C. Müller, Graphentheoretische Analyse der Evolution von Wiki-basierten Netzwerken für selbstorganisiertes Wissensmanagement, 1. Aufl. Gito, 2008, ISBN: 3940019372.

21. J. Golbeck, *Analyzing the Social Web*. San Francisco, CA, USA: Morgan Kaufmann Publishers Inc., 2013, ISBN: 9780124055315.

22. K. Healy, *Data Visualization: A Practical Introduction*. Princeton University Press, 2018, ISBN: 9780691181615.

23. E. L. Platt, *Network Science with Python and NetworkX Quick Start Guide: Explore and visualize network data effectively*. Packt Publishing, 2019, ISBN: 9781789950410.

24. H. Gibson, J. Faith und P. Vickers, „A survey of two-dimensional graph layout techniques for information visualisation", *Information visualization*, Jg. 12, Nr. 3–4, S. 324–357, 2013.

25. E. Kypridemou, M. Zito und M. Bertamini, „The effect of graph layout on the perception of graph density: an empirical study", *EuroVis 2022-Short Papers*, S. 31–35, 2022.

26. C. Dunne und B. Shneiderman, „Improving graph drawing readability by incorporating readabi-
    lity metrics: A software tool for network analysts", *University of Maryland, HCIL Tech Report
    HCIL-2009-13*, 2009.
27. R. Brath und D. Jonker, *Graph Analysis and Visualization: Discovering Business Opportunity
    in Linked Data*, Ser. EBL-Schweitzer. Wiley, 2015, ISBN: 9781118845844.
28. D. Spiegelhalter, *The Art of Statistics: Learning from Data*, Ser. Pelican Books. Penguin Books
    Limited, 2019, ISBN: 9780241258750.
29. P. Tittmann, *Graphentheorie: Eine anwendungsorientierte Einführung*. Carl Hanser Verlag
    GmbH & Company KG, 2019, ISBN: 9783446465039.
30. C. Alsina, Graphentheorie. *Von U-Bahn-Plänen zu neuronalen Netzen*. Librero Nederland bv,
    2017, ISBN: 9789089988157.

Grundlagen der Graphentheorie

3

Inhaltsverzeichnis

Dieses Kapitel widmet sich der Frage, wie Netzwerkstrukturen dargestellt und einfache Eigenschaften quantifiziert werden können. Erste Kennzahlen und Metriken werden vorgestellt, um einfache Netzstrukturen erkennen, unterscheiden und beschreiben zu können.

3.1   Netzwerkrepräsentationen

Kap. 1 zeigte, dass es Netzwerke in verschiedenen Domains, Größen und Formen gibt. Es gibt nicht die eine Art und Weise, Netzwerke für alle Anwendungsbereiche zu repräsentieren [1, S. 20].

Ein Netzwerk oder Graph als dessen mathematische Repräsentation besteht aus Knoten (engl.: vertices; auch: vertexes) und Kanten (engl.: edges), welche die Verbindungen zwischen Knoten darstellen.

Je nach Fachdisziplin werden Knoten und Kanten anders benannt und notiert, z. B. Akteure und Beziehungen in der Soziologie, Bond-Graph-Notation in der Physik oder Chemie [2, S. 109]. Die einfache Normalform eines Graphen ist der ungerichtete Graph (s. Abb. 3.1) [1, S. 20].

In einem ungerichteten Graphen sind zwei Knoten entweder durch eine Kante verbunden oder nicht. In einem solchen Graphen ist es nicht möglich, dass ein Knoten mit einem zweiten verbunden ist, dieser zweite Knoten aber keine (äquivalente oder zumindest ähnliche) Beziehung zum ersten Knoten hat. Dieser Befund trifft auf zahlreiche soziale und ökonomische Beziehungen zu, wie z. B. Partnerschaften, Freundschaften, Allianzen und Bekanntschaften [1, S. 21]. Im Gegensatz dazu gibt es zahlreiche Situationen, die besser durch *gerichtete* Graphen (synonym: *Digraphen,* s. Abb. 3.2) dargestellt werden, z. B. Finanztransaktionen.

Abb. 3.1 Beispielgraph (ungerichtet)

Abb. 3.2 Beispielgraph (gerichtet)

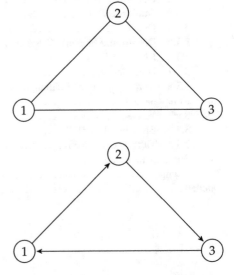

Die Unterscheidung zwischen einem ungerichteten und gerichteten Graphen hat Auswirkungen auf die Analyse, da diese zwei Typen unterschiedlich modelliert werden und sich hinsichtlich ihrer Bildung unterscheiden; ihre jeweiligen Repräsentationen als Matrizen werden im Folgenden vorgestellt.

3.1.1 Adjazenzmatrix

Ein Graph (N, g) besteht aus einer Menge $N = \{1, \ldots, n\}$ Knoten und einer n x n-Matrix g, wobei g_{ij} die Beziehung zwischen i und j repräsentiert. Der Eintrag in der i-ten Zeile und j-ten Spalte gibt eine Kante von Knoten i zu Knoten j an. Diese Beziehung kann auch gewichtet und/oder gerichtet sein. Die Matrix g wird oft als *Adjazenzmatrix* (engl.: adjacency matrix) bezeichnet. Sie gibt an, welche Knoten mit anderen Knoten eine Verbindung haben. Trappmann et al. [3, S. 250] beschreiben zwei Knoten, die in einem Graphen durch eine Kante verbunden sind, als *adjazent*. In einem gerichteten Graphen heißt der Knoten u adjazent zum Knoten v, wenn die beiden Knoten durch den Pfeil (u, v) verbunden sind. Knoten u heißt inzident zu Knoten v, wenn er durch eine von Knoten v ausgehende Kante (v, u) mit Letzterem verbunden ist. Eine Verbindung wird in der Matrix mit dem Wert „1" angegeben; liegt keine Verbindung vor, wird eine „0" angegeben. Die Adjazenzmatrix eines einfachen[1] Graphen g ist eine boolsche Matrix mit den Elementen g_{ij}, sodass:

$$g_{ij} = \begin{cases} 1 \text{ falls } (i, j) \in g, \\ 0 \text{ sonst.} \end{cases} \tag{3.1}$$

In diesem Fall ist der Graph ungewichtet, da bei Existenz einer Kante lediglich eine „1" eine Adjazenz, also eine Nachbarschaft eines Knotens zu einem anderen Knoten, kennzeichnet.

Abb. 3.3 zeigt die Adjazenzmatrizen der obigen Beispielgraphen (ungerichtet s. Abb. 3.1, gerichtet s. Abb. 3.2).

Die 3x3-Matrix in Abb. 3.3a zeigt drei Knoten und Verbindungen zwischen Knoten 1 und Knoten 2, Knoten 1 und Knoten 3 sowie Knoten 2 und Knoten 3. Der Graph kann auch als sog. *Kantenliste* dargestellt werden: $g = \{\{1, 2\}, \{1, 3\}, \{2, 3\}\}$ oder vereinfacht $g = \{12, 13, 23\}$.

Die 3x3-Matrix in Abb. 3.3b zeigt drei Knoten und gerichtete Kanten von Knoten 1 zu Knoten 2, von Knoten 2 zu Knoten 3 sowie von Knoten 3 zu Knoten 1. Die entsprechende Repräsentation als Kantenliste lautet: $g = \{\{1, 2\}, \{2, 3\}, \{3, 1\}\}$ oder vereinfacht $g = \{12, 23, 31\}$.

---

[1] Ein einfacher Graph hat weder Schleifen noch Mehrfachkanten [2, S. 110] (s. Abschn. 3.2.1).

$$g = \begin{pmatrix} 0 & 1 & 1 \\ 1 & 0 & 1 \\ 1 & 1 & 0 \end{pmatrix} \qquad\qquad g = \begin{pmatrix} 0 & 1 & 0 \\ 0 & 0 & 1 \\ 1 & 0 & 0 \end{pmatrix}$$

(a) *Ungerichtet*   (b) *Gerichtet*

Abb. 3.3 Adjazenzmatrizen zu Beispielgraphen

3.1.2 Inzidenzmatrix

Neben der Adjazenzmatrix ist die Inzidenzmatrix eine weitere Repräsentation für Graphen [4, S. 27]. Eine Kante l eines Graphen g heißt mit einem Knoten k *inzident,* wenn k ein Endknoten von l ist (man sagt auch, dass k mit l *inzident* ist) [3, S. 257].

Während die Adjazenzmatrix eine $n \times n$-Matrix g ist, also die Anzahl der Reihen und Spalten der Anzahl der Knoten entspricht, so ist die Inzidenzmatrix eine $n \times m$-Matrix. Hier werden die Reihen (Anzahl der Knoten n) in Beziehung zu allen Kanten (m) gebracht.

Folgende Matrix ist die Inzidenzmatrix des gerichteten Beispielgraphen (s. Abb. 3.2) mit drei Knoten und drei Kanten, der ersten Kante zwischen Knoten 1 und Knoten 2, der zweiten Kante zwischen Knoten 2 und Knoten 3 und der dritten und letzten Kante zwischen Knoten 3 und Knoten 1:

$$g = \begin{pmatrix} 0 & 0 & 1 \\ 1 & 0 & 0 \\ 0 & 1 & 0 \end{pmatrix}.$$

3.2 Typen

3.2.1 Multigraphen

Wenn zwischen zwei Knoten mehr als zwei Verbindungen bestehen, spricht man von sog. *Multiplexnetzwerken* oder *Multigraphen* (vgl. Abb. 3.4). Dies wäre beispielsweise der Fall, wenn in einem Soziogramm zwei Knoten miteinander befreundet sind und gleichzeitig andere Relationen (z. B. Verwandtschaften) bestehen. Besitzt ein Knoten eine Kante zu sich selbst, wird diese als sog. *Selbstkante* oder *Schlinge* (engl.: loop) bezeichnet.

Die entsprechende Adjazenzmatrix zeigt Einträge für Schlingen bei Knoten 1 und Knoten 3 in der Hauptdiagonalen sowie je zwei Kanten zwischen Knoten 1 und Knoten 2 sowie Knoten 2 und Knoten 3:

$$g = \begin{pmatrix} 1 & 2 & 1 \\ 2 & 0 & 2 \\ 1 & 2 & 1 \end{pmatrix}.$$

Bei gerichteten Graphen ist eine Schlinge erkennbar an einer „1" in der Hauptdiagonalen der Inzidenzmatrix, bei ungerichteten Graphen wird in der Adjazenzmatrix in der Hauptdia-

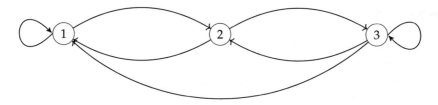

Abb. 3.4 Beispielgraph (multiplex, gerichtet, ungewichtet, mit Schlingen)

gonalen eine „2" eingetragen, um beide Endpunkte der Kante von i zu i abbilden zu können [2, S. 112]). Schlingen haben in den meisten realen Szenarien nur eine geringe Bedeutung und Konsequenz [1, S. 21], weshalb diesbezüglich eine weitere Vertiefung entbehrlich ist. Liegen weder Mehrfachverbindungen noch Schlingen vor, so bezeichnet man den Graphen als *einfach* [2, S. 110].

3.2.2 Gewichtete Netzwerke

Im Falle von Gewichtungen können in der Adjazenzmatrix ebenso wie bei Multiplexgraphen Werte $g_{ij} > 1$ enthalten sein, was der unterschiedlichen Intensität oder Qualität der Verbindungen Ausdruck verleiht. In diesem Fall spricht man von *(kanten-)gewichteten Netzwerken* (engl.: weighted networks).

Zwei eigentlich unterschiedliche Netzwerke (Multiplex und kantengewichtetes Netzwerk) können die gleiche Adjazenzmatrix besitzen [2, S. 113]. Kantengewichtete Graphen mit Mehrfachkanten besitzen deshalb keine eindeutige Darstellung als Adjazenzmatrix, da aus den aus der Gewichtung einerseits und der Anzahl der Kanten andererseits kumulierten Werten g_{ij} nicht eindeutig hervorgeht, wie viele Kanten mit welcher Gewichtung den Graphen repräsentieren.

Bei *knotengewichteten* Graphen sind den Knoten Gewichte in Form einer reellen Zahl zugeordnet. Zu gewichteten Graphen gehört also neben der Angabe der Knoten- und Kantenmenge auch die Angabe einer Funktion, die von den Knoten respektive den Kanten in die Menge der reellen Zahlen abbildet.

3.2.3 Hypergraphen

Hypergraphen[2] zeigen bei Existenz unterschiedlicher Knotentypen die Zugehörigkeit eines oder mehrerer Knoten zu spezifischen Knotengruppen als Untermenge eines Graphen. Hypergraphen (wie auch Multigraphen) werden nicht mit einer Adjazenzmatrix, sondern aufgrund ihres bipartiten Charakters mit einer Inzidenzmatrix modelliert [4, S. 84,

---

[2] Vgl. vertiefend [5].

Abb. 3.5 Hypergraph

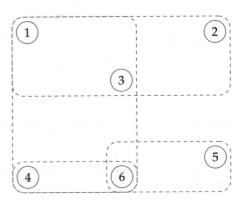

2, S. 124].[3] In dieser werden dezidiert sog. *Hyperkanten* angegeben, wodurch dann die Zugehörigkeit eines oder mehrerer Knoten zu einer Untermenge eines Graphen erkennbar wird.

Abb. 3.5 zeigt exemplarisch einen Hypergraphen mit sechs Knoten und vier (gestrichelten) Gruppen/Untermengen: $A = \{1, 2, 3\}$, $B = \{1, 3, 4, 6\}$, $C = \{4, 6\}$, $D = \{5, 6\}$.

Diese Graphen scheinen auf den ersten Blick viele Netzwerke und Szenarien aus der realen Welt darstellen zu können, in denen es um die Zugehörigkeit von Knoten zu Gruppen geht. Allerdings wird in derartigen Situationen meist nicht auf die Darstellung als Hypergraph, sondern eher auf die ebenso mögliche Repräsentation als bipartiter Graph zurückgegriffen. Gründe hierfür liegen sicher in der Unübersichtlichkeit und der ohnehin bestehenden Notwendigkeit zur Überführung in ein Format, welches tiefergehende Berechnungen ermöglicht.

3.2.4   Bipartite Graphen

Der obige Hypergraph (s. Abb. 3.5) kann äquivalent auch mit Kanten repräsentiert werden. Hierbei werden die identifizierten Gruppen/Untermengen zu vier Knoten (grau); da hierbei zwei Typen von Knoten im Graphen erscheinen, spricht man von sog. *bipartiten Graphen* (s. Abb. 3.6).

Bipartit meint, dass es zwei Knotentypen gibt und Knoten eines Typs nicht untereinander verbunden sind, sondern Kanten immer nur zwischen einem Knoten und dem Knoten einer zweiten Knotengruppe bestehen können. Bipartite Graphen gehören zur Gruppe der k-partiten Graphen (k = Anzahl der Knotentypen). Bipartite Graphen können durch eine Inzidenzmatrix beschrieben werden [2, S. 124].

---

[3] Hanneman und Riddle [6, S. 338] in: [7] beschreiben, dass dazu eine bestehende Adjazenzmatrix nach Blöcken permutiert werden kann.

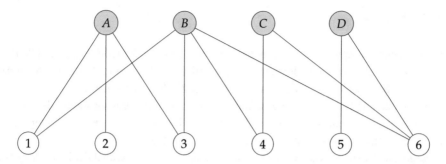

Abb. 3.6 Bipartiter Graph

Sei n die Anzahl der Knoten eines Netzwerkes und g die Anzahl der Gruppen, denen Knoten zugeordnet werden können, so ist die Inzidenzmatrix b eine $g \times n$-Matrix mit den Elementen b_{ij}, sodass:

$$b_{ij} = \begin{cases} 1, & \text{falls Knoten } j \text{ zu Gruppe } i \text{ gehört,} \\ 0, & \text{sonst.} \end{cases} \qquad (3.2)$$

Entsprechend kann die Inzidenzmatrix für den bipartiten Graphen aus dem Beispiel (s. Abb. 3.6) dargestellt werden. Die Matrix besteht aus vier Reihen (die vier möglichen Gruppen A, B, C, D) sowie sechs Spalten (die Knoten 1, 2, 3, 4, 5 und 6) und zeigt die Zugehörigkeit der Knoten zu den Gruppen:

$$b = \begin{pmatrix} 1 & 1 & 1 & 0 & 0 & 0 \\ 1 & 0 & 1 & 1 & 0 & 1 \\ 0 & 0 & 0 & 1 & 0 & 1 \\ 0 & 0 & 0 & 0 & 1 & 1 \end{pmatrix}.$$

Tab. 3.1 zeigt einige Beispiele für unterschiedliche Gruppen in bipartiten Netzwerken/Hypergraphen.

Tab. 3.1 Beispiele: Hypergraphen/Bipartite Graphen

Netzwerk	Knoten (Typ 1)	Knoten (Typ 2)
Modulbelegung	Studierende	Module eines Studiengangs
Besetzung eines Films	Schauspieler:innen	Filme
Teilnehmer:innen einer Veranstaltung	Personen	Veranstaltungen
Zugverbindungen	Züge	Bahnhöfe auf einer Route
Stoffwechselrelevante Metaboliten	Metaboliten	Stoffwechselprozesse

3.2.5 Bäume

Bäume bezeichnen ungerichtete verbundene Netzwerke ohne Schleifen [2, S. 124]. Verbunden meint hier, dass es möglich ist, von jedem beliebigen Knoten im Baum aus auf einem Pfad (vgl. Abschn. 3.3.5) zu jedem anderen Knoten im Baum zu gelangen.

Die Benennung beruht auf der Ähnlichkeit zu einem umgedrehten Baum, der sich von einer Wurzel (engl.: root) aus immer weiter verästelt. Die äußeren (in der Abbildung untersten) Knoten werden als Blätter (engl.: leaves) bezeichnet (Abb. 3.7).

Bäume spielen eine große Rolle in verschiedenen Domains und bei der Ermittlung weiterer Strukturen und Kennzahlen in der Netzwerkanalyse (z. B. Durchmesser, Zwischenzentralität, Ermittlung des kürzesten Pfades) [2, S. 128].

Jedes Netzwerk mit n Knoten und $n - 1$ Kanten ist ein Baum. Umgekehrt kann die Anzahl der Kanten eines Baums weder $n - 1$ Kanten unter-, noch überschreiten. Im obigen Beispiel hat der Baum zehn Knoten und dementsprechend $10 - 1 = 9$ Kanten. Würde man eine Kante (z. B. zwischen Knoten 2 und 3) hinzufügen, hätte man die Möglichkeit eines kreisförmigen Durchlaufs (Loop oder Kreis) ohne Endpunkt (Knoten 1, 2 und 3).

Ein Baum ist ein verbundenes Netzwerk ohne Zyklen/Kreise (vgl. Abschn. 3.3.5) [1, S. 27]. Würde man eine Kante entfernen, so wäre der Graph nicht mehr verbunden, d. h., es gäbe mindestens einen Knoten, zu dem kein Pfad von/zu anderen Knoten führt. Einen solchen Knoten nennt man dann *isoliert* oder *singleton*. Ein Netzwerk mit Bäumen und Komponenten (vgl. Abschn. 3.4) wird als *Wald* (engl.: forest) bezeichnet. Dementsprechend ist jedes Netzwerk ohne Kreise ein Wald (mit mindestens einem Baum, wie beispielsweise ein Sternnetzwerk mit einem zentralen Knoten). Weitere Eigenschaften von Bäumen umfassen:

- Ein verbundenes Netzwerk (s. Abschn. 3.3.4) ist nur dann ein Baum, wenn es $n - 1$ Kanten hat.
- Ein Baum hat mindestens zwei Blätter (dies sind Knoten, die genau eine Kante haben).
- In einem Baum gibt es einen eindeutigen Pfad (vgl. Abschn. 3.3.5) zwischen zwei beliebigen Knoten.

Abb. 3.7 Baum

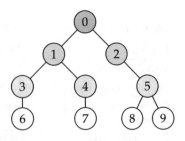

Abb. 3.8 Planarer Graph
(nicht-planare Darstellung)

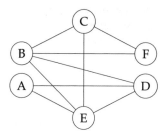

3.2.6   Planare Graphen

Ein Graph ist *planar* oder *plättbar,* wenn es mindestens eine Möglichkeit gibt, ihn auf einer Ebene so darzustellen, dass sich keine Kanten zwischen den Knoten überschneiden. Abb. 3.8 zeigt eine nicht-planare Darstellung des im Einführungskapitel dargestellten planaren Beispielgraphen Abb. 1.1.

Einige Netzwerke sind immer planar (z. B. Bäume), andere nicht (z. B. Luftverkehrsrouten, bipartite Konstellationen) oder nicht ganz (z. B. Straßennetze mit wenigen Überschneidungen bei Brücken, Unterführungen/Tunnel).

So erscheint es bei einigen Fragestellungen der Graphentheorie zwar notwendig, die planare Eigenschaft eines Graphen zu ermitteln (z. B. grafisch), allerdings weist Newman [2, 131 f.] darauf hin, dass zum jetzigen Stand in den Netzwerkwissenschaften keine Metrik existiert, um dies hinreichend in Form eines Planargrades einfacher ermitteln zu können.[4]

3.3   Einfache Kennzahlen

3.3.1   Grad

Der Grad d (engl.: degree) eines Knotens i in einem Graphen g ist die Anzahl der Kanten, die mit ihm verbunden sind. Anders formuliert ist der Grad (synonym: Valenz, Knotengrad) die Kardinalität der Menge aller Nachbarn eines Knotens [1, S. 29]. Im ungerichteten Graphen [8, 48 f.] entspricht die gesamte Anzahl an Kanten im Graphen L der halbierten Summe der einzelnen Knotengrade:

$$L(g) = \frac{1}{2} \sum_{i=1}^{N} d_i. \tag{3.3}$$

---

[4] Erste Versuche hierzu fokussierten das sog. „Kuratowski-Theorem" bzw. den „Satz von Kuratowski". Dieser erweist sich in der Praxis allerdings als wenig nützlich, da er lediglich dazu dient, herauszufinden, ob ein Graph planar ist oder nicht; Abstufungen sind nicht ermittelbar, praktische Implementierungen der theoretischen Überlegungen liegen nicht vor [2, 131 f.].

Abb. 3.9 Beispielgraph
(ungerichtet, mit
Knotengraden)

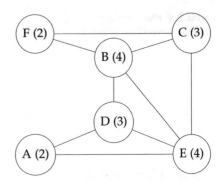

Die Summe der Knotengrade wird durch den Faktor $\frac{1}{2}$ deshalb halbiert, weil Kanten zwischen zwei Knoten 1 und 2 in der Adjazenzmatrix eines ungerichteten Graphen doppelt erscheinen. Abb. 3.9 zeigt den zuvor bereits in Abb. 1.1 vorgestellten Beispielgraphen mit den Knotengraden in Klammern.

Die gesamte Anzahl der Kanten L kann mittels der einzelnen Knotengrade ($d_A = 2$, $d_B = 4, d_C = 3, d_D = 3, d_E = 4, d_F = 2$) wie folgt berechnet werden:

$$L(g) = \frac{1}{2} \sum_{i=1}^{N} d_i = \frac{1}{2} \cdot (2 + 4 + 3 + 3 + 4 + 2) = \frac{1}{2} \cdot 18 = 9. \qquad (3.4)$$

Im gerichteten Graphen gibt es die Unterscheidung zwischen:

- *Innen-* oder *Eingangsgrad* (engl.: in-degree), d.h. die Anzahl der in den Knoten mündenden Kanten,
- *Außen-* oder *Ausgangsgrad* (engl.: out-degree), d.h. die Anzahl der von dem Knoten ausgehenden Kanten.

Mündet eine Kante in einen Knoten, so sprich man von seinem *Vorgänger*, gibt es eine ausgehende Kante zu einem anderen Knoten, so bezeichnet man diesen als dessen *Nachfolger*. Die Ermittlung des Grades eines Knotens im gerichteten Graphen erfolgt durch Bildung der Summe des Eingangs- und Ausgangsgrades:

$$d_i = d_i^{in} + d_i^{out}. \qquad (3.5)$$

Abb. 3.10 zeigt einen gerichteten Beispielgraphen mit den entsprechenden Eingangs- und Ausgangssgraden in Klammern.

Die Berechnung der gesamten Kantenanzahl erfolgt analog zu ungerichteten Graphen auf Basis der einzelnen Knotengrade. Wie in den Folgekapiteln skizziert, hilft die Betrachtung von Graden respektive die Kantenanzahl bei der Berechnung weiterer Kennzahlen, die einen weiteren Einblick in die Struktur eines Netzwerkes ermöglichen.

Abb. 3.10 Beispielgraph
(gerichtet, mit Knotengraden)

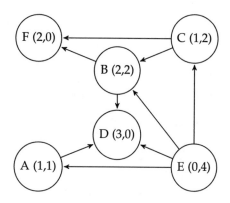

3.3.2 Durchschnittlicher Grad

Kennt man die Anzahl der vorhandenen Kanten, kann man diese ins Verhältnis zur Anzahl aller Knoten im Graphen setzen. Der durchschnittliche Grad D_{avg} (engl.: average degree) eines ungerichteten Graphen ist wie folgt definiert:

$$D_{\text{avg}}(g) = \frac{1}{N} \sum_{i=1}^{N} d_i = \frac{2L}{N}. \tag{3.6}$$

Bezogen auf den obigen ungerichteten Beispielgraphen (s. Abb. 3.9) ergibt sich demnach:

$$D_{\text{avg}}(g) = \frac{1}{N} \sum_{i=1}^{N} d_i = \frac{2L}{N} = \frac{2 \cdot 9}{6} = \frac{18}{6} = 3. \tag{3.7}$$

Im Schnitt verfügen Knoten im gezeigten Beispiel über drei Kanten.

Im gerichteten Graphen erfolgt die Bildung des durchschnittlichen Grades auf Basis der folgenden Formel:

$$D_{\text{avg}}(g) = \frac{1}{N} \sum_{i=1}^{N} d_i = \frac{L}{N}. \tag{3.8}$$

Übertragen auf das Beispiel ergibt sich für den gerichteten Beispielgraphen (s. Abb. 3.10) ein durchschnittlicher Grad von:

$$D_{\text{avg}}(g) = \frac{L}{N} = \frac{9}{6} = \frac{3}{2} = 1{,}5. \tag{3.9}$$

Im Schnitt verfügen Knoten im gezeigten gerichteten Graphen demnach über 1,5 (also zwischen einer und zwei) aus den Knoten ausgehende und in diese mündende Kanten.

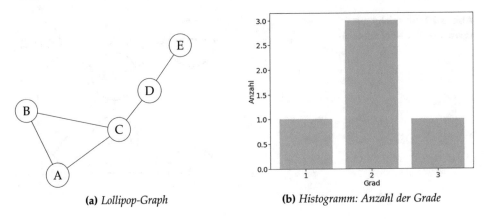

(a) *Lollipop-Graph*   (b) *Histogramm: Anzahl der Grade*

Abb. 3.11 Beispiel: Anzahl der Grade eines Lollipop-Graphen

3.3.3 Gradverteilung

Die *Gradverteilung* (engl.: degree distribution) gibt die Wahrscheinlichkeit P an, mit der ein zufällig aus dem Graphen ausgewählter Knoten über einen (konkreten) Grad k verfügt:

$$P_k = \frac{N_k}{N}. \tag{3.10}$$

Anders formuliert ergibt sich die Wahrscheinlichkeit für einen gewissen Grad k eines zufällig ausgewählten Knotens aus dem Verhältnis zwischen der Anzahl derjenigen Knoten, die diesen Grad im Graphen aufweisen, und der Gesamtanzahl N der Knoten im Graphen. Abb. 3.11 zeigt einen sog. *Lollipop-Graphen*.[5] Abb. 3.11a mit fünf Knoten und die absolute Häufigkeit der Grade im Graphen Abb. 3.11b.

Dementsprechend hat im Graphen ein Knoten den Grad 1 (Knoten E), drei Knoten haben den Grad 2 (Knoten D, A und B), ein Knoten (C) verfügt über den Grad 3, also den maximalen Grad im Graphen. Damit können die Wahrscheinlichkeit ermittelt werden, mit der ein zufällig aus dem Graphen ausgewählter Knoten über einen Grad k verfügt.

- $P_1 = \frac{1}{5} = 0{,}2$; es gibt einen Knoten mit dem Grad 1 und insgesamt fünf Knoten.
- $P_2 = \frac{3}{5} = 0{,}6$; es gibt drei Knoten mit dem Grad 2 und insgesamt fünf Knoten.
- $P_3 = \frac{1}{5} = 0{,}2$; es gibt einen Knoten mit dem Grad 3 und insgesamt fünf Knoten.
- $P_k = 0$ für alle $k > 3$, da kein Knoten im Graph einen höheren Grad als 3 aufweist.

Abb. 3.12 zeigt diese Gradverteilung als Histogramm.

---

[5] Ein (m, n)-Lollipop-Graph ist ein Graph, den man durch Zusammenfügen eines kompletten (vollständigen) Graphen K_m mit einem Pfadgraphen P_n mittels einer sog. *Bridge* (s. Abb. 3.4) erhält.

Abb. 3.12 Histogramm: Gradverteilung (degree distribution)

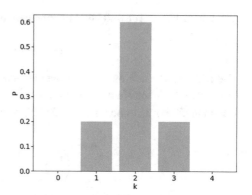

Würde man nun zufällig einen Knoten im Graphen auswählen, hätte dieser mit einer Wahrscheinlichkeit von 60 % ($P_2 = 0{,}6$) den Grad 2. In einem Ring hätte dementsprechend jeder zufällig ausgewählte Knoten mit einer Wahrscheinlichkeit von 100 % den Grad 2, da alle Knoten im Ring immer genau zwei Nachbarn haben. Graphen, deren Knoten alle den gleichen Grad k haben, nennt man *k-reguläre* Graphen oder reguläre Graphen vom Grad k [2, S. 135]. Beispielsweise ist ein Ring ein regulärer Graph vom Grad 2 und ein Gitter (engl.: grid) ein 4-regulärer Graph. Derartige k-reguläre Graphen unterscheiden sich sehr von sog. *zufälligen Netzen* (engl.: random networks, s. Abschn. 6.2.1), die hinsichtlich der Grade heterogener sind und deren Gradverteilung einer Poisson-Verteilung (s. Abschn. 6.1.2) folgt [1, S. 30].

Um die Entsprechung der Verteilung eines Merkmals bzw. der Merkmalsmenge eines Netzwerkes (z. B. Knotengrad) mit einem Modell abgleichen zu können, muss zunächst ermittelt werden, wie die Wahrscheinlichkeitsverteilung des Merkmals im Netzwerk aussieht. In diesem Fall eignet sich die Gradverteilung, aber es gibt noch weitere Variablen, für die die beste Übereinstimmung der Verteilung einer Zufallsvariablen mittels Wahrscheinlichkeits- oder Dichtefunktionen ermittelt werden kann (Abschn. 6.1).

3.3.4 Dichte

Die Anzahl der im Graphen existenten Kanten kann auch dazu genutzt werden, diese ins Verhältnis zur Anzahl der maximal im Graphen möglichen Kanten zu setzen. Die so ermittelte Kennzahl nennt man *Dichte* (engl.: density). Die maximal mögliche Anzahl von Kanten L_{max} in ungerichteten einfachen Graphen ist:

$$L_{max,ungerichtet} = \binom{N}{2} = \frac{N(N-1)}{2}. \tag{3.11}$$

Entsprechend verdoppelt sich die maximal mögliche Anzahl an Kanten L_{max} in einfachen gerichteten Graphen, da ein Knoten über zwei Kanten verfügen kann, eine Kante zu ihm von einem *Vorgänger* und von ihm zu einem *Nachfolger:*

$$L_{\mathrm{max},gerichtet} = N(N - 1).$$

(3.12)

Die Dichte kann nun durch den (zweifachen) Anteil der im Graphen vorhandenen zu den maximal möglichen Kanten ermittelt werden. Durch Einsetzen des durchschnittlichen Grades kann die Formel nochmals vereinfacht werden:

$$\rho = \frac{L}{\binom{N}{2}} = \frac{2L}{N(N - 1)} = \frac{D_{\mathrm{avg}}}{N - 1}.$$

(3.13)

Newman [2, S. 134] merkt in diesem Zusammenhang an, dass viele Untersuchungen sich auf Netzwerke beziehen, die ausreichend groß sind. Deshalb kann eine Dichte auch per Faustregel $\rho = \frac{D_{\mathrm{avg}}}{N}$ ermittelt werden. Da jedoch nicht konkretisiert wird, ab welchem Schwellenwert dies angenommen werden kann, ist hiervon abzuraten und die exakte Vorgehensweise zu bevorzugen.

Entsprechend wird die Berechnung der Dichte in gerichteten Graphen wie folgt notiert:

$$\rho = \frac{L}{N(N - 1)}.$$

(3.14)

Eine Dichte liegt immer im Wertebereich $0 \leq \rho \leq 1$. In einem Graphen der Dichte 0 gibt es keine Kanten. Beispielhaft zeigt Abb. 3.13 einen kompletten ungerichteten Graphen mit zehn Knoten.

Da in einem kompletten Graphen alle Knoten mit allen anderen durch Kanten verbunden sind, verfügt der Graph realiter über die maximal mögliche Kantenanzahl:

$$L = \frac{10(10 - 1)}{2} = \frac{90}{2} = 45 = L_{\mathrm{max}}.$$

(3.15)

Bei einem kompletten Graphen würde man immer eine Dichte $\rho = 1$ erwarten. Eine Überprüfung bestätigt diese Annahme:

$$\rho = \frac{2L}{N(N - 1)} = \frac{2 \cdot 45}{10(10 - 1)} = \frac{90}{90} = 1.$$

(3.16)

Einige Graphen können in Teilbereichen komplette Graphenstrukturen aufweisen. In diesem Fall (z. B. bei Lollipop-Graphen) spricht man bei den kompletten (Teil-)Bereichen mit maximaler Dichte von *Cliquen* [8, S. 53].

Ein Netzwerk, dessen Dichte ρ sich bei Erhöhung der Anzahl der Knoten ($n \rightarrow \infty$) einer Konstanten annähert, wird als *dicht* bezeichnet. In diesem Fall bleibt der Anteil der Elemente „nicht Null" ($A_{ij} \neq 0$) in der Adjazenzmatrix beim Wachstum des Netzwerkes gleich [2, S. 134]. Sinkt der Anteil der Elemente „nicht Null" beim Wachstum ($n \rightarrow \infty$) gegen null, so strebt auch die Dichte gegen null ($\rho \rightarrow 0$). In diesem Fall würde man von

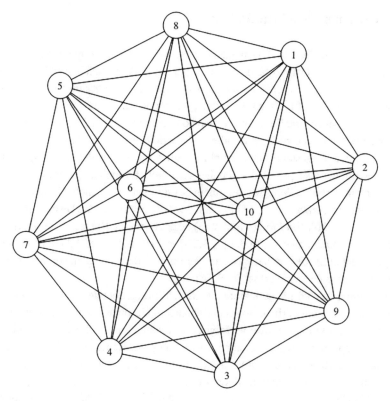

Abb. 3.13 Kompletter Graph

einem *dünn besetzten* (engl.: sparse) Netz sprechen. Bei einem solchen Netz tendiert der durchschnittliche Grad trotz des Wachstums zu einer Konstanten.

Diese theoretischen Überlegungen liefern weitere Möglichkeiten zur Beschreibung von Netzstrukturen, obschon Netzwerke in der Realität oftmals kein Wachstum in Form von $n \to \infty$ aufweisen. Ihre Größe kann über verschiedene Zeiträume hinweg stark variieren und ist natürlich limitiert, was eine eindeutige Klassifizierung als dicht oder dünn erschwert, und lediglich die Dichte selbst kann als Kennzahl herangezogen werden.

Newman [2, S. 135] weist darauf hin, dass es neben der kontinuierlichen Erhöhung der Knotenanzahl auch andere Gründe dafür geben kann, ein Netzwerk als eher dicht oder dünn zu bezeichnen. So ist ein Freundschaftsnetzwerk einer einzelnen Person sicher nicht doppelt so groß, wenn sich die Anzahl der Menschen auf der Welt verdoppelt.

3.3.5 Distanzen, Pfade und Wege

In Netzwerken ist die Distanz zwischen Knoten ein wichtiges und zugleich herausforderndes Themenfeld [8, S. 56]. Der Abstand verschiedener Atome kann sich beispielsweise maßgeblich auf die Eigenschaften eines Elements oder Materials auswirken. Diese physikalische Distanz wirkt sich also oftmals auf die Interaktion von Komponenten im Gesamtsystem aus.

In Fällen, bei denen eine Betrachtung physikalischer Distanz nicht zur Anwendung kommen kann, erscheint es deshalb notwendig, erweiterte Konzepte zur Ermittlung von Distanzen zu beleuchten. Man stelle sich hierbei ein Netzwerk vor, bei dem es völlig unerheblich ist, ob zwei Knoten eher physikalisch näher oder weiter voneinander entfernt positioniert sind (z. B. nicht verlinkte Websites auf einem Server oder unbekannte Nachbarn).

Im Kontext von Netzwerken und Graphen wird die physikalische Distanz deshalb durch *Pfade* ersetzt [8, S. 56]. Ein *Pfad* (engl.: path) bezeichnet eine Kantensequenz, welche zwei Knoten i und j miteinander verbindet [1, S. 23]. Anders formuliert ist ein Pfad eine Route im Graphen, deren Länge durch die Anzahl der durchlaufenen Kanten von einem Knoten A zu einem Knoten B determiniert ist [8, S. 56].

Pfade können sowohl für gerichtete, als auch für ungerichtete Netze definiert werden. Der Unterschied besteht darin, dass im ungerichteten Graphen in beide Richtungen *traversiert,* eine Route im Graphen also verfolgt oder durchlaufen werden kann, wohingegen in gerichteten Graphen das Traversieren nur in Richtung der Kante möglich ist [2, S. 136].

Jackson [1, S. 23] beschreibt einen *Pfad* in einem ungerichteten Netzwerk $g \in G(N)$ zwischen einem Knoten i und j als Sequenz von Kanten $i_1, i_2, i_3, \ldots, i_{K-1}, i_K$, sodass i_K, $i_{K+1} \in g$ für alle $k \in 1, \ldots, K-1$ mit $i_i = i$ und $i_k = j$ und dabei jeder Knoten in der Sequenz $i_1, \ldots, i_K$ *distinkt* ist. Distinkt meint, dass kein Knoten mehr als einmal im Pfad durchschritten wird.

Ergänzend beschreibt ein *Weg* einen Pfad, bei dem Knoten mehrmals durchlaufen werden können [1, S. 23]. Pfade können sich auch selbst überschneiden [2, S. 136]. Tun sie dies nicht, spricht man von *sich selbst vermeidenden* (engl.: self-avoiding) Pfaden. Ein Weg wäre demnach ein sich nicht selbst vermeidender Pfad, ein Pfad ein sich selbst vermeidender Weg.

Ein Pfad ist Teil- oder Subgraph des gesamten Netzwerkes, welcher aus der Menge der am Pfad beteiligten Knoten und der Menge der im Pfad liegenden Kanten besteht [1, S. 23]. Die Kardinalität der Menge der Kanten im Pfad ist zugleich dessen *Länge*. Die Länge eines Pfades ist also die Anzahl der durchlaufenen Kanten (nicht Knoten).

Ein *Zyklus* bezeichnet einen Weg $i_1, i_2, i_3, \ldots, i_{K-1}, i_K$ mit gleichem Start- und Endknoten ($i_1 = i_K$). Aus einem Pfad kann ein Zyklus entstehen, wenn man eine Kante vom Endknoten zum Startknoten hinzufügt. Umgekehrt wird aus einem Zyklus ein Pfad, wenn die erste oder letzte Kante seiner Sequenz entfernt wird [1, S. 24].

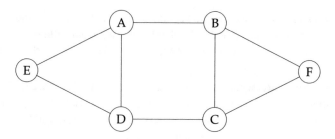

Abb. 3.14 Beispielgraph mit sechs Knoten und acht Kanten

Ein Graph heißt *eulersch,* wenn ein Pfad existiert, der jede Kante genau einmal durchläuft. Dieser Pfad nennt sich *Euler'scher Pfad* oder *Euler-Kreis*[6] und ist nicht zwingend selbst vermeidend. Ein Pfad, der jeden Knoten genau einmal durchläuft, heißt *Hamilton-Pfad* oder *Hamilton-Kreis* und ist per definitionem sich selbst vermeidend. Ein Graph kann mehrere Euler'sche Pfade und/oder Hamilton-Kreise aufweisen.

Möchte man ermitteln, wie viele Pfade der Länge k zwischen verschiedenen Knoten in einem Graphen existieren, kann man dies durch Potenzieren der Adjazenzmatrix erreichen. Hierbei ist k der Exponent [1, S. 24].

Beispielhaft zeigt Abb. 3.14 einen Graphen mit sechs Knoten und acht Kanten.

Die zugrunde liegende Adjazenzmatrix kann wie folgt notiert werden:

$$g = \begin{pmatrix} 0 & 1 & 0 & 1 & 1 & 0 \\ 1 & 0 & 1 & 0 & 0 & 1 \\ 0 & 1 & 0 & 1 & 0 & 1 \\ 1 & 0 & 1 & 0 & 1 & 0 \\ 1 & 0 & 0 & 1 & 0 & 0 \\ 0 & 1 & 1 & 0 & 0 & 0 \end{pmatrix}. \tag{3.17}$$

Möchte man wissen, wie viele Wege der Länge 2 im Graphen existieren, potenziert man g mit dem Exponenten 2:

$$g^2 = \begin{pmatrix} 3 & 0 & 2 & 1 & 1 & 1 \\ 0 & 3 & 1 & 2 & 1 & 1 \\ 2 & 1 & 3 & 0 & 1 & 1 \\ 1 & 2 & 0 & 3 & 1 & 1 \\ 1 & 1 & 1 & 1 & 2 & 0 \\ 1 & 1 & 1 & 1 & 0 & 2 \end{pmatrix}. \tag{3.18}$$

Den Einträgen ist zu entnehmen, dass es insgesamt 44 Wege der Länge zwei gibt. Es existieren beispielsweise drei Wege der Länge 2 von A zu A (1. $A - B - A$, 2. $A - D - A$, 3.

---

[6] Der Euler-Kreis geht auf den Mathematiker Leonard Euler zurück, der im Jahre 1736 ein mathematisches Problem löste, welches als „Sieben-Brücken-Problem von Königsberg" bekannt ist [9, 317 ff.].

$A - E - A$) und zwei Wege der Länge zwei von C zu A (1. $C - D - A$ und 2. $C - B - A$). Eine Potenzierung mit dem Exponenten 3 liefert dementsprechend alle Wege der Länge drei. Allgemein ermöglicht also die k-te Potenz eines Netzwerkes g^k Einblick in die Wege der Länge k zwischen zwei Knoten.

In gerichteten Netzwerken gibt es noch weitere Definitionen für Pfade und Zyklen. Wenn die Richtung eine Rolle spielt, dann spricht man auch von gerichteten Pfaden, gerichteten Wegen und gerichteten Zyklen, wobei es in allen Fällen notwendig ist, auf eine genaue Reihung der Kanten zwischen den betrachteten Knoten zu achten.

Die formalen Beschreibungen zu ungerichteten Wegen, Pfaden und Zyklen können wie folgt übertragen werden [1, S. 25]:

- Ein *gerichteter Weg* in einem Netzwerk $g \in G(N)$ zwischen einem Knoten i und j ist eine Sequenz von Kanten $i_1, i_2, i_3, ..., i_{K-1}, i_K$, sodass $i_K, i_{K+1} \in g$ für alle $k \in 1, ..., K - 1$ gilt.
- Ein *gerichteter Pfad* in einem Netzwerk $g \in G(N)$ zwischen einem Knoten i und j, sodass $i_K, i_{K+1} \in g$ für alle $k \in 1, ..., K - 1$ mit $i_i = i$ und $i_k = j$ und dabei jeder Knoten in der Sequenz $i_1, ..., i_K$ *distinkt* ist.
- Ein *gerichteter Zyklus* bezeichnet einen Weg $i_1, i_2, i_3, ..., i_{K-1}, i_K$ mit gleichem Start- und Endknoten ($i_1 = i_K$).

Es kommen Situationen vor, bei denen die Richtung einer Kante die Initiierung einer Verbindung darstellt, die Verbindung beider Knoten prinzipiell aber auch durch eine ungerichtete Kante dargestellt werden kann (z. B. Kontaktierung eines Knotens A von Knoten B; beide haben durch den Kontakt eine ungerichtete Verbindung, nämlich einen Kontakt zueinander). In derartigen Fällen kann, ausgehend vom gerichteten Graphen g auch eine ungerichtete Version $\hat{g}$ herangezogen werden (also der gerichtete Graph ohne Pfeile bzw. Kantenrichtungen). Hier kann es ungerichtete Pfade zwischen zwei Knoten in $\hat{g}$ geben, die in g nicht möglich sind.

Abb. 3.15 zeigt beispielhaft einen gerichteten Graphen. Das Beispiel zeigt, dass es in der gerichteten Version g des Graphen keine Pfade mit den Ausgangsknoten E und D geben kann. In der ungerichteten Version $\hat{g}$ (s. Abb. 3.24 in den Übungen zu diesem Kapitel) gibt es ungerichtete Pfade ausgehend von E und D zu jedem anderen Knoten im Graphen. Die Abbildung zeigt zudem, dass es keine gerichteten Zyklen gibt. Distanzen und Pfade zwischen Knoten bilden den Ausgangspunkt für weitere im Folgenden beschriebene Kennzahlen, die einen vertiefteren Einblick in die Struktur eines Netzwerkes ermöglichen.

3.3.6 Kürzester Pfad

Barabási und Pósfai beschreiben den *kürzesten Pfad* (engl.: shortest path) d oder d_{ij} zwischen zwei Knoten i und j als denjenigen Pfad mit der geringsten Kantenanzahl [8, S. 59]. Es

Abb. 3.15 Beispielgraph (gerichtet) mit fünf Knoten und sechs Kanten

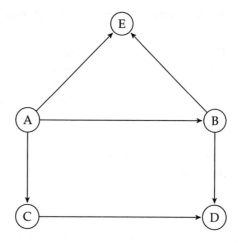

kann mehrere kürzeste Pfade zwischen einem Knotenpaar geben, wobei diese jeweils weder Schleifen noch Überschneidungen aufweisen dürfen. Oft wird der kürzeste Pfad auch als *Geodäte* (engl.: geodesic line) oder *geodätischer Pfad* bezeichnet; also ein Pfad zwischen zwei Knoten, dessen Kantensequenz nicht länger ist als die eines anderen Pfades zwischen diesen beiden Knoten [1, S. 24].

Im ungerichteten Netzwerk entspricht die Distanz zwischen einem Knoten i und j der Distanz zwischen j und i ($d_{ij} = d_{ji}$). Im gerichteten Graphen ist dies nicht immer der Fall (s. Abb. 3.15), sodass dann $d_{ij} \neq d_{ji}$ gilt. Oft ist die Distanz zwischen zwei Knoten von Interesse. Bei einem kleinen Netzwerk lässt sich dies sicher einfach ablesen. Im größeren Massstab benötigt man algorithmische Unterstützung, z. B. in Form der Breitensuche (engl.: breadth-first-search (BFS)) in ungewichteten Graphen oder des Algorithmus von Dijkstra in kantengewichteten Graphen.[7]

3.3.7 Diameter

Der *Durchmesser* oder *Diameter* d_{max} eines Netzwerkes ist die größte Distanz zwischen zwei Knoten, also der längste kürzeste Pfad (zwischen den am weitesten voneinander entfernten Knoten) [8, S. 59]. Der Durchmesser ist gleichzeitig die Obergrenze für die durchschnittliche Pfadlänge. Ist die durchschnittliche Pfadlänge viel kürzer als der Durchmesser, deutet dies auf Ausreißer hin.

Viele Netzwerke sind nicht vollständig zusammenhängend, d. h., es gibt nicht zwischen allen Knotenpaaren Pfade. Deshalb beziehen sich Kennzahlen, wie der Durchmesser, der kürzeste Pfad oder die durchschnittliche Pfadlänge, auf unterschiedliche Komponenten (s. Abschn. 3.4) – hierbei wird oftmals die größte Komponente betrachtet.

---

[7] Vgl. hierzu Suchverfahren (s. Abschn. 3.5) sowie ergänzend [8, S. 62, 10, 89 ff.].

3.3.8 Durchschnittliche Pfadlänge

Die *Durchschnittliche Pfadlänge* $\langle d \rangle$ ist die durchschnittliche Distanz zwischen allen Knotenpaaren im Netzwerk. Für einen gerichteten Graphen ist dies [8, S. 61]:

$$\langle d \rangle = \frac{1}{N(N-1)} \sum_{\substack{i,j=1,N \\ i \neq j}} d_{i,j}. \tag{3.19}$$

Beispielhaft ergibt sich die durchschnittliche Pfadlänge im gerichteten Beispielgraphen (s. Abb. 3.15) wie folgt:

$$\langle d \rangle = \frac{(d_{A \to E} + d_{A \to B} + d_{A \to C} + d_{A \to D} + d_{B \to E} + d_{B \to D} + d_{C \to D})}{5(5-1)} \tag{3.20}$$

$$= \frac{(1+1+1+2+1+1+1)}{5 \cdot 4} = \frac{8}{20} = 0{,}4.$$

3.4 Komponenten

Es gibt Graphen, in denen kein Pfad zwischen zwei Knoten A und B existiert. In diesem Fall nennt man den Graphen *nicht zusammenhängend* (engl.: disconnected). Umgekehrt ist ein Graph *zusammenhängend* (engl.: connected), wenn dieser Fall nicht auftritt, es also Pfade zwischen allen Knoten gibt. Darüber hinaus kann es ganze Subgruppen im Graphen geben, deren Knoten keine Kanten zueinander aufweisen (s. Abb. 3.16). Diese Subgruppen nennt man *Zusammenhangskomponenten* oder kurz *Komponenten* (engl.: components). Ein zusammenhängendes Netzwerk besteht aus nur einer Komponente.

Abb. 3.16 zeigt eine Komponente der Größe eins, zwei Komponenten der Größe zwei, eine Komponente der Größe drei sowie eine Komponente der Größe vier. Die Komponenten zerlegen den Graphen in seine sog. *Partition* $\prod(N, g) = \{A, D, E\}, \{B, C, F, H\}, \{G\}, \{I, J\}, \{K, L\}$.

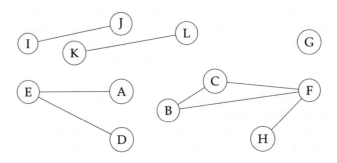

Abb. 3.16 Netzwerk mit fünf Komponenten

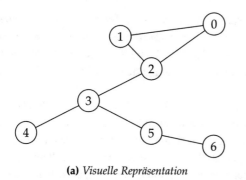

(a) *Visuelle Repräsentation*

$$g = \begin{pmatrix} 0 & 1 & 1 & 0 & 0 & 0 & 0 \\ 1 & 0 & 1 & 0 & 0 & 0 & 0 \\ 1 & 1 & 0 & 1 & 0 & 0 & 0 \\ 0 & 0 & 1 & 0 & 1 & 1 & 0 \\ 0 & 0 & 0 & 1 & 0 & 0 & 0 \\ 0 & 0 & 0 & 1 & 0 & 0 & 1 \\ 0 & 0 & 0 & 0 & 0 & 1 & 0 \end{pmatrix}$$

(b) *Adjazenzmatrix*

Abb. 3.17 Verbundener Graph

Eine Kante ij wird als *Brücke* (engl.: bridge) bezeichnet, wenn ihr Wegfall in einem Netzwerk g die Erhöhung der Anzahl der Komponenten im Graphen zur Folge hat. Bezogen auf die Abbildung gibt es fünf Brücken (die Kanten zwischen I und J, K und L, E und A, E und D sowie F und H).

Das Vorliegen von Komponenten kann auch aus der Adjazenzmatrix abgelesen werden. In Adjazenzmatrizen von nicht verbundenen Graphen lassen sich Komponenten (alle Elemente nicht Null) in quadratische Blöcke entlang der Diagonalen zusammenfassen; alle restlichen Elemente sind Null [8, S. 63] [2, S. 142].

Abb. 3.17 zeigt beispielhaft dazu einen verbundenen Graphen mit entsprechender Adjazenzmatrix.

Abb. 3.18 zeigt die gleichen Knoten, allerdings mit einer Kante weniger (ohne Kante zwischen Knoten 2 und 3). Aus dem Graphen wird ein nicht verbundener Graph mit zwei Komponenten. Die entsprechende Adjazenzmatrix zeigt zwei Blöcke, die sich von nicht verbundenen Knoten (grau) abgrenzen, sowie die Position der weggefallenen Kante (fett).

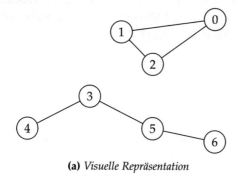

(a) *Visuelle Repräsentation*

$$g = \begin{pmatrix} 0 & 1 & 1 & 0 & 0 & 0 & 0 \\ 1 & 0 & 1 & 0 & 0 & 0 & 0 \\ 1 & 1 & 0 & \mathbf{0} & 0 & 0 & 0 \\ 0 & 0 & \mathbf{0} & 0 & 1 & 1 & 0 \\ 0 & 0 & 0 & 1 & 0 & 0 & 0 \\ 0 & 0 & 0 & 1 & 0 & 0 & 1 \\ 0 & 0 & 0 & 1 & 0 & 1 & 0 \end{pmatrix}$$

(b) *Adjazenzmatrix*

Abb. 3.18 Graph mit zwei Komponenten

Komponenten in gerichteten Graphen werden differenzierter beschrieben. So unterscheidet Newman [2, S. 142] *starke* und *schwache Zusammenhänge* in gerichteten Graphen. Ein starker Zusammenhang besteht zwischen zwei Knoten A und B, wenn es sowohl einen gerichteten Pfad von A nach B, als auch umgekehrt einen gerichteten Pfad von B nach A gibt.

Eine stark zusammenhängende Komponente in gerichteten Graphen entspricht also der maximalen Menge derjenigen Knotenpaare, zwischen denen es Pfade in beide Richtungen gibt. Daraus folgt, dass es in stark zusammenhängenden gerichteten Graphen mit mehr als einem Knoten immer Zyklen/Kreise gibt [2, S. 142]. Eine weitere Unterscheidung von Komponenten kann hinsichtlich der Richtung der Kanten mit Beteiligung eines betrachteten Knotens erfolgen [2, S. 142]:

- *In-components* eines Knotens A: die Menge aller zu A durch direkte Pfade verbundener Knoten (auch A selbst),
- *Out-components* eines Knotens A: die Menge aller durch direkte Pfade von A erreichbaren Knoten (auch A selbst).

3.5   Suchprozesse

Graphentheoretische Probleme und Algorithmen beinhalten es oft, dass Knoten und Kanten durchlaufen werden müssen [10, S. 89]. Bei dieser Wanderung im Graphen (Traversierung) gibt es zwei verallgemeinerte Suchstrategien, welche auf beliebige Graphen anwendbar sind: *Breitensuche* und *Tiefensuche*.

3.5.1   Breitensuche (BFS)

Die Breitensuche (engl.: breadth-first search; BFS) geht vom Knoten des Interesses aus und durchläuft rekursiv mehrere Schritte zur Ermittlung von Ergebnissen, z. B. des kürzesten Pfades zwischen zwei Knoten i und j [8, S. 62] (s. Abb. 3.19):

Abb. 3.19 Suchalgorithmus:
Breitensuche

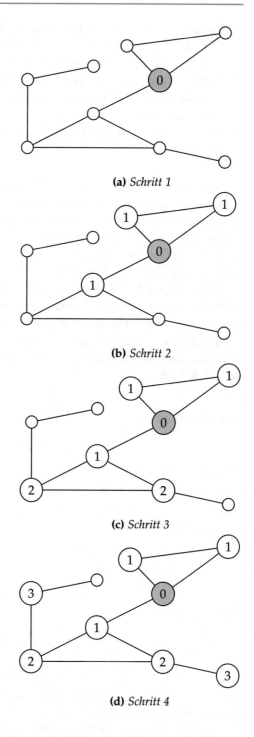

(a) *Schritt 1*

(b) *Schritt 2*

(c) *Schritt 3*

(d) *Schritt 4*

1. Ein Knoten i wird mit dem Label n (z. B. „0") versehen (s. Abb. 3.19a),
2. Finde die direkten Nachbarn von i, versehe diese mit dem Label $n+1$ („1") (s. Abb. 3.19b) und füge diese einer Liste/Warteschleife hinzu,
3. Nimm den ersten Knoten in der Liste aus 2. Warteschleife, finde dessen direkte, adjazente Nachbarn, versehe diese mit einem Label $(n+1)+1$ und füge diese einer neuen Liste/Warteschleife hinzu,
4. Wiederhole 3., bis der Zielknoten j erreicht ist und keine weiteren Knoten in der Warteschlange sind.

Die Entfernung zwischen i und j ist das Label von j (wenn j kein Label hat, gilt $d_{ij} = \infty$).

Aus dem Algorithmus ergibt sich in einem weiteren Schritt ein *Erreichbarkeitsbaum* [10, S. 90], ein Spannbaum (s. Abb. 3.20) als Teilgraph eines ungerichteten Graphen mit Wurzel (grau) i [11, S. 21]. Knoten mit gleichen Labels, also gleicher Distanz zur Wurzel, werden auf gleicher Ebene (Stratum)[8] angeordnet. Das Verfahren weist in einem Netzwerk mit N Knoten und L Kanten die Laufzeit $O = (L \times N)$ auf [8, S. 62].

BFS basiert auf der Grundannahme, dass ein Pfad durch die Anzahl der Kanten zwischen zwei Knoten determiniert ist. Hierbei wird vernachlässigt, wie lang die Kanten sind, d. h., zwei Knoten könnten trotz hoher durch BFS ermittelter Kantenanzahl in der Realität näher beieinanderliegen. Der Dijkstra-Algorithmus berücksichtigt die Kantenlängen in kantengewichteten Graphen und ermittelt die tatsächlich kürzesten Distanzen als Erweiterung von BFS [2, S. 330].

Abb. 3.20 Spannbaum

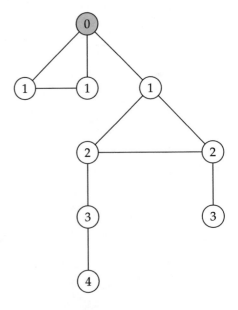

---

[8] In der Literatur manchmal auch als Grenze (engl.: frontier) bezeichnet [12, S. 48].

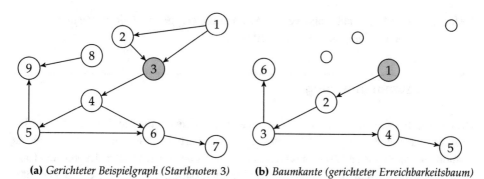

(a) *Gerichteter Beispielgraph (Startknoten 3)*   (b) *Baumkante (gerichteter Erreichbarkeitsbaum)*

Abb. 3.21 Tiefensuche

3.5.2 Tiefensuche (DFS)

Tiefensuche (engl.: depth-first search; DFS) versucht, die am weitesten entfernten Knoten zu einem Startknoten zuerst zu suchen und wählt dazu im zweiten Schritt (s. Abb. 3.5.1) eine Kante des zuletzt markierten Knotens aus [10, S. 90]. Es wird also immer der nächste Nachbarknoten ausgehend von der Wurzel, eines Nachbarn der Wurzel, eines Nachbarn des Nachbarn der Wurzel usw. mit einem Label versehen. Allgemein folgt DFS Kindern (direkten Nachbarn), bis ein Zielknoten oder ein Blatt erreicht ist. Ist der Zielknoten erreicht, wandert der Algorithmus zurück zum Startknoten. Wird der Zielknoten nicht gefunden, wandert der Algorithmus wieder zu den jeweiligen Eltern und markiert ggf. weitere Kinder, bis der Zielknoten gefunden ist. Wird der Zielknoten nach dem letzten erreichbaren, untergeordneten Knoten des Startknotens nicht gefunden, so ist dieser nicht auffindbar.
Abb. 3.21a zeigt das einen gerichteten Beispielgraphen. Stellen wir uns vor, wir suchen Knoten G ausgehend von Knoten 3 (grau). Abb. 3.21b zeigt die Tiefensuchenummern der DFS innerhalb der ermittelten Baumkante.

Bei der rekursiven Variante werden Knoten aufsteigend nach ihrer Nummer in der Adjazenzmatrix besucht und erhalten dabei aufsteigende Nummern als Labels (Tiefensuchennummern), bis alle vom Startknoten aus erreichbaren Knoten markiert sind. Den Knotennummern werden dann die Tiefensuchennummern zugeordnet. Diese Tiefensuchen ergeben eine Reihenfolge[9].

In ungerichteten und gerichteten Graphen ergeben sich als Ergebnis von DFS keine Spannbäume mit allen Knoten wie bei BFS im betrachteten Graphen zweier Knoten, sondern gerichtete Baumkanten als Erreichbarkeitsbäume. Damit lässt sich z. B. prüfen, ob zwei Knoten (in)direkt verbunden sind. Weiterhin lassen sich Zusammenhangskomponenten im gesamten Graphen aufspüren, da die Anzahl benötigter Durchläufe und daraus resultierender Baumkanten der Anzahl von Zusammenhangskomponenten entspricht. Auf Basis der

---

[9] Es gibt auch weitere Abwandlungen der DFS, z. B. nicht-rekursive Verfahren mittels Stapel [10, S. 93 f.].

Tiefensuche existieren zahlreiche weitere Abwandlungen, Implementierungen und Anwendungen, z. B. in der Computergrafik [10, 107 ff.].

3.6   Zusammenfassung

Dieses Kapitel widmete sich ersten Grundlagen der Graphentheorie. Zu Beginn wurden verschiedene Netzwerkrepräsentationen vorgestellt. Hierbei wurde zunächst der Graph als mathematische Repräsentation eines Netzwerkes mit seinen Bestandteilen, Knoten und Kanten beschrieben. Anschließend wurde der Unterschied zwischen ungerichteten und gerichteten Graphen sowie deren Darstellung als Matrix (Adjazenzmatrix, Inzidenzmatrix) beleuchtet. Während eine Adjazenzmatrix die Nachbarschaften bzw. Verbindungen aller Knoten untereinander (auch redundant) beinhaltet, zeigt die Inzidenzmatrix nur diejenigen Kanten, die von einem Knoten A zu einem Knoten B münden. Bei einfachen Graphen sind dies boolsche Matrizen, bei gewichteten Graphen und/oder Multigraphen nicht. Weiterhin wurden Hypergraphen als Graphen mit unterschiedlichen Knotentypen vorgestellt. Hierbei wurde auf ihren bipartiten Charakter hingewiesen und zu k-partiten Graphen übergeleitet. Ergänzend wurden die Eigenschaften von Bäumen sowie planaren Graphen skizziert.

Es folgte die Vorstellung des Knotengrades in ungerichteten und gerichteten Graphen, des durchschnittlichen Grades sowie eine erste Einführung in die Gradverteilung als Wahrscheinlichkeit, mit der ein willkürlich aus dem Graphen ausgewählter Knoten über einen bestimmten Grad verfügt. Im Zuge der Beleuchtung der unterschiedlichen Kantenanzahl eines Graphen wurde die Kennzahl *Dichte* beschrieben, welche die Anzahl der im Graphen existenten Kanten zur Anzahl der theoretisch maximal möglichen Kanten setzt. Im Anschluss wurden Distanzen in ungerichteten und gerichteten Graphen in Form von Pfaden und Wegen als Erweiterung der euklidischen Distanzperspektive im Kontext von Graphen beschrieben. Distanz wurde hierbei als Kantensequenz zur Darstellung der Verbindung zwischen zwei Knoten definiert (Weg), wobei ein Pfad ein Weg ist, auf dem kein Knoten mehrmals durchlaufen wird. Des Weiteren wurden der Zyklus als Weg mit gleichem Start- und Endknoten sowie die Eigenschaften eines Euler- und Hamilton-Kreises skizziert. Auf Basis der Adjazenzmatrix wurde beschrieben, wie viele Pfade einer bestimmten Länge in einem Graphen auftreten. Zudem ergänzte die Beschreibung des kürzesten Pfades, des Diameters und der durchschnittlichen Pfadlänge das Kapitel. Danach wurde der Begriff der Komponenten im Kontext von nicht verbundenen Graphen eingeführt. Abschließend wurden die Breiten- und Tiefensuche als Möglichkeiten zum Traversieren im Graphen sowie als Grundlage vieler Algorithmen vorgestellt.

Insgesamt widmete sich das Kapitel der Frage, wie Netzwerkstrukturen dargestellt und einfache Eigenschaften quantifiziert werden können. Erste Kennzahlen und Metriken wurden vorgestellt, um einfache Netzstrukturen erkennen, unterscheiden und beschreiben zu können. Den Abschluss bildeten Suchprozesse im Allgemeinen, da diese die Basis vieler nachfolgend beschriebener Algorithmen bilden, die im Graphen traversieren. Im Folgenden werden Netzstrukturen auf anderen Ebenen aufgespannt und in größeren Maßstäben betrachtet.

3.7 Übungen

Aufgabe 3.1 Hypergraphen
Gegeben sei ein Hypergraph wie in Abb. 3.22.
Erstellen Sie eine Matrixrepräsentation des dargestellten Hypergraphen.

Aufgabe 3.2 Dichte eines Petersen-Graphen
Gegeben sei ein Petersen-Graph[10] wie in Abb. 3.23 .
Ermitteln Sie die maximal mögliche Anzahl von Kanten des Graphen sowie dessen Dichte!

Abb. 3.22 Hypergraph

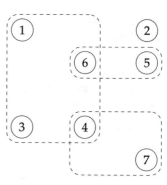

Abb. 3.23 Petersen-Graph

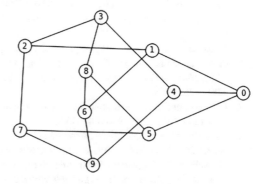

---

[10] Falls Sie nicht wissen, was ein Petersen-Graph ist, kommt es darauf für die Lösung der Aufgabe zwar nicht an, aber recherchieren Sie gerne selbstständig danach. Er wird Ihnen in der Graphentheorie ganz bestimmt noch oft begegnen, da er über spezifische Eigenschaften verfügt, beispielsweise ist er nicht planar.

Abb. 3.24 Beispielgraph
(ungerichtet) mit fünf Knoten
und sechs Kanten

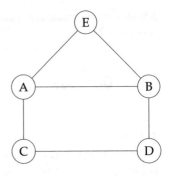

Aufgabe 3.3 Ermittlung der Wegeanzahl

Gegeben sei der Graph in Abb. 3.24.

Ermitteln Sie die Anzahl aller Wege der Länge zwei und drei im Graphen! Geben Sie für jeden Fall ein Beispiel für konkrete Pfade zwischen ausgewählten Knoten an!

Quellen

1. M. O. Jackson, *Social and economic networks*. Princeton, NJ: Princeton University Press, 2008, ISBN: 9780691134406.
2. M. E. J. Newman, *Networks: An Introduction*. New York, NY, USA: Oxford University Press, Inc., 2010, ISBN: 9780199206650.
3. M. Trappmann, H. Hummell und W. Sodeur, *Strukturanalyse sozialer Netzwerke: Konzepte, Modelle, Methoden*. Ser. Studienskripten zur Soziologie. Wiesbaden: VS Verlag für Sozialwissenschaften, Springer Fachmedien, 2005, ISBN: 9783663115588.
4. J. Kepner und H. Jananthan, *Mathematics of Big Data: Spreadsheets, Databases, Matrices, and Graphs*. The MIT Press, 2018, ISBN: 9780262038393.
5. C. Berge und E. Minieka, *Graphs and hypergraphs*, 2nd revised ed. Amsterdam: North-Holland Publishing Co.; New York: American Elsevier, 1976, Previous ed. of this translation: 1973. Translation and revision of: ‚Graphes et hypergraphes‘. Paris: Dunod, 1970, ISBN: 0720424534.
6. R. A. Hanneman und M. Riddle, „A brief introduction to analyzing social network data", in *The SAGE Handbook of Social Network Analysis*. Sage Publications Ltd., 2011, S. 331–339, ISBN: 9781847873958.
7. J. P. Scott und P. J. Carrington, *The SAGE Handbook of Social Network Analysis*. Sage Publications Ltd., 2011, ISBN: 9781847873958.
8. A.-L. Barabási und M. Pósfai, *Network science*. Cambridge: Cambridge University Press, 2016, ISBN: 9781107076266. Adresse: http://barabasi.com/networksciencebook/.
9. M. Schubert, „Leonhard Euler und die 7 Brücken von Königsberg", in *Mathematik für Informatiker: Ausführlich erklärt mit vielen Programmbeispielen und Aufgaben*. Wiesbaden: Vieweg+Teubner, 2009, S. 317–358, ISBN: 978-3-8348-9585-1. https://doi.org/10.1007/978-3-8348-9585-1_13. Adresse: https://doi.org/10.1007/978-3-8348-9585-1_13.
10. V. Turau und C. Weyer, *Algorithmische Graphentheorie*. Berlin, München, Boston: De Gruyter, 2015, ISBN: 9783110417326. https://doi.org/10.1515/9783110417326. Adresse: https://doi.org/10.1515/9783110417326.

11. G. Caldarelli, *Scale-Free Networks: Complex Webs in Nature and Technology*, Ser. Oxford Finance Series. Oxford University Press, 2007, ISBN: 9780199211517.
12. F. Menczer, S. Fortunato und C. A. Davis, *A First Course in Network Science*. Cambridge University Press, 2020. https://doi.org/10.1017/9781108653947.

Knoten: Position und Zentralität

4

Inhaltsverzeichnis

Die vorangegangenen Kapitel ermöglichten einen ersten Einblick zur Modellierung, Generierung und einfachen Beschreibung von Netzwerken. Hierbei konzentrierten sich die analytischen Konzepte vornehmlich auf die Makroebene, d. h. auf globale Eigenschaften von Netzwerken (z. B. Dichte, Gradverteilung, Durchmesser), welche als Graph repräsentiert sind.

Wie in Kap. 2 bereits skizziert, gibt es sowohl weitere Analyseebenen, die über einen individuellen Knoten hinausgehen, als auch weitere Analyseverfahren mit Fokus auf Positionen und Strukturen eines Knotens auf der:

- Mikroebene, d. h. Knoten im Kontext zu globalen Netzeigenschaften, oder der
- Mesoebene, d. h. Knoten im Kontext eines regionalen Kollektivs bzw. des Subgraphen einer Gemeinschaft (s. Kap. 5).

Das vorliegende Kapitel widmet sich deshalb im Folgenden zunächst der Mikroebene und fokussiert Positionskennzahlen, die sog. Zentralitätsmaße eines Knotens.

4.1   Zentralitätsmaße

Um dem Interesse an Knoten und einem Vergleich zu anderen Knoten respektive dem ganzen Netzwerk gerecht zu werden, wurden zahlreiche Kennzahlen und Metriken entwickelt, die unter der Kategorie Zentralitätsmaße zusammengefasst werden [1, 37 ff.]:

- Grad/Gradzentralität: Wie verbunden ist ein Knoten?
- Nähe: Wie einfach kann man von einem Knoten aus einen anderen erreichen?
- Zwischenposition: Wie wichtig ist ein Knoten für die Verbindungen aller anderen Knoten untereinander?
- Eigenschaften der Nachbarn: Wie wichtig, zentral oder einflussreich sind die Nachbarn eines Knotens?

Zentralitätsmaße stellen somit ergänzende Aspekte eines Knotens dar. Allen Verfahren gemein ist die Tatsache, dass sie allen einzelnen Knoten im Graphen Werte zuordnen, die eine Reihung nach *Wichtigkeit* ermöglichen, wobei das Größenverhaltnis der Werte zuein-ander i. d. R. keine Bedeutung hat und die Werte als ordinalskaliert anzunehmen sind [2, 130 f.]. Was *wichtig* bedeutet, hängt von der Definition des jeweiligen Zentralitätsmaßes ab. Im Folgenden werden solche Zentralitätsmaße skizziert.

4.1.1   Gradzentralität

Aufbauend auf Abschn. 3.3.1 bezeichnet die *Gradzentralität* (engl.: degree centrality) den Grad eines Knotens im Verhältnis zur Anzahl aller Knoten außer dem betrachteten Knoten:[1]

$$Gradzentralität = \frac{d_i(g)}{n-1}. \tag{4.1}$$

Werte der Gradzentralität liegen immer im Bereich von 0 bis 1. Die Kennzahl gibt nicht an, wie wichtig der Knoten aufgrund seiner Position im gesamten Netzwerk ist. So kann es sich bei Knoten mit hoher Gradzentralität im Vergleich zu *Hubs*[2] mit niedrigeren Werten dennoch um für ein Gesamtnetz wesentlich unwichtigere Knoten handeln. Abb. 4.1 zeigt als Beispiel *Zachary's Karate Club,* einen Graphen mit 34 Knoten.[3]

---

[1] Manchmal wird der Begriff *Knotengrad* synonym zum Begriff *Gradzentralität* benutzt [3, S. 169].

[2] Hub als zentraler Punkt bezeichnet Knoten mit einem sehr hohem Grad [4, S. 81], dessen Wegfall die Anzahl der Komponenten (s. Abschn. 3.4) im Graphen erhöht.

[3] Der Datensatz erlangte im Bereich der Detektion von Gruppen (engl.: community detection, s. Abschn. 5.4.3) an Bedeutung, wird häufig als Beispiel herangezogen und ist in vielen Anwen-dungen im Standard enthalten (z. B. in `Python`/`networkx`). Besondere Fans haben sich im „Zachary's Karate Club"-Club zusammengeschlossen; dieser lobt beispielsweise Preise für Wissen-schaftler:innen aus, die auf Konferenzen als Erste:r diesen Datensatz in ihren Beiträgen als Beispiel verwenden [4, S. 323].

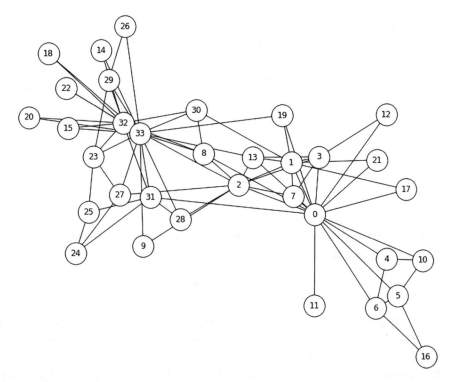

Abb. 4.1 Zachary's Karate Club

Fokussiert man die beiden Knoten mit den höchsten Graden, ergibt sich für Knoten 33 (Grad: 17) eine Gradzentralität i. H. v. 0,51 und für Knoten 0 (Grad: 16) der Wert 0,48.

Auf Basis der Gradzentralität ist Knoten 33 also zentraler als Knoten 0. Allerdings erscheint Knoten 0 als Hub, dessen Wegfall höchstwahrscheinlich andere Konsequenzen für das gesamte Netz hätte als der Wegfall von Knoten 33 (z. B. hinsichtlich der Erhöhung der Komponenten oder der Minimierung möglicher Pfade). Dies wird durch die Gradzentralität nicht zum Ausdruck gebracht.

Bei gerichteten Graphen wird zwischen *Eingangsgradzentralität* und *Ausgangsgradzentralität* unterschieden. Zur Ermittlung der Gradzentralität eines spezifischen Knotens ist nur die Anzahl der direkten Nachbarn relevant. Der gesamte Graph und beispielsweise die Relevanz der Nachbarn von Nachbarknoten wird durch dieses lokale Maß nicht berücksichtigt.

4.1.2 Nähezentralität

Um herauszufinden, wie nah ein Knoten zu anderen Knoten im Netzwerk positioniert ist, kann die *Nähezentralität* (engl.: closeness centrality) ermittelt werden. Sie wird ermit-

Tab. 4.1 Beispiel: Ermittlung der Nähezentralität

Zielknoten	Kürz. Pfad (Start bei Knoten 5)	Länge
0	5-3-0	2
1	5-3-0-1	3
2	5-3-2	2
3	5-3	1
4	5-3-4	2
6	5-6	1
Summe = 6		Summe = 11

telt durch Berechnung der inversen durchschnittlichen Länge des kürzesten Pfades (s. Abschn. 3.3.6) eines Knotens zu allen anderen Knoten im Netzwerk [1, S. 39]:

$$Nähezentralität = \frac{(n-1)}{\sum_{j \neq i} \ell(i, j)}, \tag{4.2}$$

wobei $\ell(i, j)$ die Anzahl der Kanten eines kürzesten Pfades zwischen i und j repräsentiert. Beispielhaft zeigt Tab. 4.1 die Ermittlung der Nähezentralität des Knotens 5 aus Abb. 4.2. Diese Nähezentralität beträgt $6/11 = 0,54$.

Bezogen auf das Beispiel aus Abb. 4.1 sind die dort bereits betrachteten Knoten 0 und 33 hinsichtlich ihrer Nähezentralität ähnlich zentral und fast gleich positioniert (Knoten 0: 0,56; Knoten 33: 0,55).

4.1.3 Zwischenzentralität

Mit der *Zwischenzentralität* (engl.: betweenness centrality) wird ermittelt, wie wichtig ein Knoten für den Informationsfluss zwischen anderen Knoten und Komponenten ist. Das Zentralitätsmaß gibt an, wie wichtig ein Knoten für die kürzesten Pfade zwischen allen Knoten im Netzwerk ist [5, S. 30].

Formal definiert Jackson [1, 39 f.] Zwischenzentralität wie folgt: Sei $P_i(kj)$ die Anzahl der kürzesten Pfade zwischen k und j, auf denen i liegt und $P(kj)$ die Anzahl aller kürzesten Pfade zwischen k und j, so kann mittels des Verhältnisses zwischen $P_i(kj)$ und $P(kj)$ die Zwischenzentralität eines Knotens i über alle Knoten wie folgt ermittelt werden:

$$Ce_i^B(g) = \sum_{k \neq j : i \notin \{k, j\}} = \frac{P_i(kj)/P(kj)}{(n-1)(n-2)/2}. \tag{4.3}$$

Anders formuliert wird Zwischenzentralität ermittelt durch das kumulierte Verhältnis zwischen dem Anteil eines betrachteten Knotens an der gesamten Anzahl der kürzesten

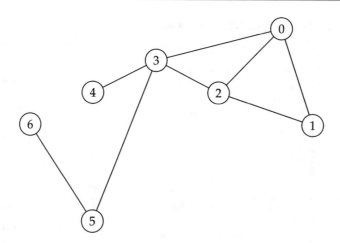

Abb. 4.2 Beispielgraph mit 7 Knoten

Pfade zwischen einem Knotenpaar und der Anzahl der betrachteten Knotenpaare. Wenn der ermittelte Wert nahe an 1 liegt, heißt dies, dass ein Knoten i auf fast allen kürzesten Pfaden zwischen k und j im Netzwerk liegt; ein Wert nahe 0 bedeutet das Gegenteil.

Gl. 4.3 zeigt, dass alle Pfade, außer denjenigen, bei denen der betrachtete Knoten selbst Start- oder Endknoten ist, betrachtet werden. Ausgenommen von der Betrachtung sind auch Pfade mit gleichem Start- und Endknoten. Abb. 4.2 zeigt hierzu einen Graphen, anhand dessen die Berechnung der Zwischenzentralität beispielhaft für Knoten 0 verdeutlicht werden soll.

Um die Zwischenzentralität für Knoten 0 zu ermitteln, müssen zunächst alle Knotenpaare (ohne 0) aufgelistet werden. Dann wird die Anzahl der kürzesten Pfade (KP) der Knotenpaare untereinander ermittelt sowie der Anteil der Pfade, an denen Knoten 0 beteiligt ist (s. Tab. 4.2).

Die Kumulierung der Anteile geteilt durch die Anzahl der betrachteten Knotenpaare (wir erinnern uns: $(n-1)(n-2)/2 = (7-1)(7-2)/2 = 6 \cdot 5/2 = 30/2 = 15$) ergibt eine Zwischenzentralität von $(4 \cdot 0,5)/15 = 0,133$.

Bezogen auf Abb. 4.1 hat Knoten 0 eine Zwischenzentralität i. H. v. 0,43 und Knoten 33 erreicht einen Wert i. H. v. 0,3. Für die kürzesten Pfade ist demnach Knoten 0 zentraler, da er im Vergleich auf mehr kürzesten Pfaden zwischen allen Knoten im Graphen liegt als Knoten 33.

Golbeck [5, S. 30] beschreibt in diesem Zusammenhang Interpretationsmöglichkeiten der Zwischenzentralität in gerichteten Graphen. So könnte eine hohe Zwischenzentralität eines Knotens in einem sozialen Netzwerk bedeuten, dass eine Person viele *Follower* besitzt und ihrerseits anderen Personen folgt, die tendenziell nicht mit den eigenen Followern verbunden sind. Die zweite Möglichkeit wäre, dass eine Person eher wenige Follower hat, dafür aber einer Vielzahl anderer Personen folgt.

Tab. 4.2 Beispiel: Ermittlung der Zwischenzentralität

Knotenpaare	Kürz. Pfad (mit 0)	Kürz. Pfad (ohne 0)	Anzahl kürz. Pfade	Verhältnis
1,2	0	1 (1-2)	1	0/1=0
1,3	1 (1-0-3)	1 (1-2-3)	2	1/2=0,5
1,4	1 (1-0-3-4)	1 (1-2-3-4)	2	1/2=0,5
1,5	1 (1-0-3-5)	1 (1-2-3-5)	2	1/2=0,5
1,6	1 (1-0-3-5-6)	1 (1-2-3-5-6)	2	1/2=0,5
2,3	0	1 (2-3)	1	0/1=0
2,4	0	1 (2-3-4)	1	0/1=0
2,5	0	1 (2-3-5)	1	0/1=0
2,6	0	1 (2-3-5-6)	1	0/1=0
3,4	0	1 (3-4)	1	0/1=0
3,5	0	1 (3-5)	1	0/1=0
3,6	0	1 (3-5-6)	1	0/1=0
4,5	0	1 (4-3-5)	1	0/1=0
4,6	0	1 (4-3-5-6)	1	0/1=0
5,6	0	1 (5-6)	1	0/1=0
Summe = 15				Summe = 2

Tab. 4.3 Interpretation kombinierter Zentralitätsmaße nach Tsvetovat und Kouznetsov [6, S. 54]

		Niedrig	
Hoch	*Grad*	*Closeness*	*Betweenness*
Grad		Knoten (Ego) ist Teil eines Clusters mit eher großer Distanz zum Rest des Netzwerkes	Knoten (Ego) hat redundante Kontakte und ist eher nicht Teil aktiver, bedeutender Cluster
Closeness	(Schlüssel-)Knoten mit Kontakten zu bedeutenden anderen Knoten		Knoten (Ego) ist eher Teil eines aktiven, bedeutenden Clusters

Tab. 4.3 zeigt hierzu Interpretationsmöglichkeiten durch Kombination der bisher betrachteten Zentralitätsmaße nach Tsvetovat und Kouznetsov [6, S. 54].

Die bisher betrachteten Zentralitätsmaße fokussierten eine Gegenüberstellung des Wertes einer Kennzahl eines einzelnen Knotens (z. B. Grad, Pfadpositionierung) zu den Gesamtwerten eines Netzes. Eine Differenzierung der Position eines Knotens in Abhängigkeit zur Position seiner Nachbarknoten ist dadurch nicht möglich. Dies ermöglichen aber die im Folgenden beschriebenen Zentralitätsmaße unter Berücksichtigung von Nachbarknoten.

4.1.4 Clustering-Koeffizient

Der *lokale Clustering-Koeffizient* basiert auf Triaden und bezeichnet den Grad der Vernetzung der Nachbarn eines Knotens [4, 63 f.]. Anders formuliert indiziert der lokale Clustering-Koeffizient eines Knotens die Wahrscheinlichkeit, dass dessen Nachbarknoten auch untereinander vernetzt sind.

Für einen Knoten i mit dem Grad k_{ij} ist der lokale Clustering-Koeffizient definiert als:

$$C_i = \frac{2L_i}{k_i(k_i - 1)}. \tag{4.4}$$

L_i ist die Anzahl der Kanten, die zwischen Nachbarn untereinander auftreten. C_i nimmt Werte im Intervall zwischen 0 und 1 an. Ein Knoten i mit $C_i = 0$ hat Nachbarn, die alle keine Verbindungen zueinander aufweisen. Ein Knoten i mit $C_i = 1$ hat Nachbarn, die alle auch untereinander verbunden sind. C_i ist zudem die Wahrscheinlichkeit, dass zwei Nachbarn eines Knotens ebenfalls miteinander verbunden sind [4, S. 64].

Abb. 4.3 zeigt einen weiteren, in den Netzwerkwissenschaften populären Datensatz der Familienverhältnisse der Familie Medici im mittelalterlichen Florenz.[4]

Der Clustering-Koeffizient für die Familie Medici C_{Medici} errechnet sich demnach aus den Kanten der durch Heirat benachbarten Familien der Acciauoli, Albizzi, Barbadori, Ridolfi, Salviati, Tornabuoni sowie dem Grad der Familie Medici ($k_{Medici} = 6$). Die Betrachtung zeigt eine Verbindung/Kante zwischen den Familien Ridolfi und Tornabuoni. Entsprechend kann C_{Medici} berechnet werden:

$$C_{Medici} = \frac{2 \cdot 1}{6(6 - 1)} = \frac{1}{15}. \tag{4.5}$$

Der *durchschnittliche (globale) Clustering-Koeffizient* eines gesamten Netzwerkes kann als normalisierte Summe demnach aus den Werten der lokalen Clustering-Koeffizienten C_i für alle Knoten $i = 1, \ldots, N$ berechnet werden [4, S. 64.]:

$$\langle C \rangle = \frac{1}{N} \sum_{i=1}^{N} C_i. \tag{4.6}$$

$\langle C \rangle$ ist die Wahrscheinlichkeit, mit der die Nachbarknoten eines zufällig ausgewählten Knotens untereinander verbunden sind. Obschon Gl. 4.6 für ungerichtete Netzwerke definiert ist, kann der Cluster-Koeffizient auch auf gerichtete und gewichtete Netzwerke übertragen werden. In der gerichteten Version weist der obige Medici-Graph $\langle C \rangle = 0{,}08$, in seiner ungerichteten Repräsentation (s. Abb. 4.3) $\langle C \rangle = 0{,}218$ auf.

---

[4] Vgl. hierzu vertiefend Jackson [1, 26 ff.].

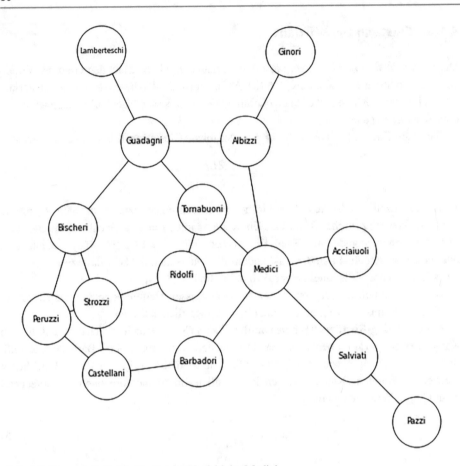

Abb. 4.3 Florentinische Hochzeiten im Umfeld der Medici

4.1.5 Eigenvektorzentralität

Als Erweiterung der Gradzentralität berücksichtigt die *Eigenvektorzentralität* (engl.: eigenvector centrality) die unterschiedliche Zentralität der Nachbarn eines betrachteten Knotens.[5]
Das Prinzip dahinter ist, dass Kanten von eher wichtigeren Knoten (gemessen an ihrem Grad)
höher gewichtet werden als solche von eher unwichtigeren Knoten [5, S. 31]. Anders formuliert erhöht sich die Bedeutung eines Knotens mit der Bedeutung seiner Nachbarn [3, S. 169].
Das Zentralitätsmaß beruht auf Ideen von Katz [7] und kann theoretisch für gerichtete und

---

[5] Da die Bestimmung von Eigenwerten und Eigenvektoren einer Matrix den Grundlagen der Linearen
Algebra zuzuordnen ist, wird hierauf an dieser Stelle nicht weiter eingegangen. Ergänzend sei auf
Newman [3, 169 ff.] sowie Jackson [1, 40 ff.] verwiesen. Der Rechenweg für eine Adjazenzmatrix
kann durch diverse Online-Tools nachvollzogen werden, z. B. https://matrixcalc.org/de/vectors.html;
[letzter Zugriff: 23.11.2022].

ungerichtete Graphen ermittelt werden, wobei die Aussagekraft bei gerichteten Graphen limitiert und nicht eindeutig ist.

Es liegt in der Natur des Algorithmus und der mathematischen Eigenschaft von gerichteten Graphen, dass der Wert der Eigenvektorzentralität eines Knotens 0 werden kann. Beispielsweise wäre dies der Fall, wenn ein Nachbarknoten eines Knotens nur von sich ausgehende und keine in ihn mündende Kanten besitzt (er besitzt also die Eigenvektorzentralität 0). Die ermittelte Kennzahl würde also die Realität nicht exakt abbilden. Abb. 4.4 zeigt hierzu exemplarisch einen gerichteten Graphen auf Basis von Abb. 4.2.

Tab. 4.4 zeigt den Vergleich der ermittelten Eigenvektorzentralitäten zwischen dem gerichteten Graphen (s. Abb. 4.4) und seiner ungerichteten Repräsentation (s. Abb. 4.2).

Auffallend ist, dass die Knoten 0 und 2 im gerichteten Graphen praktisch keine Relevanz aus Perspektive der Eigenvektorzentralität haben, was ihrer Stellung im Gesamtnetz nicht gerecht wird. Man stelle sich vor, der Graph repräsentiere Mitarbeiter:innen einer Firma, und die Kanten von Knoten 2 würden Arbeitsanweisungen einer vorgesetzten Person an Nachbarknoten darstellen. In diesem Fall würde die ermittelte Zentralität auf Basis des Eigenvektors ein falsches Bild der Realität und der Bedeutung des Knotens für das gesamte Netz erge-

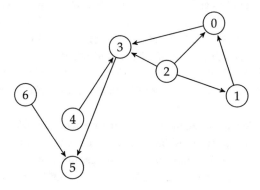

Abb. 4.4 Beispielgraph (gerichtet)

Tab. 4.4 Übersicht: Eigenvektorzentralitäten

Knoten	Gerichteter Graph	Ungerichteter Graph
0	0,00	0,51
1	0,00	0,37
2	0,00	0,51
3	0,01	0,52
4	0,00	0,19
5	1,00	0,22
6	0,00	0,08

ben. (Wer würde Vorgesetzten schon mathematische Bedeutungslosigkeit aufgrund einer falschen Annahme und einer ebenso falschen Ergebnisinterpretation unterstellen wollen?)

Auf Grundlage der ungerichteten Repräsentation des Graphen (s. Abb. 4.2) zeigt sich ein anderes Bild. Hier liegen die Knoten 0 und 2 auf dem 2. Rang mit gleichen Werten (0,51).

Obschon Jackson [1, S. 41] Eigenvektorzentralität grundsätzlich auch für gewichtete und/oder gerichtete Graphen als anwendbar beschreibt, zeigt sich im praktischen Beispiel, dass Eigenvektorzentralität für gerichtete Graphen in vielen Domains eher ungeeignet erscheint, da, obschon korrekt errechnet, die Ergebnisse für weitere Analyse- und Interpretationszwecke unbrauchbar sind. Für derartige Szenarien bedarf es Kennzahlen, die gerichtete Szenarien besser abbilden, wie beispielsweise die im Folgenden skizzierte *Katz-Zentralität*.

4.1.6   Katz-Zentralität

Um die zuvor geschilderten Nachteile der Eigenvektorzentralität in gerichteten Szenarien zu vermeiden, weist die sog. *Katz-Zentralität* (engl.: Katz centrality) oder *Katz-Prestige* jedem Knoten initial durch Parameter ein Mindestmaß an Zentralität zu, welche sich bei den Berechnungen mit Fokus auf Nachbarknoten abschwächt, je weiter man sich vom Ausgangspunkt entfernt. Tab. 4.5 zeigt den Vergleich der ermittelten Katz-Zentralitäten zwischen dem gerichteten Graphen (s. Abb. 4.4) und seiner ungerichteten Repräsentation (s. Abb. 4.2). Die ermittelten Katz-Zentralitäten für die Knoten weichen bei vier von sieben Knoten nur geringfügig voneinander ab. Beide Verfahren, Eigenvektor- sowie Katz-Zentralität, ergeben deshalb auf Basis der ungerichteten Repräsentation die gleiche Reihung der „wichtigsten" Knoten.

Insgesamt bieten Cluster-Koeffizient, Eigenvektor- sowie Katz-Zentralität einen Einblick in die Bedeutung eines Knotens in Abhängigkeit der Bedeutung seiner Nachbarknoten. Die vorgestellten Zentralitätsmaße bilden eine Grundlage, um Knoten in Netzwerken anhand ihrer Position noch besser beschreiben zu können. Die Ausführungen bilden zudem eine Grundlage zum Verständnis weiterer darauf basierender Metriken und Abwandlungen. Bei-

Tab. 4.5 Übersicht: Katz-Zentralitäten

Knoten	Gerichteter Graph	Ungerichteter Graph
0	0,40	0,41
1	0,37	0,37
2	0,33	0,41
3	0,44	0,44
4	0,33	0,33
5	0.41	0,36
6	0,33	0,32

spielsweise wurde die Katz-Zentralität durch Bonacich [8] weiterentwickelt und findet sich
abgewandelt in zahlreichen Ranking-Verfahren wieder. Ein weiteres Beispiel ist Googles
PageRank-Algorithmus. Dieser ermittelt das Ranking von Websites anhand der Bedeu-
tung ihrer Verbindungen zu weiteren Websites (Nachbarknoten) unter Berücksichtigung der
Bedeutung der Nachbarn der direkten Nachbarn, welche schrittweise durchlaufen werden.
Auch Zitationsrankings bilden auf diese Weise Reihungen.

4.2 Zusammenfassung

Das Kapitel fokussierte zunächst Zentralitätsmaße, welche den Wert einer Kennzahl eines
einzelnen Knotens (z. B. Grad, Pfadpositionierung) zu den Gesamtwerten eines Netzes in
Beziehung setzen:

- Grad/Gradzentralität: Wie viele Verbindungen weist ein Knoten (relativ zum Gesamtnetz)
  auf?
- Nähezentralität (closeness): Wie hoch ist die durchschnittliche Pfaddistanz eines Ausgangsknotens zu anderen Knoten im Netzwerk?
- Zwischenzentralität (betweenness): Wie wichtig ist ein Knoten für die kürzesten Pfade
  zwischen allen Knoten im Netzwerk?
- Cluster-Koeffizient, Eigenvektor- und Katz-Zentralität: Wie wichtig ist ein Knoten aufgrund der Zentralität seiner Nachbarknoten?

Obwohl die obigen Positions- und Zentralitätsmaße heterogene Definitionen und Implementierungen aufweisen, können die ermittelten Werte im weiteren Verlauf einer Analyse
zu weiteren Gruppierungen genutzt werden.

Nähezentralität und Zwischenzentralität ermitteln die Zentralitätswerte hierbei unter Ein-
beziehung globaler Weginformationen zu allen anderen Knoten [2, S. 140]. Nähezentralität
ist somit ein radiales Maß (betrachteter Knoten ist Start-/Endpunkt der Wegeermittlung),
Zwischenzentralität ein mediales Maß (betrachteter Knoten ist Durchgangspunkt bei der
Wegeermittlung) [2, S. 141]. Schwächen der Zentralitätsmaße, z. B. in nicht zusammenhängenden Graphenstrukturen, wurden geschildert. Ergänzend ist mittels solcher Zentralitätsmaße eine Differenzierung der Position eines Knotens in Abhängigkeit der Position seiner
Nachbarknoten nicht möglich. Dies ermöglichen jedoch die beschriebenen Zentralitätsmaße
Eigenvektorzentralität sowie Katz-Zentralität.

Im Folgekapitel wird diese Perspektive auf den Kontext anderer Knotengruppen ausgeweitet (z. B. auf direkte Nachbarn eines Knotens, auf eine Partition, der ein Knoten zuweisbar
ist, oder auf ein gesamtes Netz).

4.3   Übungen

Aufgabe 4.1. Zwischenzentralität
Berechnen Sie die Zwischenzentralität von Knoten 3 in Abb. 4.2.

Aufgabe 4.2. Berechnung von Cluster-Koeffizienten
Abb. 4.3 zeige den in den Netzwerkwissenschaften populären Datensatz der Familienverhältnisse der Familie Medici im mittelalterlichen Florenz.[6] Im Kapitel wurde dargestellt,
wie sich der Cluster-Koeffizient der Familie Medici berechnet. Es stellt sich die Frage, ob
die Medici neben dem höchsten Grad auch den höchsten Cluster-Koeffizienten aufweisen.
Beantworten Sie diese Frage. Was bedeutet dieser Koeffizient im konkreten Kontext des
betrachteten Netzwerkes?

Quellen

1. M. O. Jackson, *Social and economic networks*. Princeton, NJ: Princeton University Press, 2008,
   ISBN: 9780691134406.
2. C. Coupette, *Juristische Netzwerkforschung: Modellierung, Quantifizierung und Visualisierung
   relationaler Daten im Recht*. Mohr Siebeck, 2019, ISBN: 9783161570117.
3. M. E. J. Newman, *Networks: An Introduction*. New York, NY, USA: Oxford University Press,
   Inc., 2010, ISBN: 9780199206650.
4. A.-L. Barabási und M. Pósfai, *Network science*. Cambridge: Cambridge UniversityPress, 2016,
   ISBN: 9781107076266. Adresse: http://barabasi.com/networksciencebook/.
5. J. Golbeck, *Analyzing the Social Web*. San Francisco, CA, USA: Morgan Kaufmann Publishers
   Inc., 2013, ISBN: 9780124055315.
6. M. Tsvetovat und A. Kouznetsov, *Social Network Analysis for Startups: Finding connections on
   the social web*. Sebastopol, CA (USA): O'Reilly Media, 2011, ISBN: 9781449317621.
7. L. Katz, „A new status index derived from sociometric analysis", *Psychometrika*, Jg. 18, Nr. 1,
   S. 39–43, Mai 1953, ISBN: 1860-0980. https://doi.org/10.1007/BF02289026. Adresse: https://
   doi.org/10.1007/BF02289026.
8. P. Bonacich, „Power and Centrality: A Family of Measures", *American Journal of Sociology*,
   Jg. 92, Nr. 5, S. 1170–1182, 1987.

---

[6] Vgl. hierzu vertiefend Jackson [1, 26 ff.].

Knotengruppen

5

Inhaltsverzeichnis

Viele Netzwerke bergen Knotengruppen in sich und lassen sich deshalb weiter unterteilen, beschreiben und untersuchen [1, S. 193]. So ließe sich beispielsweise ein Personennetzwerk weiter in Gruppen von Freund(inn)en, Arbeitskolleg(inn)en oder Verwandte unterteilen oder Websites des World Wide Web könnten einer Metrik, z. B. thematischen Kategorien wie Zugriffshäufigkeiten zugeordnet werden. Ferner stellt die Suche nach Gruppen (community detection) ein anspruchsvolles Teilgebiet der Netzwerkwissenschaften mit komplexen Verfahren und Algorithmen dar.

     Die in Kap. 4 geschilderten Kennzahlen und Zentralitätsmaße fokussierten als lokale Maße die Position bzw. Bedeutung eines Knotens ohne Einbeziehung von Knotengruppen. Ergänzend zu Abschn. 3.4, in dem Komponenten allgemein beschrieben wurden, fokussiert das vorliegende Kapitel Knotengruppen und ausgewählte Konzepte auf unterschiedlichen Analyseebenen unter Berücksichtigung der Größe der betrachteten Gruppenstruktur.

Diesen Gruppenstrukturen wird, je nach Fragestellung und Art der Netzwerkanalyse, eine besondere Stellung zuteil. *Dyaden* und *Triaden* sind beispielsweise weniger als Einheiten des eigentlichen Interesses einer Untersuchung zu verstehen, sondern eher als Hilfsgrößen [2, S. 379] in: [3]. Die strukturellen Eigenschaften zweier oder dreier Knoten können genutzt werden, um die Struktur größerer Netze zu analysieren und/oder um die strukturelle Einbettung einzelner Knoten in ihre Umgebung zu beschreiben, ohne bei einer Analyse mit der Fülle an Informationen auf Ebene eines gesamten Netzes beginnen zu müssen.

Im Folgenden werden deshalb unterschiedlich große Gruppenstrukturen betrachtet, beginnend mit der kleinsten Einheit: Dyade. Es folgen Triaden, egozentrische Netzwerke und eine Beleuchtung des Konstrukts *Gemeinschaften* mit Ansätzen, dieses als Subgraphenstruktur beschreiben und mittels Zerlegungs-/Detektionsmethoden ermitteln zu können.

5.1   Dyade

Eine *Dyade* bezeichnet ein Knotenpaar und die Kanten zwischen diesem [4, S. 236], also ein Netzwerk aus zwei Elementen und deren Beziehungen zueinander [5, S. 54]. Eine Analyse von Dyaden erfolgt meist erst nach einer Zerlegung des Gesamtnetzwerkes in die einzelnen Dyaden.

In einem Graphen mit N Knoten errechnet sich die Anzahl der verschiedenen Dyaden wie folgt [5, S. 55]:

$$\binom{N}{2} = \frac{(N^2 - N)}{2}. \tag{5.1}$$

Dann kann für alle unterschiedlichen, in Gl. 5.1 ermittelten Dyaden untersucht werden, welche Struktur/Konstellation wie oft im gesamten Netz auftaucht.

5.1.1   Dyadenkonstellationen und -zensus

In ungerichteten Graphen sind Dyadenkonstellationen binär (es gibt entweder eine Verbindung oder nicht). In gerichteten Graphen ergeben sich vier Konstellationen:

Diese Konstellationen werden im Rahmen der Analyse meist zu drei Typen zusammengefasst (s. Abb. 5.1).

- **M** (*mutual*): Dyaden mit gegenseitiger Wahl/reziproken Kanten (s. Abb. 5.1d),
- **A** (*asymmetric*): Dyaden mit einseitiger Beziehung (s. Abb. 5.1b, Abb. 5.1c),
- **N** (*null*): Dyaden ohne Beziehung (s. Abb. 5.1a).

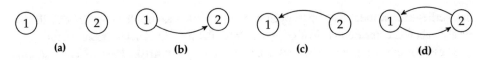

Abb. 5.1 Dyadenkonstellationen

Eine Zuordnung von Dyaden zu den Kategorien wird als *Dyadenzensus* bezeichnet. Betrachtet man lediglich die Struktur einer oder mehrerer Dyaden in einem Gesamtnetz, ist die Strukturinformation, dass zwei Knoten sich in eine der obigen Konstellationen einordnen, wenig aussagekräftig, sondern sie muss durch inhaltliche Analysen bezüglich der Art und Intensität einer Verbindung vertieft werden. Werden hingegen die Strukturinformationen aller Dyaden eines Netzes zusammengeführt, können daraus evtl. wertvolle Kontextinformationen von Knoten im Kontext eines gesamten Netzes generiert werden [2, S. 380]. Ein Beispiel hierfür ist die Kennzahl *Dichte* (s. Abschn. 3.3.4), welche auf Dyaden beruht.

5.1.2 Reziprozität in Dyaden

Abb. 5.1 zeigte, dass es zwischen zwei Knoten in gerichteten Graphen auch Zyklen der Länge 2 geben kann. Abb. 5.2 beinhaltet zwei dieser Dyaden vom Typ M.

Wenn es eine gerichtete Kante von Knoten i zu Knoten j gibt und eine gerichtete Kante von Knoten j zu Knoten i, dann ist die Kante zwischen i und j *reziprok*. Das Verhältnis zwischen den reziproken Kanten und allen Kanten ist die *Reziprozität* r.

Bezogen auf Abb. 5.2 ergibt sich die Reziprozität $4/8 = 2/4 = 1/2 = 0,5$. Demnach besteht eine Wahrscheinlichkeit von 50 %, dass zwei Knoten in diesem Graphen reziprok miteinander verbunden sind.

Abb. 5.2 Graph mit
Reziprozität $r = 0,5$

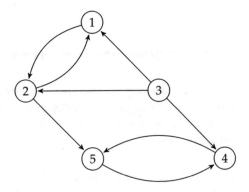

Dyadenanalysen mit Betrachtung der Reziprozität fokussieren oftmals, ob gegenseitige Beziehungen häufiger auftreten, als es auf Basis zufälliger Prozesse zu erwarten wäre[1] oder ob sich asymmetrische Beziehungen im Zeitverlauf hin zum Typ M respektive Typ N verändern [5, S. 55].

5.2 Triaden

Eine *Triade* bezeichnet ein Netzwerk mit drei Knoten. In einem Graphen mit N Knoten errechnet sich die Anzahl der auftretenden Triaden wie folgt [5, S. 55]:

$$\binom{N}{3} = \frac{N * (N - 1) * (N - 2)}{6}. \tag{5.2}$$

Dabei handelt es sich um das kleinste Netzwerk mit mehr als zwei Knoten, anhand dessen die Komplexität von Verbindungen innerhalb einer Gruppe verdeutlicht werden kann [4, S. 166]. Diese Komplexität wird deutlich, wenn man für einen Triadenzensus die Konstellationen von Dyaden (s. Abschn. 5.1.1) auf Triaden übertragen möchte.

5.2.1 Triadenkonstellationen und -zensus

Bei ungerichteten Triaden existieren drei unterscheidbare, ungeordnete Knotenpaare, zwischen denen Kanten bestehen können, also $2^3 = 8$ mögliche Anordnungen (s. Abb. 5.3).

Diese lassen sich unter Vernachlässigung weiterer qualitativer Attribute bzw. Gewichtungen einzelner Knoten und/oder Kanten auf vier strukturgleiche Anordnungen zwischen Knoten reduzieren [6, S. 101]:

1. keine Verbindung,
2. eine Kante,
3. zwei Kanten,
4. drei Kanten.

Existieren strukturell bei gerichteten Beziehungen in Dyaden drei mögliche Formen der Anordnung von Verbindungen (mutual, asymmetric, null), sind es bei Triaden strukturgleich zusammengefasst 16, bei Quadrupeln (vier Knoten) 218 und bei Quintupeln (fünf Knoten) 9608 [2, S. 382].

Nach Davis, Holland und Leinhardt [7] in: [4, 236 ff.] werden im Rahmen eines Triadenzensus alle auftretenden Triaden gemäß des zuvor vorgestellten *M-A-N*-Ansatzes über einen Zensus der an ihnen beteiligten Dyaden (s. Abschn. 5.1.1) mit drei Zahlen gekennzeichnet:

---

[1] s. Abschn. 6.2.1.

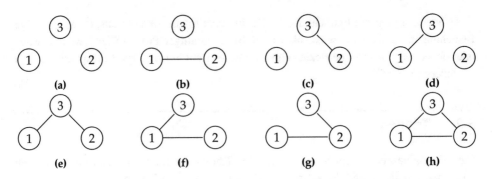

Abb. 5.3 Triadenkonstellationen (ungerichtet)

1. M: Anzahl der Dyaden mit gegenseitiger Wahl/reziproken Kanten,
2. A: Anzahl der Dyaden mit einseitiger Beziehung/Kante,
3. N: Anzahl der Dyaden ohne Beziehung.

Ergänzend wird den Zahlen meist ein Buchstabe hinzugefügt, der die Richtung der asymmetrischen Beziehung indiziert und eine Unterscheidung von Konstellationen mit gleichen *M-A-N*-Zahlen zulässt:

- U (*up*): nach oben,
- D (*down*): nach unten,
- C (*cyclic*): zyklisch,
- T (*transitive*): transitiv.[2]

Abb. 5.4[3] zeigt eine Übersicht der 16 möglichen Konstellationen gerichteter Triaden in Anlehnung an de Nooy et al. [4, S. 238].

Der Mehrwert dieser Strukturinformation einer Konstellation liegt darin, dass vom Auftreten/Fehlen einzelner Konstellationen in einem Netz auf verschiedene Eigenschaften der globalen Struktur geschlossen werden kann. Dazu werden die unterschiedlichen, in Gl. 5.2 ermittelten Triaden den obigen Konstellationen zugeordnet (Triadenzensus). Das Ergebnis lässt sich mit verschiedenen Idealtypen/Modellen vergleichen, um Abweichungen oder Näherungen zu identifizieren [2, S. 383].

Abb. 5.5 zeigt beispielhaft zwei Graphen mit jeweils sieben Knoten für einen Strukturvergleich mittels einer Triadenanalyse. Tab. 5.1 fasst die Ergebnisse einer Triadenanalyse in `Python` mit `networkx` und der Funktion `triadic_census()` zusammen.

---

[2] S. Abschn. 5.2.2.

[3] Einige Übersichten ordnen die Typen vertikal nach der Zahl der bestehenden Verbindungen und horizontal nach (im weitesten (leeren) und strengeren Sinne) transitiven und intransitiven Triaden an, s. [2, S. 383, 6, S. 101].

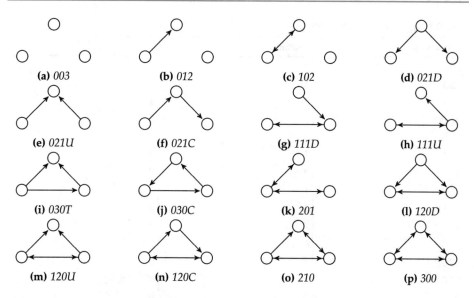

Abb. 5.4 Triadenkonstellationen (gerichtet)

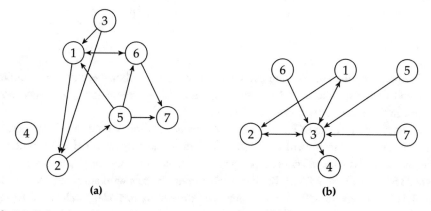

Abb. 5.5 Beispielgraphen zum Vergleich mittels Triadenzensus

Im Vergleich zeigen sich deutliche Unterschiede:

- Abb. 5.5a weist weniger Null-Dyaden (003) als Abb. 5.5b auf;
- Abb. 5.5a hat mehr asymmetrische Verbindungen (012) und zwei transitive Triadenkonstellationen (030T);
- Abb. 5.5a weist einen einzelnen Knoten (engl.: singleton) auf, der das Auftreten des Strukturtypen 102 begründet;
- Abb. 5.5b hat eine Triade mit zwei reziproken Relationen (210).

Tab. 5.1 Ergebnisse: Triadenzensus

Triadentyp	Anzahl (Abb. 5.5a)	Anzahl (Abb. 5.5b)
003	6	16
012	16	4
021C	3	3
021D	1	0
021U	1	3
030C	1	0
030T	2	0
102	1	0
111D	1	6
111U	2	2
120C	0	0
120D	1	0
120U	0	0
201	0	0
210	0	1
300	0	0

Das Beispiel zeigt die Anwendung der Triadenanalyse, die sich insbesondere bei größeren und damit unübersichtlicheren Netzwerken als nützlich erweisen kann, um einen ersten Einblick in Strukturinformationen zu erhalten.

Mit einer Triadenanalyse kann anhand verschiedener Modelle auf die Gesamtstruktur eines Netzes geschlossen werden. Tab. 5.2 synthetisiert auszugsweise einige Strukturmodelle und damit assoziierte Triadentypen gemäß Hummell und Sodeur [2], Jansen [5, S. 57] sowie de Nooy et al. [4, 237 ff.]. Bei der Analyse eines Netzes wird aufgrund der beobachteten Triadenhäufigkeiten das am stärksten restriktive Strukturmodell, welches akzeptabel erscheint, gekennzeichnet [6, S. 108].

Das Zählen des Auftretens von Triaden mittels verschiedener Algorithmen ist ein fundamentales Problem der Netzwerkwissenschaften (s. [8]). Gleichwohl bilden Triaden nicht nur die Grundlage für einen Triadenzensus, sondern auch für einige Kennzahlen der Netzwerkanalyse (s. Abschn. 4.1.4) sowie weitere Untersuchungen von Beziehungsqualitäten mit Blick auf die Transitivität in Triadentripletts. Folglich können Triaden genutzt werden, um Gemeinschaften/Subgruppen aufzuspüren und diese anschließend näher analysieren zu können.

Tab. 5.2 Strukturmodelle und Triadentypen

Modell	Beschreibung	Triadentypen
Partielle Ordnung in Cliquen (positive Transitivität)	Netz, in dem keine Verbindungen zwischen Clustern unterschiedlichen Rankings vorhanden sein müssen	003, 012, 021U, 021D, 102, 030T, 120U, 120D, 300
Hierarchische Ebenen mit Gruppierung (ranked clusters)	Netz weist Befähigung zur Bildung von Clustern auf unterschiedlichen Ebenen mittels unterschiedlicher Rankings und Verbindungen zwischen Knoten auf versch. Ebenen auf (Bildung der Cluster aus den fünf zugelassenen asymmetrischen Dyadentypen)	003, 021U, 021D, 102, 030T, 120U, 120D, 300
Hierarchische Ebenen mit max. zwei Cliquen pro Ebene	Netz weist Befähigung zur Bildung von Clustern auf unterschiedlichen Ebenen auf	021U, 021D, 102, 030T, 120U, 120D, 300
Multiple Gruppen (model of clusterability)	Netz weist Befähigung zur Bildung zweier oder mehrerer Cluster auf	003, 102, 300
Balance	Zwei polarisierende Cluster mit einer wechselseitigen Relation zwischen zwei Knoten aus je einem der Cluster	102, 300

5.2.2 Transitivität

Eine Eigenschaft, insbesondere von sozialen Netzwerken, ist die *Transitivität*. Knorr [9, S. 267] in: [10] beschreibt dieses Konzept auf Basis von Holland und Leinhardt [11] als eine endogene Struktureigenschaft von Netzwerken, welche Beziehungsqualitäten zwischen Knoten und dynamische Prinzipien als eine Auswirkung dieser Qualitäten zum Ausdruck bringt.

Mathematisch gesehen ist eine Relation „$\circ$" transitiv, wenn aus den Kompositionen $a \circ b$ und $b \circ c$ implizit $a \circ c$ folgt [1, S. 198]. Konkrete transitive Relationen sind beispielsweise:

- Gleichheit: Wenn $a = b$ und $b = c$, dann $a = c$,
- Ungleichheit: Wenn $a < b$ und $b < c$, dann $a < c$,
- Implikation: Wenn $a \rightarrow b$ und $b \rightarrow c$, dann $a \rightarrow c$.

In Netzwerken gibt es zahlreiche Relationen zwischen zwei Knoten, im einfachsten Fall die Verbindung durch eine ungerichtete Kante. Ist die Relation „Verbindung durch eine Kante" transitiv, so bedeutet dies, dass bei der Verbindung eines Knotens u mit einem Knoten v und dieses Knotens v mit einem Knoten w implizit auch eine Verbindung zwischen den beiden Knoten u und w folgt.

Perfekte Transitivität (Abb. 5.6c) existiert in kompletten (Sub-)Graphen respektive Cliquen und erweist sich in der Praxis jedoch eher als nutzloses Konzept, wohingegen die potenzielle respektive partielle Transitivität (Abb. 5.6a) als nützliche Perspektive angesehen wird [1, S. 198].

Übertragen auf soziale Netze geht man demnach davon aus, dass im Falle einer Verbindung zwischen einem Knoten u und einem Knoten v sowie einer Verbindung zwischen v und einem Knoten w, eine Verbindung zwischen Knoten u und w zwar nicht garantiert, aber doch zumindest wahrscheinlich ist (s. Abb. 5.6a).

Wenn Knoten u mit Knoten v verbunden ist und Knoten v mit w, dann existiert ein Pfad $u - v - w$ der Länge 2. Wenn u und w verbunden sind, ist dieser Pfad geschlossen. Die Knoten würden in diesem Fall einen Zyklus der Länge 3 bilden; man spricht dann auch von einer *geschlossenen Triade*.

Ein Koeffizient für Transitivität C_t bezeichnet den Anteil der geschlossenen Pfade der Länge 2 an allen Pfaden der Länge 2:

$$C_t = \frac{Anzahl\ der\ geschlossenen\ Pfade\ der\ L\ddot{a}nge\ 2}{Anzahl\ aller\ Pfade\ der\ L\ddot{a}nge\ 2}. \tag{5.3}$$

C_t liegt im Wertebereich von 0 bis 1. $C_t = 1$ impliziert ein Netzwerk, dessen Komponente aus einer Clique besteht. Bei $C_t = 0$ gibt es im betrachteten Graphen keine geschlossenen Triaden (z. B. bei Bäumen). Falls in Gl. 5.3 die Anzahl der geschlossenen Pfade der Länge 2 durch die Anzahl der Triaden ersetzt werden soll, muss die Anzahl der Triaden mit dem Faktor 6 multipliziert werden. Dies beruht auf der Tatsache, dass in einer Triade mit drei Knoten u, v und w sechs mögliche Pfade der Länge 2 existieren, da es drei Ausgangsknoten und zwei Richtungen wie folgt gibt:

- Ausgangsknoten u: $u - v - w$, $w - v - u$
- Ausgangsknoten v: $v - w - u$, $u - w - v$
- Ausgangsknoten w: $w - u - v$, $v - u - w$

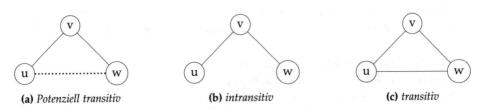

(a) *Potenziell transitiv*   **(b)** *intransitiv*   **(c)** *transitiv*

Abb. 5.6 Transitivität

Umgeformt[4] ergibt sich für die Transitivität:

$$C_t = \frac{(Anzahl\ der\ Triaden) \cdot 6}{Anzahl\ aller\ Pfade\ der\ Länge\ 2}. \tag{5.4}$$

Hummell und Sodeur [2, S. 388] sowie Jansen [5, S. 57] weisen in diesem Zusammenhang darauf hin, dass Transitivität zwar auf Triaden basiert, aber nicht auf der Ebene von Triaden definiert ist. Anstelle von Triaden werden *Tripletts* einer Triade untersucht, da ein Triadentyp unterschiedliche transitive oder intransitive Tripletts enthalten kann. Triaden sind zur Erkundung von Cliquen geeignet. Würde ein Triadenzensus ergeben, dass ein Netzwerk aufgrund der Häufigkeit des Auftretens spezifischer Triadentypen dem Kriterium der Transitivität genügt, können Cliquen (s. Abschn. 5.4.4.1) gebildet werden.

Zur Beschreibung der sozialen Umgebung von Akteuren im Beziehungsnetz sind Triaden jedoch ungeeignet [2, S. 386]. Dies beruht darauf, dass jede Triade sechs Tripletts enthält, also Anordnungen dreier Knoten A, B und C [5, 57 f.]:

1. A, B, C
2. A, C, B
3. B, A, C
4. B, C, A
5. C, A, B
6. C, B, A

Ist eines der Tripletts intransitiv, ist auch die gesamte Triade intransitiv. Anhand des obigen, insgesamt intransitiven Strukturtyps 210 (s. Abb. 5.4o) ergeben sich exemplarisch sechs unterschiedliche Tripletts:

1. A wählt B, B wählt C, A wählt C (transitiv),
2. A wählt C, C wählt B, A wählt B (transitiv),
3. B wählt A, A wählt C, B wählt C (transitiv),
4. B wählt C, C wählt nicht A (keine Aussage möglich),
5. C wählt nicht A, A wählt B (keine Aussage möglich),
6. C wählt B, B wählt A, aber C wählt nicht A (intransitiv).

Insgesamt zeigt sich, wie das Konzept Transitivität selbst zur Analyse von Tripletts und Triaden in Netzwerken genutzt werden kann. Das Konzept ermöglicht ergänzend einen Einblick in Strukturinformationen von Triaden (s. Abb. 5.4), welche ggf. Rückschlüsse auf ein Gesamtnetz zulassen.

---

[4] Es gibt darüber hinaus noch weitere Umformungen, z. B. in [1, S. 200].

5.3 Ego-zentrierte Netzwerke

Ego-zentrierte Netzwerke bilden eine weitere Strukturperspektive, mittels derer Graphen bzw. Subgraphen betrachtet und analysiert werden können. Ausgehend von einem fokalen Knoten, dem sog. *ego,* werden Beziehungen zu seinen direkten Nachbarn, den sog. *alteri*, mit verschiedenen Distanzen und Zwischenbeziehungen eingegrenzt und untersucht [4, S. 166, 12, S. 19, 5, S. 58]. Diese Perspektive kann Ausgangspunkt für zu erhebende Daten sein oder Teil der Analyse eines größeren Netzes, welches eine große Population untersucht (z. B. im Rahmen von soziometrischen Studien) [1, S. 44].

Marsden [13, 371 f.] in: [14] weist in diesem Zusammenhang auf die Grenzen bei der Erhebung von Daten für ego-zentrierte Netze hin. So ist die Analyse von ego-zentrierten Netzen bei einer Erhebung von Daten für eine gesamte (repräsentative) Population durch die Grenzen des repräsentierten Gesamtnetzes determiniert. Ist die Analyse nicht in einen derartigen Kontext eingebettet, so stellt sich die Frage, welche Daten von alteri wie und in welchem Umfang für ein ego erhoben werden sollen (s. Aufgabe 2.1). Bei einer direkten Observation könnte dies durch Namensgeneratoren[5] dargestellt werden, indirekt müssten die alteri beispielsweise aus öffentlichen Datenquellen abgeleitet werden. Dabei ist es erforderlich, Grenzen zu spezifizieren, z. B. durch Festlegung der Anzahl und Art der betrachteten alteri, der Art der betrachteten Relationen sowie der Pfadlängen des Interesses. Die Pfadlängen begründen den sog. *Grad* oder *Radius* des betrachteten Netzwerkes und werden meist wie folgt unterschieden [12, S. 19]:

- 1: *Ego* und direkte *alteri;* Pfadlänge: 1,
- 1,5: *Ego,* direkte *alteri* sowie deren Verbindungen untereinander; Pfadlänge: 1,
- 2: *Ego, alteri* sowie deren *alteri;* Pfadlänge: 2.

Abb. 5.7 zeigt ego-zentrierte Netzwerke mit diesen drei Graden/Radien (jeweils im Radius nicht betrachtete Kanten sind gestrichelt).
Abb. 5.8 zeigt auf Grundlage des in Abb. 4.3 genutzten Datensatzes beispielhaft die ego-zentrierten Netze der Familie Medici mit den Radien 1,5 und 2.

Die Analyse von ego-zentrierten Netzwerken kann hierbei mittels zuvor beschriebener Kennzahlen und Perspektiven (Dyade, Triade) erfolgen. Auch die Anzahl der alteri sowie die Dichte könnten quantitativ betrachtet werden, allerdings nur unter Berücksichtigung einer Verzerrung hin zu dichten Netzwerken [5, 99 ff.]. Weitere Untersuchungen könnten auf Homo- oder Heterogenität der Knoten und Kanten in den Radien abzielen und die Streuung der Anzahl von alteri und ihrer Merkmale analysieren.

Jansen beschreibt in diesem Zusammenhang den Umgang mit der Eigenschaft der Multiplexität von verschiedenen ego-zentrierten Netzwerken, die sich aus unterschiedlichen Relationstypen und betrachteten egos ergeben. Wird bei der Datenerhebung lediglich ein

---

[5] Hierzu können Fragenkataloge wie z. B. das sog. *Fischer-Instrument* genutzt werden [5, S. 77] (s. Anhang B).

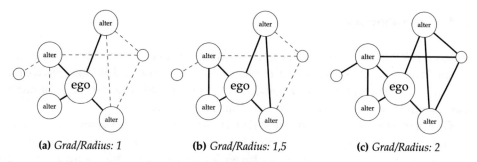

(a) *Grad/Radius: 1*   (b) *Grad/Radius: 1,5*   (c) *Grad/Radius: 2*

Abb. 5.7 Ego-zentrierte Netze unterschiedlicher Grade

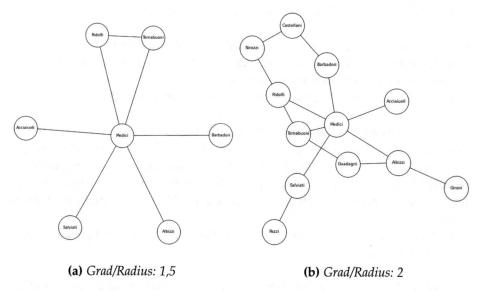

(a) *Grad/Radius: 1,5*   (b) *Grad/Radius: 2*

Abb. 5.8 Ego-zentrierte Netzwerke der Familie Medici (ego)

ego zu seinen Relationen zu alteri befragt, so wird der Graph keine asymmetrischen dya-
dischen Beziehungen aufweisen. Diese können nur betrachtet werden, wenn auch alteri zu
ihren Relationen befragt werden und das ego seinerseits auch als alter eines zuvor spezifizierten anderen alter genannt wird oder diese Information in den erhobenen Daten vorliegt.
Da für jeden Beziehungstyp eigentlich ein eigener Graph respektive eine Matrix (für jedes
befragte ego eine) zugrunde liegen würde (Eigenschaft der Multiplexität bei mindestens
zwei Relationen), werden in der Analyse alle verfügbaren ego-zentrierten Netze hinsichtlich ihrer Dichte und Darstellung zu einem Graphen zusammengefasst (s. Übungsaufgabe
5.2 zu diesem Kapitel).

5.4   Gemeinschaften

Neben der Betrachtung von Dyaden, Triaden und ego-zentrierten Netzwerken widmet sich dieses Kapitel den *Gemeinschaften* als weiterem Betrachtungswinkel auf *Knotengruppen*. Hierzu gibt es keine einheitliche Definition, was genau unter einer Knotengruppe in einem Netz zu verstehen ist und welche Eigenschaften diese aufweist.

Gemeinschaften (engl.: communities) sind auf eine gewisse Weise zusammenhängende und zusammen betrachtete oder zu betrachtende Subgruppen der Knoten eines Netzwerkes. Bei der Zuordnung von Netzwerkelementen zu Gruppen muss präzisiert werden, was mit *Zusammengehörigkeit* gemeint ist, wie diese gemessen werden soll und welche Zielsetzung(en) die Bildung von Subgraphen verfolgt, z. B. [15, 144 f.]:

- *Fokussierung:* Erzeugung und weitere Analyse von Subnetzwerken,
- *Komprimierung:* Repräsentation zusammenhängender Netzwerkteile als ein Objekt (z. B. Aggregierung von Knoten bzw. Relationen),
- *Strukturierung:* Hinzufügung neuer Information zu einem Netzwerk.

Gemeinschaften bzw. Knotengruppen umfassen neben Dyaden, Triaden und Quadrupeln im Allgemeinen alle k-Tupel[6] eines Graphen [5, S. 59] oder lokal dichte und verbundene Subgraphen eines Netzwerkes [16, S. 325, 17, S. 35]. Teilweise werden synonym zu Gemeinschaften Begriffe wie Cluster [17, S. 35], Module [18, S. 77] oder auch Gruppen, Komponenten und Blöcke benutzt, was zur Vermeidung von Bedeutungskonflikten genaue Arbeitsdefinitionen erfordert.

Fortunato [18, S. 84] beschreibt drei andere Herangehensweisen an Definitionen zum Konstrukt *community*.

- *Lokale Definitionen:* Fokus auf einen Subgraphen ohne Betrachtung des gesamten Graphen, z. B. Cliquen- und k-Konzepte (s. Abschn. 5.4.4.1), starke und schwache Gemeinschaften (s. Abschn. 5.4.4.1),
- *Globale Definitionen:* Eine globale Eigenschaft eines observierten Graphen wird mit einem randomisierten Null-Modell verglichen, um Abweichungen vom Zufall und dadurch gemeinschaftliche Eigenschaften zu finden (s. Abschn. 6.2.1),
- Definitionen mit Fokus auf *Ähnlichkeit* der Eigenschaften von Knoten (s. Abschn. 5.4.1).

Diese Möglichkeiten werden im Folgenden thematisch aufgegriffen und erweitert, da es noch viele weitere Ansätze und Methoden in Bezug auf Gemeinschaften im Kontext von Netzwerken gibt. Ausgehend von einer algorithmischen Perspektive wird in diesem Kapitel beschrieben, wie man spezifische Gruppenkonstellationen in Netzwerken mittels darin zu

---

[6] s. Abschn. 5.4.4.1.

verortender Prinzipien lokal und auf Basis von Ähnlichkeiten ermitteln, untersuchen und bewerten kann.

5.4.1 Similarität und Äquivalenz

Bezogen darauf, welche *Ähnlichkeit* Analysen und Algorithmen im Umfeld von Netwerken zugrunde gelegt werden soll, gibt es keine einheitliche Nomenklatur[7] und Herangehensweise. Mit Bezug auf SNA beschreibt Jansen zwei allgemeine Möglichkeiten zur Gruppierung von Knoten (Akteuren) [5, S. 59]:

- Gruppierung von Akteuren mit ähnlichen Beziehungen untereinander,
- Gruppierung von Akteuren mit ähnlichen Außenbeziehungen zu allen anderen Akteuren im Netzwerk.

Jackson [19, S. 444] beschreibt, dass Gemeinschaften aus Knoten bestehen, die in irgendeiner Form vergleichbar oder *äquivalent* sind. Newman [1, S. 211] unterscheidet *Äquivalenz* als Ausmaß, in welchem zwei Knoten die gleichen Nachbarn teilen, in *strukturelle* und *reguläre Äquivalenz*.[8]

Demnach sind zwei Knoten *strukturell äquivalent*, wenn ihre Relationen zu allen anderen Knoten identisch sind. [9]. Im Speziellen sind zwei Knoten i und j strukturell äquivalent in Bezug auf ein Netz g, wenn $g_{ik} = g_{jk}$ für alle $k \neq i$, $k \neq j$. Auf Basis dieser Überlegungen können Äquivalenzklassen gebildet werden, sodass eine Partitionierung des Graphen in Teilmengen äquivalenter Knoten erfolgen kann. Die Zuordnung zu nicht überlappenden (disjunkten) Gruppen erfolgt allgemein auf Basis *strukturell äquivalenter* Positionen, die zu abstrakteren Mustern zusammengefasst werden können. Innerhalb zusammengefasster Klassen stehen Akteure zueinander in einer Äquivalenzrelation, wohingegen Akteure unterschiedlicher Klassen nicht zueinander in der entsprechenden Äquivalenzrelation stehen [22, S. 102]. Je nach Detaillierungsgrad der Äquivalenzrelation ergeben sich unterschiedliche Gruppierungen. So kann jeder Akteur im Kontinuum von einer eigenen Äquivalenzrelation (feine Zerlegung, Knoten sind nur mit sich selbst äquivalent) bis hin zu einer allgemei-

---

[7] Coupette unterscheidet symmetriebasierte und dichtebasierte Ansätze, welche eine Zusammengehörigkeit strukturell unterschiedlich definieren und messen [15, S. 145]. Bei dichtebasierten Konzepten ist das Kriterium der Gruppenbildung die direkte Verbindung von Knoten in verschiedener Hinsicht. In symmetriebasierten Ansätzen (also Ansätzen regulärer Äquivalenz i. S. v. Jackson [19, S. 444] und Newman [1, S. 211]) müssen gruppierte Objekte nicht zwingend (indirekt) miteinander verbunden sein.

[8] Neben strukturellen und regulären Ansätzen zur Äquivalenz gibt es auch stochastische Perspektiven [20, 407 ff.] in: [3]. Ein Überblick zu stochastischer Blockmodellierung findet sich z. B. in [21].

[9] Da dieses Konzept sehr streng ist, gibt es seit einiger Zeit Verfahren, die die Forderung nach vollständiger Äquivalenz etwas aufweichen.

nen Äquivalenzrelation (grobe Zerlegung, alle Knoten sind mit allen anderen äquivalent) zugeordnet werden [22, S. 102].

Im Gegensatz dazu fokussiert die Perspektive der *regulären Äquivalenz* Knoten und Similaritäten bzw. Äquivalenzen von Nachbarknoten, ohne dass diese miteinander verbunden sein müssen [1, S. 211]. Dieser Prozess, aus einem großen Netzwerk ein kleines abzuleiten, wird oft auch als *Blockmodellierung*[10] bezeichnet [24, S. 139].

5.4.2 Algorithmische Aspekte

5.4.2.1 Partitionierung vs. Detektion

Im Zusammenhang mit der Bildung von Gemeinschaften verfolgen Algorithmen zwei Zielstellungen [1, 356 ff.]:

- *Partitionierung:* Anzahl und Größe fokussierter Gruppenstrukturen sind vorab festgelegt,
- *Detektion:* Anzahl und Größe fokussierter Gruppenstrukturen sind vorab nicht spezifiziert (explorativer Charakter).

Partitionierung hat zum Ziel, den Graphen in handhabbare Subgraphen zu unterteilen, z. B. für weitere (parallele) Berechnungen. Hierbei wird der bestmögliche Schnitt durch den Graphen auf Basis zuvor festgelegter Rahmenbedingungen gesucht. Dies erfolgt unabhängig davon, ob diese Partitionierung inhaltlich auch auf in den Daten enthaltene (nur eben nicht offensichtliche) Schnitte zurückzuführen ist.

Detektion (engl.: community detection) hingegen zielt darauf ab, Netzstrukturen und potenziell darin enthaltene Schnitte/Gruppen zu verstehen, ohne dass prinzipiell das Erfordernis einer Teilung zwingend besteht. So muss ein guter Algorithmus bei der Detektion nicht notwendigerweise zum Ergebnis haben, dass es mehrere Blöcke gibt, wohingegen eine Partitionierung immer in Blöcken resultieren wird.

Fortunato [18, S. 92] betont, dass Algorithmen zur Partitionierung von Graphen sich nicht zum Aufspüren von Gemeinschaftsstrukturen eignen, da diese als Input die Anzahl der Gemeinschaften (und manchmal sogar deren Größe) erfordern, welche im Falle einer Detektion unbekannt sind. Umgekehrt wird das Prinzip der *Bisektion* (s. Abschn. 5.4.2.3) bei Algorithmen zur Detektion angewendet, wenn zuvor aufgrund eines Kriteriums eine Anzahl von Gemeinschaften für eine Partitionierung eingegrenzt wurde, z. B. aufgrund von Korrelationen wie beim CONCOR-Verfahren (s. Abschn. 5.4.2.3).

5.4.2.2 Agglomeration vs. Division

Algorithmen können nicht nur danach unterschieden werden, ob die Anzahl von Gemeinschaften zuvor festgelegt ist (Partitionierung) oder nicht (Detektion). Caldarelli unterschei-

---

[10] Überblicke hierzu finden sich z. B. in Ferligoj et al. [23] in: [14] und de Nooy et al. [4, S. 299–335].

det ergänzend nach Art der Analyse sowie der rekursiven Gruppierung der Knoten, die als *ähnlich* zueinander gelten [17, S. 43]:

- Topologische Analyse: Auswahl von Subgraphen aufgrund spezieller Knoten/Kanten,
  - *Agglomeration,* rekursive Gruppierung (bottom-up): Verschmelzung zweier benachbarter Knoten bzw. Gemeinschaften mit hoher Ähnlichkeit,
  - *Division,* rekursive Entfernung (top-down): Zerlegung eines Graphen in Subgraphen durch Entfernen von Verbindungen mit niedriger Ähnlichkeit,
- Analyse bereits vorhandener kompletter Subgraphen (k-Cliquen),
- Spektrale Analyse: Gemeinschaften werden anhand der Eigenwerte aus der Adjazenzmatrix gebildet.

Vergleichbar unterscheidet Coupette [15, S. 144] zwei gegenläufige Ansätze bei der Definition von Subnetzwerken:

- *Selektion* beginnt mit einem leeren Netz und schließt Elemente ein, weil sie bestimmte Kriterien erfüllen, und
- *Filterung* beginnt mit einem eingegrenzten Gesamtnetzwerk und schließt Elemente aus, die zuvor festgelegte Kriterien nicht erfüllen.

Die *Ähnlichkeit* muss in allen Fällen zuvor konkretisiert und definiert werden.

5.4.2.3 Bisektion

Bisektion bedeutet, einen Graphen in zwei Subgraphen dergestalt zu zerlegen, dass diese sich einerseits nicht überlappen und andererseits die Anzahl der Kanten zwischen Knoten aus den einzelnen Subgraphen minimal ist *(Cut Size)* [16, 327 f. 1, 359 f. 19, 447 f.]. Ein Graph wird also in zwei Teile partitioniert.

Die Anzahl der Möglichkeiten, einen Graphen N in zwei Gruppen N_1 und N_2 zu partitionieren, ist wie folgt ermittelbar:

$$\frac{N!}{N_1! N_2!}. \tag{5.5}$$

Um für die großen Fakultäten Näherungswerte zu bestimmen, kann auf die *Stirling-Formel* $n! \simeq \sqrt{2\pi n}(n/e)^n$ zurückgegriffen werden. Umgeformt ergibt sich:

$$\frac{N!}{N_1! N_2!} \simeq \frac{\sqrt{2\pi N}(N/e)^N}{\sqrt{2\pi N_1}(N_1/e)^{N_1}\sqrt{2\pi N_2}(N_2/e)^{N_2}} \tag{5.6}$$
$$\sim \frac{N^{N+1/2}}{N_1^{N_1+1/2} N_2^{N_2+1/2}}.$$

Möchte man beispielsweise die Größe der Subgraphen genau hälftig aufteilen ($N_1 = N_2 = N/2$), gilt vereinfacht:

$$\frac{2^{N+1}}{\sqrt{N}} = e^{(N+1)ln2 - \frac{1}{2}lnN}. \tag{5.7}$$

Die Anzahl der Bisektionen steigt exponentiell mit der Größe des Graphen. Während bei den obigen Ausführungen zuvor bekannt ist, wie ein Graph aufgeteilt werden soll, muss dies hier nicht zwingend der Fall sein.

Das Prinzip der wiederholten Bisektion zur Minimierung des Cut Size findet sich in vielen Verfahren wieder, z.B. beim (eher als langsam erachteten) Kernighan-Lin-Algorithmus [1, 360 ff.], bei der (als eher schneller beschriebenen) spektralen Partitionierung nach Fiedler [1, 364 ff.] und bei der CONCOR-Partitionierung (s. Abschn. 5.4.3.2).

5.4.2.4 Güte und Aussagekraft von Zerlegungen: Modularität

Unabhängig von der Erzeugungsweise einer Zerlegung stellt sich die Frage nach deren Qualität, z.B. „ob eine Zerlegung diejenige ist, die der Gemeinschaftsstruktur des Netzwerkes am besten entspricht" [15, S. 155]. Mittels Qualitätsfunktionen können ermittelte Zerlegungen in Reihungen gebracht werden, um sich die „beste" Zerlegung auszuwählen. Qualitätsfunktionen bezeichnen Funktionen, welche jeder Partition einen Wert (ein quantitatives Kriterium) zuordnen. Partitionen mit dem höchsten Wert sind danach die „besten".

Eine der verbreitetsten Qualitätsfunktionen ist die sog. *Modularität* nach Girvan und Newman [25, 18, S. 89, 19, S. 449]. Modularität basiert auf der Idee, dass ein zufälliger Graph keine Clusterstrukturen aufweist (s. Abschn. 6.2.1). Nach Jackson [19, S. 449] bezeichnet Modularität das Verhältnis von Kanten innerhalb von Gruppenstrukturen abzüglich des erwarteten Wertes der Kanten, sodass alle Knoten zwar den gleichen Grad haben, Kanten jedoch zufällig gebildet werden. So kann die potenzielle Existenz von Gemeinschaften durch einen Vergleich der folgenden Dichten ermittelt werden:

- Tatsächliche Dichte des Subgraphen,
- Dichte, die der Graph haben sollte, wenn man davon ausgeht, dass keine Gemeinschaften existieren (er also keine Muster abweichend von Zufällen aufweist).[11]

Modularität Q ist wie folgt definiert [26, 1, 224 ff. 16, S. 339 ff.]:

$$Q = \frac{1}{2m} \sum_{ij} \left(A_{ij} - \frac{k_i k_j}{2m} \right) \delta(c_i, c_j), \tag{5.8}$$

mit
m = Anzahl der Kanten,
A = Adjazenzmatrix von G,

---

[11] Diese Kennzahl wird auf Basis eines zugrunde liegenden Null-Modells (s. Abschn. 6.2.1) ermittelt, d. h. mittels einer Kopie des Graphen ohne Gemeinschaftsstrukturen [18, S. 89].

k_i = Grad des Knotens i,

$\delta(c_i, c_j) = 1$, wenn i und j in der gleichen Gemeinschaft sind (0 im umgekehrten Fall).

Ist das Ergebnis 0, so sind die spezifizierten Gemeinschaften nicht aussägekräftig. Der Anteil an Kanten innerhalb einer detektierten Gemeinschaft unterscheidet sich dann nicht von demjenigen Anteil, den man aufgrund zufälliger Kantenbildung erwarten würde [26]. Dementsprechend indizieren Werte ungleich 0 eine Abweichung vom Zufall. Ist das Ergebnis positiv, so ist davon auszugehen, dass die spezifizierten Gemeinschaften einen Anteil von Kanten im Graphen erfassen, der auf Basis zufälliger Prozesse nicht zu erwarten wäre, die beobachtete, spezifizierte Gruppenstruktur diesen Erwartungswert also übersteigt. Clauset et al. [26] charakterisieren Werte über 0, 3 als guten Indikator für eine signifikante Gemeinschaftsstruktur in einem Netzwerk. Newman und Girvan beschreiben, dass in der Praxis meist Werte von 0, 3 bis 0, 7 für „gute" Zerlegungen zu erwarten sind [25]. Umgekehrt indiziert ein negativer Wert, dass es zwischen Zerlegungen mehr Kanten gibt als innerhalb der spezifizierten Subgraphen (und somit weniger, als man auf Basis des Zufalls erwarten würde).

Dementsprechend ist die Idee hinter diesem Konzept, dass darauf basierende Algorithmen (s. Abschn. 5.4.2) die maximale Modularität finden und genau dann stoppen, wenn durch eine weitere Entfernung von Kanten die Modularität sinkt [26]. Nach Fortunato wird der *Modularität* damit nicht nur das einzigartige Privileg zuteil, gleichzeitig ein globales Kriterium zur Definition einer Gemeinschaft und eine Qualitätsfunktion zur Reihung ermittelter Partitionen zu sein. Darüber hinaus ist das Konzept in vielen Methoden der Cluster-Bildung enthalten [18, S. 86].

Modularität ist in vielen Algorithmen im Bereich der Partitionierung und Detektion von Gruppenstrukturen implementiert, eignet sich jedoch nicht:

- Bei Graphen, deren inhärente Gruppenstrukturen sich in ihrer Größe stark unterscheiden [15, S. 156],
- Zur Erkennung von Gruppenstrukturen in bipartiten Graphen [18, S. 110],
- Als alleiniger Indikator für Gruppenstrukturen, da hohe Modularitätswerte auch in Netzwerken ohne Gemeinschaftsstrukturen auftreten können [15, S. 156], folglich auch in Fällen, bei denen realiter eigentlich keine Cluster im Graphen vorhanden sind [18, S. 111],
- Für Gruppen, die sich überlappen [27, S. 5].

Ferner erscheinen absolute, globale Maxima schwer erreichbar, wohingegen zahlreiche lokale Maxima auftreten können [15, S. 156]. Die daraus resultierende Vielfalt an möglichen Zerlegungen, die zwar alle vergleichsweise „gute" Werte für Modularität zeigen, strukturell jedoch sehr heterogen sind, erschwert dann allerdings die Feststellung, welche Zerlegung tatsächlich eine adäquate Passfähigkeit aufweist.

Aufgrund dieser Limitationen ist es zwingend notwendig, die auf Basis von Modularität ermittelten Werte und Gruppenstrukturen mit weiteren Analysen der in den Daten enthaltenen Informationen und dadurch erwarteten Gemeinschaftsstrukturen zu kombinieren. Wenn möglich, sollten weitere statistische Analysen, z. B. Signifikanzanalysen, ergänzend durchgeführt werden [15, S. 157].

Jackson äußert im Zusammenhang mit Zerlegungen und explorativer Findung von Gemeinschaftsstrukturen allgemeine Kritik an Teilen der Fachliteratur [19, S. 445]. Demnach gibt es eine Vielzahl von Veröffentlichungen, die Gemeinschaften lediglich aus Berechnungen ableiten, ohne diese in einen Kontext zu setzen. So werden in einigen Fällen Graphen mittels Algorithmen in diverse Partitionen unterteilt, ohne zuvor spezifiziert zu haben, was die gemeinschaftliche Struktur eigentlich repräsentieren soll, wie diese potenzielle Struktur die Bildung eines Netzwerkes beeinflusst oder ob der gewählte Algorithmus wirklich so beschaffen ist, dass damit ausgehend von einer nicht spezifizierten Grundannahme eine Struktur aufgedeckt werden kann. In der Folge werden gemeinschaftliche Strukturen teilweise als das definiert, was ein Algorithmus findet, anstatt auf Basis einer wohldefinierten Gruppenstruktur geeignete Algorithmen für deren Aufspürung abzuleiten [19, S. 446]. In jedem Fall ist die Gruppenstruktur abhängig von ihrem Kontext und dem sich daraus ergebenden Verständnis dessen, was die eingegrenzte Gemeinschaft repräsentieren soll.

5.4.3 Gemeinschaftsdetektion (reguläre Äquivalenz)

5.4.3.1 Signierte Graphen und strukturelle Balance

Ein signierter Graph repräsentiert ein (meist soziales) Netzwerk, bei dem jede Kante/Relation einem von zwei qualitativen Zuständen (positiv oder negativ) zugeordnet wird; diese zusätzlichen Attribute bezeichnet man als *Signaturen* [1, S. 206, 4, S. 98, 28, S. 31].

De Nooy et al. [4, 98 f.] definieren einen signierten Graphen als (strukturell) *balanciert,* wenn:

- Alle in ihm auftretenden (Semi-)Zyklen (Triaden) balanciert sind und diese wiederum sind genau dann balanciert, wenn die Anzahl der in ihnen auftretenden negativen Signaturen gerade ist, und außerdem
- Der Graph in zwei Teile (Cluster) partitioniert werden kann:

  1. Verbindungen mit positiver Signatur,
  2. Verbindungen (dazwischen) mit negativer Signatur.

Abb. 5.9 zeigt mögliche Triadenkonfigurationen in einem signierten Graphen nach Newman [1, S. 207]. Die Konfigurationen in Abb. 5.9a und Abb. 5.9b gelten demnach als eher stabil (balanciert), wohingegen Abb. 5.9c sowie Abb. 5.9d als eher instabil gelten. Da viele reale Netzwerke in der Realität als stabil/strukturell balanciert gelten, kann so anhand der Betrachtung zweier Zustände eine Partitionierung des Gesamtnetzwerkes auf Basis qualitativer Kriterien bzw. Kantengewichtungen erfolgen, die es aufgrund der Triadenbetrachtung

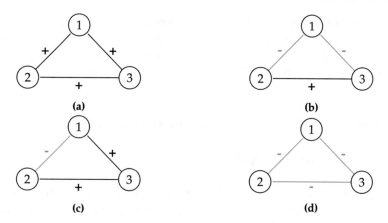

Abb. 5.9 Triadenkonfigurationen in signierten Graphen nach Newman [1, S. 207]

nicht erfordert, dass gruppierte Knoten direkt miteinander verbunden sein müssen. Das Konzept der strukturellen Balance ist hierbei nicht zu verwechseln mit der strukturellen Äquivalenz (s. Abschn. 5.4.4), da es keine Grundannahme zur Verbindung von Knoten bei der Gruppenbildung bezeichnet, sondern das Resultat einer Analyse mit Fokus auf reguläre Äquivalenz, nach der gruppierte Knoten nicht per se miteinander in den observierten Daten verbunden sein müssen.

5.4.3.2 CONCOR

CONCOR (engl. Abkürzung für: convergence of iterated correlations) nutzt eine Adjazenzmatrix g (gerichtet oder ungerichtet) auf Basis der Annahme, dass zwei Knoten sich ähnlich sind, wenn diese ein ähnliches Muster von Relationen zu anderen Knoten aufweisen, z. B. durch Vergleich der Matrixreihen der Knoten i ($g_{i1}, ..., g_{in}$) und j ($g_{i1}, ..., g_{in}$) [19, S. 446].

Um herauszufinden, wie ähnlich die beiden Reihen sind, wird die Maßzahl *Korrelation* genutzt. Die Berechnung resultiert in einer Korrelationsmatrix C, bei der c_{ij} die Korrelation zwischen den Reihen g_i und g_j abbildet. Im nächsten Schritt werden die Reihen der Korrelationsmatrix wiederum durch die Ermittlung von Korrelationen verglichen, was in einer weiteren Korrelationsmatrix $C^{(2)}$ resultiert. Dieser Schritt wird für t Iterationen wiederholt und bildet $C^{(t)}$ Korrelationsmatrizen.

In den meisten Fällen konvergiert der Prozess bei Erreichen einer Matrix mit (höchstens) zwei Blöcken mit den Einträgen 1 (i und j sind dem gleichen Block zugeordnet) und -1 (i und j sind unterschiedlichen Blöcken zugeordnet). Der Prozess dieser Bisektion kann mit den Zwischenblöcken wiederholt werden, um auch diese wieder in je zwei Blöcke zu unterteilen. Hierbei ist die Gruppenstruktur determiniert durch die Entscheidung, wann mit dem Unterteilen aufgehört werden soll.

Bei Anwendung dieser Methode bleibt nach Jackson allerdings unklar, was es bedeutet, wenn zwei Knoten einem Block gemäß dem Verfahren zuzuordnen sind, warum diese Methode ein angemessener Weg sein soll, um Knoten zu gruppieren, und wie oft die Blöcke unterteilt werden sollen [19, S. 447].

5.4.4 Gemeinschaftsdetektion (strukturelle Äquivalenz)

5.4.4.1 Cliquen und k-Konzepte

Clique   Barabási und Pósfai [16, S. 53] definieren eine *Clique* als kompletten Graphen. Newman [1, S. 193] definiert *Cliquen* als maximale Untermenge von Knoten in einem ungerichteten Netzwerk, sodass jedes Mitglied der Menge mit jedem anderen Mitglied durch eine Kante, also komplett bzw. vollständig verbunden ist. Eine Clique bezeichnet also entweder einen vollständigen Graphen oder einen vollständigen Teilbereich eines Graphen. Knoten einer Clique können auch gleichzeitig zu anderen Cliquen gehören [1, S. 193]. Abb. 5.10 zeigt einen Graphen mit zwei Cliquen: 1. {A, B, C, D}, 2. {C, D, E, F}. Die Knoten C und D gehören beiden Cliquen/Untermengen an.

Das Cliquen-Konzept ist theoretisch zwar hilfreich, in der Praxis allerdings sehr selten anwendbar. Dies ist darauf zurückzuführen, dass in vielen Netzwerken zwar auf Ebene der (geschlossenen) Triaden Cliquen vorhanden sind, größere Cliquen jedoch kaum auftreten, da diese Gemeinschaften das Kriterium der Vollständigkeit nicht erfüllen, mögen sie untereinander auch vergleichsweise stark verbunden sein.

Netzwerke können durchaus auch über Teilmengen/Subgraphen verfügen, in denen die strenge Definition einer Clique zwar nicht vollständig erfüllt ist, die aber dennoch ein hohes Maß an Kohäsion (durch viele Querverbindungen untereinander) aufweisen. Da diese vom Konstrukt *Clique* nicht erfasst werden, bedarf es für diese Fälle anderer Kennzahlen und Konzepte, die im Folgenden beleuchtet werden.

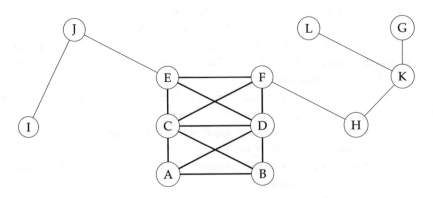

Abb. 5.10 Graph mit zwei Cliquen

k-Clique Newman [1, 195 f.] sowie Jansen [5, 187 ff.] beschreiben ergänzend zum Begriff Clique eine *k-Clique* als maximale Teilmenge von Knoten, die mit anderen Knoten über höchstens eine Distanz k verbunden ist. Eine 1-Clique entspricht der strikten Cliquen-Definition vollständiger Verbundenheit. Nun kann es passieren, dass bei einer k-Clique für $k > 1$ der Durchmesser/die maximale Pfaddistanz größer als k ist, da nicht spezifiziert ist, „über welche Akteure die Verbindungen mit maximal k Schritten laufen dürfen" [5, S. 189]. Die Methode zur Ermittlung von k-Cliquen wird *Cliquenperkolation* genannt [15, S. 149]. Neben dem sog. *Link Clustering* erlaubt die Cliquenperkolation die Detektion überlappender Gruppen.[12]

k-Plex Ein *k-Plex* der Größe n beschreibt eine maximale Teilmenge von n Knoten, die so miteinander verbunden sind, dass jeder Knoten mit mindestens $n - k$ anderen Knoten verbunden ist [1, S. 194]. Ein 1-Plex entspricht hierbei einer Clique.

Die Ermittlung eines adäquaten k ist nicht eindeutig beschrieben. Newman [1, S. 194] empfiehlt, dass man in kleinen Teilmengen mit einem niedrigen k beginnen sollte und dadurch wertvolle Einblicke in Netzstrukturen erhalten kann. In größeren Subgraphen erscheint dies jedoch zu streng und weniger aussagekräftig, was zur Empfehlung höherer Werte für k in größeren Netzen führt. Allerdings bleibt offen, ab welcher Knotenmenge man statt von einem kleinen von einem großen Subgraphen ausgehen muss und was ein niedriges/hohes k konkret bedeutet. Unabhängig davon liefert das Konstrukt wertvolle Einblicke in Strukturen von Subgraphen.

k-Kern Ein sog. *k-Kern* (engl.: *k-core*) bezeichnet eine maximale Teilmenge von Knoten, die so miteinander verbunden sind, dass jeder Knoten mit mindestens k anderen Knoten im Subgraphen verbunden ist [1, S. 195]. Der k-Kern von n Knoten entspricht einem $(n - k)$-Plex.

Im Gegensatz zu k-Plexen (und Cliquen) können sich k-Kerne nicht überlappen, da zwei k-Kerne mit einem oder mehreren Knoten, die beiden Kernen zuzuordnen wären, per Definition einen großen k-Kern bilden. Abb. 5.10 zeigt demnach nicht nur zwei Cliquen, sondern darüber hinaus auch einen 3-Kern $\{A, B, C, D, E, F\}$ (jeder Knoten ist mit mindestens drei anderen verbunden) sowie einen 3-Plex (jeder Knoten ist mit $n - k = 3$ Knoten verbunden).

Starke und schwache Gemeinschaften Der rigide Anspruch der Definition einer Clique kann durch die Perspektive starker und schwacher Gemeinschaften weiter minimiert werden.

Sei gemäß Barabási und Pósfai [16, 326 f.] C ein Subgraph mit N_C Knoten. Der *interne Grad* k_i^{int} eines Knotens i ist die Anzahl der Kanten, welche i mit anderen Knoten in C verbinden. Der *externe Grad* k_i^{ext} eines Knotens i ist die Anzahl der Kanten, welche i mit den restlichen Knoten im Netzwerk verbinden. Ist $k_i^{ext} = 0$, so ist jeder Nachbar von i in C. Darauf basierend können unterschiedliche Gemeinschaften anhand des internen und externen Grades unterschieden werden.

---

[12] Vgl. vertiefend [16, 346 ff.].

C ist eine *starke Gemeinschaft,* wenn jeder Knoten in C mehr Verbindungen zur Gemeinschaft als zum restlichen Netzwerk aufweist:

$$k_i^{int}(C) > k_i^{ext}(C). \tag{5.9}$$

C ist eine *schwache Gemeinschaft,* wenn der totale interne Grad des Subgraphen den totalen externen Grad des Subgraphen übersteigt:

$$\sum_{i \in C} k_i^{int}(C) > \sum_{i \in C} k_i^{ext}(C). \tag{5.10}$$

Dementsprechend ist jede Clique zugleich auch eine starke Gemeinschaft.

5.4.4.2 Hierarchisches Clustering

Hierarchisches Clustering bezeichnet eine Klasse von divisiven und agglomerativen Algorithmen, die einen hierarchischen Baum *(Dendogramm)* zum Ergebnis haben. Ausgangspunkt für das hierarchische Clustering ist eine Similaritätsmatrix, deren Elemente x_{ij} die Distanz zwischen einem Knoten i und einem Knoten j enthält [16, 331 f.]. Similarität kann auf Basis vieler Maßzahlen/Metriken konkretisiert werden, z. B. mittels der bei CONCOR verwendeten Korrelation, durch Metriken zur Ermittlung der Distanz[13] zwischen zwei Vektoren g_i und g_j, Pfad-basiert oder eben mittels anderer Parameter, welche eine Unterscheidung verschiedener Rollen von Knoten zulassen.

Im Gegensatz zu CONCOR (s. Abschn. 5.4.3.2) wird beim agglomerativen hierarchischen Clustering (z. B.: Ravasz-Algorithmus, Louvain-Algorithmus) eine Gemeinschaft dadurch gebildet, dass sukzessive Knoten zu Gruppen auf Basis einer Similaritätsermittlung hinzugefügt werden, anstatt ein großes Netz immer weiter zu partitionieren [19, S. 448].

Der *Girvan-Newman-Algorithmus* ist hierbei ein divisiver Algorithmus. In jedem Berechnungsschritt wird diejenige Kante mit dem höchsten Wert für die vorgestellte Kennzahl *Edge Betweenness* iterativ entfernt. Kanten haben einen hohen Wert, wenn sie Teile eines Graphen verbinden, die ohne sie voneinander getrennt wären [17, 46 f.].

Das durch hierarchisches Clustering ermittelte Dendogramm enthält ohne Berücksichtigung der Modularität keine Informationen darüber, welche Zerlegung zur zugrunde liegenden Gemeinschaftsstruktur am passfähigsten ist [16, S. 338].

5.4.4.3 Label Propagation (LP)

Zu Beginn dieses Verfahrens erhalten alle Knoten zufällig ein Label (eine Gruppenzuordnung). In jeder Runde werden Knoten in zufälliger Reihenfolge abgearbeitet; jeder Knoten erhält danach das Label, welches in seiner Nachbarschaft am häufigsten auftritt (das Label wird an seine Nachbarn propagiert). Das Verfahren endet, wenn keine Änderungen mehr

---

[13] Zur Vertiefung der Distanzmetriken Euklidisch, Cosinus, Jaccard, Mahalanobis, Hamming sowie Manhattan vgl. [29, S. 76].

auftreten, also keine neuen Labels mehr ausgetauscht werden können, und resultiert in einer einzigen Zerlegung.

Nachteilig ist, dass LP sich nicht dazu eignet, hierarchische Strukturen aufzudecken, da mehrere, ineinander verschachtelte Zerlegungen dazu nötig wären. Zudem ist eine LP-Zerlegung abhängig von der zufällig gewählten Sequenz und resultiert deshalb in unterschiedlichen Ergebnissen und Zerlegungen.[14] Vorteilhaft sind seine Einfachheit, Schnelligkeit und Anwendbarkeit auf große Graphen, was nur auf wenige andere Verfahren in der Literatur zutrifft [31] in [32].

Bei der Detektion von Gemeinschaften finden sich zahlreiche weitere Algorithmen.[15] Je nach Auswahl der konkreten Technologie variiert die Verfügbarkeit der einzelnen Ansätze und Methoden. Zudem ist nicht bei allen Algorithmen eindeutig klar, welches inhaltliche Konzept von *Zusammengehörigkeit* zugrunde liegt [15, S. 147].

5.4.5 Beispiel: LP

Das Beispiel basiert auf einem Datensatz[16] [33] einer Studie von Lusseau et al. [34]. Es handelt sich um ein Netzwerk mit 62 Knoten (Delfine) und 159 sozialen Interaktionen der Knoten untereinander, die über einige Jahre hinweg in einem Habitat in Neuseeland beobachtet und dokumentiert wurden.

Ohne Kenntnis der Ergebnisse aus der Studie soll anhand der Daten analysiert werden, ob und wie viele Gruppen mit den Daten exploriert werden können. Dies soll mittels *Label Propagation*[17] dargestellt werden, da dieser Algorithmus simpel, schnell, auf viele Netzwerke anwendbar [31] in [32], bei den Programmiersprachen R (igraph)[18], Julia (LightGraphs, CommunityDetection)[19] sowie Python (networkx)[20] enthalten ist und einen Vergleich zulässt.

5.4.5.1 R

Abb. 5.11 zeigt das visualisierte Ergebnis der Detektion in R. Knoten, die aufgrund der Ausführung des Algorithmus einer spezifischen Gruppe zugeordnet wurden, sind gleich eingefärbt. Die Zerlegung hat eine Modularität i. H. v. 0,434.

---

[14] Durch Aggregation mehrerer Durchläufe kann dieser Nachteil ausgeglichen werden [30] in: [15, S. 153].

[15] Weitere finden sich in [17, 34 ff. 32].

[16] Verfügbar online: http://networkrepository.com/soc_dolphins.php [letzter Zugriff: 27.11.2022].

[17] Lusseau et al. nutzten hierarchisches Clustering (s. Abschn. 5.4.4.2) [34, S. 400].

[18] Vgl. Dokumentation, online: https://www.rdocumentation.org/packages/igraph/versions/1.2.6/topics/membership [letzter Zugriff: 24.11.2022].

[19] Vgl. Dokumentation, online: https://juliagraphs.org [letzter Zugriff: 24.11.2022].

[20] Vgl. Dokumentation, online: https://networkx.org/documentation/stable/reference/algorithms/community.html [letzter Zugriff: 24.11.2022] sowie [35].

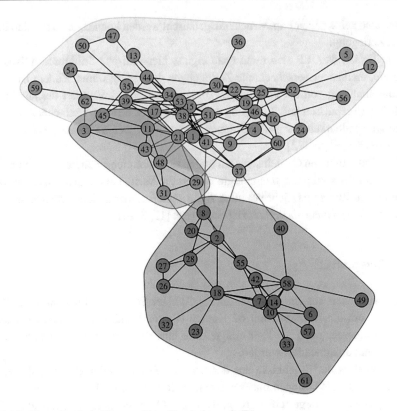

Abb. 5.11 Clustering/Label Propagation: Ergebnisgraph (R)

Listing 5.1 zeigt eine mögliche Umsetzung in R (Methode `cluster_label_prop()`).

```
library(igraph)

dat <- read.table("~/soc–dolphins.txt", skip=0, sep=" ")

g <- graph_from_data_frame(dat, directed=FALSE)

wc <- cluster_label_prop(g) # label propagation

plot(wc,g, vertex.size=8, vertex.label.cex=0.7)
```

Listing 5.1 Label Propagation (R)

5.4.5.2 Julia

Abb. 5.12 zeigt den Ergebnisgraphen in Julia. Knoten, die aufgrund der Ausführung des Algorithmus einer spezifischen Gruppe zugeordnet wurden, sind gleich eingefärbt. Die Zerlegung hat eine Modularität i. H. v. 0,443.

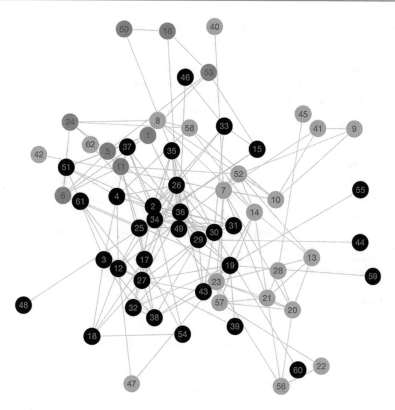

Abb. 5.12 Clustering/Label Propagation: Ergebnisgraph (Julia)

Listing 5.2 zeigt die Implementierung in Julia (Methode label_propagation()).

```julia
using LightGraphs
using CommunityDetection
using Colors
using GraphIO
using GraphPlot
using Gadfly
using Compose

set_default_graphic_size(20cm,20cm)

impgraph = loadgraph("../soc-dolphins.txt", "mygraph", EdgeListFormat())
g = SimpleGraph(impgraph)

nvertices = nv(g) # Anzahl Knoten
nedges = ne(g)    # Anzahl Kanten

membership = label_propagation(g) # label propagation
```

```
18  nodecolor = distinguishable_colors(nv(g), colorant"lightseagreen")
19  nodefillc = nodecolor[membership[1]]
20
21  layout=(args...)->spring_layout(args...; C=10)
22  gplot(g, layout=layout, nodelabel=1:nvertices, nodefillc=nodefillc, nodelabelc=
        colorant"gray", nodesize = 0.05)
```

Listing 5.2 Label Propagation (Julia)

5.4.5.3 Python

Abb. 5.13 zeigt den Ergebnisgraphen in Python. Knoten, die aufgrund der Ausführung des Algorithmus einer spezifischen Gruppe zugeordnet wurden, sind gleich eingefärbt. Die Zerlegung hat eine Modularität i. H. v. 0,497.

Listing 5.3 zeigt eine mögliche Umsetzung in Python (Methode label_propagation_communities()).[21]

```
1   import matplotlib.pyplot as plt
2   import networkx as nx
3   import networkx.algorithms.community as nx_comm
4
5   # Lade Graph aus Datei
6   G = nx.read_edgelist("../../../Documents/data/soc-dolphins.txt")
7
8   # Finde Communities mittels Label Propagation Algorithmus
9   communities = nx_comm.label_propagation_communities(G)
10
11  # Parameter der Abbildung
12  plt.rcParams["figure.figsize"] = (20,10)
13  plt.axis('off')
14
15  #Bestimme Positionen der Knoten mittels Spring Layout Algorithmus
16  G_pos = nx.spring_layout(G)
17
18  # Zeichne Graph mit den bestimmten Einstellungen
19  nx.draw_networkx(
20  G,
21  pos=G_pos,
22  node_size=1000,
23  )
24
25  #Berechne Modularitaet der Communities
26  nx_comm.modularity(G, communities)
```

Listing 5.3 Label Propagation (Python)

---

[21] Eine Möglichkeit zur Einfärbung von Knoten nach Zugehörigkeit zu einer ermittelten Gemeinschaft wie in Abb. 5.13 findet sich z. B. in [36, 97 ff.] und kann bei Bedarf wie in Listing E.4 entsprechend adaptiert werden.

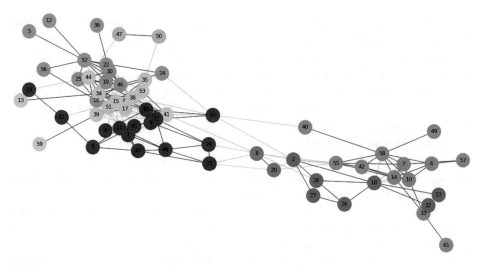

Abb. 5.13 Clustering/Label Propagation: Ergebnisgraph (Python)

5.4.5.4 Vergleich der Ergebnisse

Die Auswertungen zeigen, dass sich auf Basis der Label Propagation in allen Fällen Zerlegungen mit Modularitätswerten über $0,3$ finden lassen: R (0.434), Julia (0.443), Python (0.497). Nach Clauset et al. [26] ist folglich von einem guten Indikator für eine signifikante Gemeinschaftsstruktur in einem Netzwerk auszugehen.

Die Zerlegungen zeigen mindestens drei unterscheidbare Gruppen. Knoten (Delfine) innerhalb einer mittels Label Propagation zugeordneten Gruppe scheinen mehr miteinander zu interagieren, als es zufällig bei Knoten im Kontext des gesamten betrachteten Netzes zu erwarten wäre. Hinsichtlich der Modularitätswerte liefert die Zerlegung mit Python den höchsten („besten") Wert, allerdings auch die meisten Gemeinschaften (7).

Selbstverständlich ist offen, ob bei einer Anwendung anderer Algorithmen weitere bzw. andere Gruppen unterschieden werden würden.

Die Aussagekraft der ermittelten Zerlegungen ist limitiert, da Details zur zugrunde liegenden Gruppenstruktur und zum Kontext unbekannt sind. Weitere Analysen, z. B. hinsichtlich spezifischer Attribute von Knoten und Kanten innerhalb einer gefundenen Zerlegung, wären deshalb zur Ergänzung der ersten explorativen Gemeinschaftserkennung anzuraten.

5.5   Zusammenfassung

Im Kapitel wurde beschrieben, wie statt einzelne Knoten Knotengruppen betrachtet werden können. Ergänzend zu ersten Ausführungen in Richtung von Gruppenstrukturen in Netzwerken (s. Abschn. 3.4), in denen Komponenten allgemein beschrieben wurden, fokussierte das vorliegende Kapitel ausgewählte Konzepte anhand der unterschiedlichen Analyseebenen/Größe der betrachteten Gruppenstruktur, beginnend mit der kleinsten Einheit: Dyade, Triade, egozentrische Netzwerke und Gruppen in ihren Gruppierungsmöglichkeiten.

So wurde gezeigt, wie es mittels *Dyaden-* und *Triadenzensus* anhand des MAN-Schemas möglich ist, von Struktureigenschaften zweier oder dreier Knoten durch Zusammenführung der Teilinformationen auf Strukturen eines größeren Netzes zu schließen, statt umgekehrt bei einer Analyse mit der Fülle an Informationen auf Ebene eines gesamten Netzes zu beginnen. In diesem Zusammenhang wurden die Konzepte Reziprozität und Transitivität erläutert. Hierbei wurde skizziert, wie das Konzept Transitivität einerseits selbst zur Analyse von Triplets und Triaden in Netzwerken genutzt werden kann. Andererseits ermöglicht das Konzept einen Einblick in Strukturinformationen von Triaden (s. Abb. 5.4), welche wiederum ggf. Rückschlüsse auf ein Gesamtnetz zulassen.

Im Anschluss daran erfolgte die Beschreibung *egozentrierter Netze* für Analysen, welche, ausgehend von einem Knoten *(ego)*, die Verbindungen zu und zwischen dessen direkten Nachbarn *(alteri)* in verschiedenen Radien ermöglichen.

Das Kapitel widmete sich im weiteren Verlauf dem Konstrukt *Gemeinschaften* und den vielvältigen Ansätzen, diese als Subgraphenstruktur zu beschreiben und mittels Zerlegungs-/Detektionsmethoden ermitteln zu können. Hierbei wurden Herangehensweisen zur Zerlegung von Graphen für den Fall, dass die Anzahl der Cluster bekannt ist *(Partitionierung)*, von Verfahren der *Gemeinschaftserkennung* (community detection) abgegrenzt, bei denen die Anzahl der Cluster nicht bekannt ist. In beiden Fällen kann *Ähnlichkeit* dazu genutzt werden, strukturell miteinander verbundene Knoten (strukturelle Äquivalenz) oder inhaltlich (nicht strukturell im Graphen) verbundene Knoten (reguläre Äquivalenz) zu Gemeinschaften bzw. Subgraphen zusammenzufassen.

Anschließend wurde *Modularität* als Kennzahl zur Ermittlung der Qualität und als Gütekriterium in Bezug auf jegliche Zerlegungen sowie im Kontext von Algorithmen, die dieses Konzept integrieren, beschrieben.

Danach wurden unterschiedliche Konzepte auf Basis regulärer oder struktureller Äquivalenz zur Beschreibung und Erkennung von Gruppenstrukturen beschrieben. Abschließend wurde ein praktisches Beispiel zur Anwendung des Verfahrens *Label Propagation* mittels `R`, `Julia` und `Python` vorgestellt.

5.6 Übungen

Aufgabe 5.1. Dyadenzensus und Reziprozität
Wie viele Dyaden und Dyadentypen enthält Abb. 5.14? Mit welcher Wahrscheinlichkeit sind die Dyadenbeziehungen reziprok?

Aufgabe 5.2. Ego-zentrierte Netzwerkanalyse mit unterschiedlichen Radien
Erstellen Sie durch Recherche in öffentlichen Quellen ein Netzwerk, welches die Verwandtschafts- und Familienstandsbeziehungen von Elisabeth II. (1926–2022), der ehe-

Abb. 5.14 Beispielgraph für
Dyadenzensus

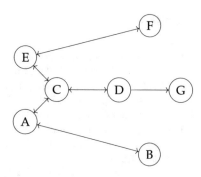

maligen Königin des Vereinigten Königreichs Großbritannien und Nordirland sowie weiteren Staaten des Commonwealth, mindestens bis zu ihren Eltern und Enkel:innen darstellt.
Ermitteln Sie die folgenden Kennzahlen und interpretieren Sie diese:

- Durchmesser des Netzes,
- Durchschnittliche Pfadlänge,
- Durchschnittlicher Clusterkoeffizient,
- Zwischenzentralität (betweenness),
- Nähezentralität (closeness),
- Eigenvektor.

Stellen Sie die ego-zentrierten Netze der Grade/Radien 1 und 2 (ego = Elisabeth II.) dar. Sie
können hierzu gerne einzelne Graphen ermitteln oder mit einer Anwendung Ihrer Wahl die
beiden Netze in einer Grafik so visualisieren, dass die unterschiedlichen Netze erkennbar
sind.

Vergleichen Sie das gesamte Netz mit den egozentrierten Netzen mittels einer Triadenanalyse. Welche Strukturtypen sind in allen Netzperspektiven vorhanden und worauf deuten
diese hin? Welche Strukturtypen sind nicht in allen Netzperspektiven vorhanden und worauf
deutet dies hin?

Beschreiben Sie Ihr Vorgehen und Auffälligkeiten sowie Limitationen, die sich im Ergebnis ihrer Analyse zeigen. Vergleichen Sie Ihr Netzwerk mit dem Lösungsvorschlag, der zu
Lebzeiten von Elisabeth II. als regierende Monarchin im Jahre 2020 entstanden ist.

Aufgabe 5.3. Clustering von Zachary's Karate Club mittels Label Propagation
Abschn. 5.4.5 zeigte die Anwendung der Label Propagation mittels R, Julia und Python.
Versuchen Sie, die Beispiele auf den öffentlich verfügbaren Datensatz „Zachary's Karate
Club" anzuwenden. Gehen Sie mit Technologien Ihrer Wahl wie im obigen Beispiel vor und
ermitteln Sie potenzielle Cluster/Gruppierungen!

Quellen

1. M. E. J. Newman, *Networks: An Introduction*. New York, NY, USA: Oxford University Press, Inc., 2010, ISBN: 9780199206650.
2. H. J. Hummell und W. Sodeur, „Dyaden und Triaden", in *Handbuch Netzwerkforschung*. Springer, 2010, S. 379–395, ISBN: 978-3-531-15808-2. https://doi.org/10.1007/978-3-531-92575-2. Adresse: https://doi.org/10.1007/978-3-531-92575-2
3. C. Stegbauer und R. Häußling, *Handbuch Netzwerkforschung*. Springer, 2010, ISBN: 978-3-531-15808-2. https://doi.org/10.1007/978-3-531-92575-2. Adresse: https://doi.org/10.1007/978-3-531-92575-2
4. W. de Nooy, A. Mrvar und V. Batagelj, *Exploratory Social Network Analysis with Pajek*. New York, NY, USA: Cambridge University Press, 2011, ISBN: 9780521174800.
5. D. Jansen, *Einführung in die Netzwerkanalyse: Grundlagen, Methoden, Forschungsbeispiele*. VS Verlag für Sozialwissenschaften, 2013, ISBN: 9783663098751.
6. S. Kulin, K. Frank, D. Fickermann und K. Schwippert, *Soziale Netzwerkanalyse. Theorie, Methoden, Praxis*. Waxmann Verlag GmbH, 2012, ISBN: 9783830976721.
7. J. A. Davis, „The Davis/Holland/Leinhardt studies: An overview", *Perspectives on social network research*, S. 51–62, 1979.
8. T. Schank und D. Wagner, „Finding, Counting and Listing All Triangles in Large Graphs, an Experimental Study", in *Experimental and Efficient Algorithms (ext. Version)*, S. E. Nikoletseas, Hrsg., Berlin, Heidelberg: Springer, 2005, S. 606–609, ISBN: 978-3-540-32078-4. Adresse: https://i11www.iti.kit.edu/extra/publications/sw-fclt-05_t.pdf.
9. C. Knorr, „Holland/Leinhardt (1971): Transitivity in Structural Models of Small Groups", in *Schlüsselwerke der Netzwerkforschung*, Ser. Netzwerkforschung. Wiesbaden: Springer Fachmedien, 2019, S. 267–270, ISBN: 9783658217426.
10. B. Holzer und C. Stegbauer, *Schlüsselwerke der Netzwerkforschung*, Ser. Netzwerkforschung. Wiesbaden: Springer Fachmedien, , ISBN: 9783658217426.
11. P. W. Holland und S. Leinhardt, „Transitivity in structural models of small groups", *Comparative group studies*, Jg. 2, Nr. 2, S. 107–124, 1971.
12. J. Golbeck, *Analyzing the Social Web*. San Francisco, CA, USA: Morgan Kaufmann Publishers Inc., 2013, ISBN: 9780124055315.
13. P. V. Marsden, „Survey methods for network data", in *The SAGE Handbook of Social Network Analysis*. Sage Publications Ltd., 2011, S. 370–388, ISBN: 9781847873958.
14. J. P. Scott und P. J. Carrington, *The SAGE Handbook of Social Network Analysis*. Sage Publications Ltd., 2011, ISBN: 9781847873958.
15. C. Coupette, *Juristische Netzwerkforschung: Modellierung, Quantifizierung und Visualisierung relationaler Daten im Recht*. Mohr Siebeck, 2019, ISBN: 9783161570117.
16. A.-L. Barabási und M. Pósfai, *Network science*. Cambridge: Cambridge University Press, 2016, ISBN: 9781107076266. Adresse: http://barabasi.com/networksciencebook/.
17. G. Caldarelli, *Scale-Free Networks: Complex Webs in Nature and Technology*, Ser. Oxford Finance Series. Oxford University Press, 2007, ISBN: 9780199211517.
18. S. Fortunato, „Community detection in graphs", *Physics Reports*, Jg. 486, Nr. 3-5, S. 75–174, 2010, issn: 0370-1573. doi: https://doi.org/10.1016/j.physrep.2009.11.002. Adresse: http://www.sciencedirect.com/science/article/B6TVP-4XPYXF1-1/2/99061fac6435db4343b2374d26e64ac1
19. M. O. Jackson, *Social and economic networks*. Princeton, NJ: Princeton University Press, 2008, ISBN: 9780691134406.

20. R. Heidler, „Positionale Verfahren (Blockmodelle)", in *Handbuch Netzwerkforschung*. Springer, 2010, S. 407–420, ISBN: 978-3-531-15808-2. https://doi.org/10.1007/978-3-531-92575-2. Adresse: https://doi.org/10.1007/978-3-531-92575-2

21. T. Funke und T. Becker, „Stochastic block models: A comparison of variants and inference methods", *PLOS ONE*, Jg. 14, Nr. 4, S. 1–40, Apr. 2019. https://doi.org/10.1371/journal.pone. 0215296. Adresse: https://doi.org/10.1371/journal.pone.0215296

22. M. Trappmann, H. Hummell und W. Sodeur, *Strukturanalyse sozialer Netzwerke: Konzepte, Modelle, Methoden*. Ser. Studienskripten zur Soziologie. Wiesbaden: VS Verlag für Sozialwissenschaften, Springer Fachmedien, 2005, ISBN: 9783663115588.

23. A. Ferligoj, P. Doreian und V. Batagelj, „Positions and roles", in *The SAGE Handbook of Social Network Analysis*. Sage Publications Ltd., 2011, S. 434–446, ISBN: 9781847873958.

24. M. Al-Taie und S. Kadry, *Python for Graph and Network Analysis*, Ser. Advanced Information and Knowledge Processing. Springer International Publishing, 2017, ISBN: 9783319530048.

25. M. E. Newman und M. Girvan, „Finding and evaluating community structure in networks", *Physical review E*, Jg. 69, Nr. 2, S. 026 113, 2004.

26. A. Clauset, M. E. J. Newman und C. Moore, „Finding community structure in very large networks", *Physical Review* E, Jg. 70, Nr. 6, Dez. 2004, issn: 1550-2376. https://doi.org/10.1103/ physreve.70.066111. Adresse: http://dx.doi.org/10.1103/PhysRevE.70.066111

27. D. Hric, R. K. Darst und S. Fortunato, „Community detection in networks: Structural communities versus ground truth", *Physical Review* E, Jg. 90, Nr. 6, Dez. 2014, issn: 1550-2376. https://doi. org/10.1103/physreve.90.062805. Adresse: http://dx.doi.org/10.1103/PhysRevE.90.062805.

28. T. Zaslavsky, „Negative (and positive) circles in signed graphs: A problem collection", in *AKCE International Journal of Graphs and Combinatorics*, D. Sinha, T. Zaslavsky und T.-M. Wang, Hrsg., International Conference on Current trends in Graph Theory and Computation, Bd. 15, Kalasalingam University, 2018, S. 31–48.

29. C. O'Neil und R. Schutt, *Doing Data Science: Straight Talk from the Frontline*. Sebastopol, CA (USA): O'Reilly, 2014, ISBN: 978-1449358655.

30. U. N. Raghavan, R. Albert und S. Kumara, „Near linear time algorithm to detect community structures in large-scale networks", *Physical Review* E, Jg. 76, Nr. 3, Sep. 2007, issn: 1550-2376. https://doi.org/10.1103/physreve.76.036106. Adresse: http://dx.doi.org/10.1103/PhysRevE.76. 036106.

31. L. Šubelj, *Label Propagation for Clustering*, Nov. 2019. https://doi.org/10.1002/ 9781119483298. Adresse: https://doi.org/10.1002

32. P. Doreian, V. Batagelj und A. Ferligoj, *Advances in network clustering and blockmodeling*. John Wiley & Sons, 2020.

33. R. A. Rossi und N. K. Ahmed, „The Network Data Repository with Interactive Graph Analytics and Visualization", in *AAAI*, 2015. Adresse: http://networkrepository.com.

34. D. Lusseau, K. Schneider, O. J. Boisseau, P. Haase, E. Slooten und S. M. Dawson, „The bottlenose dolphin community of Doubtful Sound features a large proportion of long-lasting associations", *Behavioral Ecology and Sociobiology*, Jg. 54, Nr. 4, S. 396–405, 2003.

35. A. A. Hagberg, D. A. Schult und P. J. Swart, „Exploring Network Structure, Dynamics, and Function using NetworkX", in *Proceedings of the 7th Python in Science Conference*, G. Varoquaux, T. Vaught und J. Millman, Hrsg., Pasadena, CA USA, 2008, S. 11–15.

36. E. L. Platt, *Network Science with Python and NetworkX Quick Start Guide: Explore and visualize network data effectively*. Packt Publishing, 2019, ISBN: 9781789950410.

Netzwerkmodelle

6

Inhaltsverzeichnis

In den vorangegangenen Kapiteln wurden zahlreiche Metriken zur strukturellen Analyse von Netzwerken vorgestellt. Dabei wurde nicht beleuchtet, wie Attribute bzw. Charakteristika entstehen, wie sie in Zusammenhang stehen [1, S. 195] und welche Effekte Eigenschaften auf das (zukünftige) Verhalten eines Gesamtsystems haben [2, S. 397]. Graphentheoretische Modelle adressieren diese Fragen und beinhalten die mathematische Modellierung/Konstruktion und Analyse von Graphen als Repräsentation von Netzwerkstrukturen mit vorgegebenen Eigenschaften [1, S. 195]. Ziele hierbei sind die Reproduktion von Eigenschaften

© Der/die Autor(en), exklusiv lizenziert an Springer-Verlag GmbH,
DE, ein Teil von Springer Nature 2023
C. Schmidt, *Graphentheorie und Netzwerkanalyse*,
https://doi.org/10.1007/978-3-662-67379-9_6

realer Netzwerke [3, S. 74], der Vergleich von Eigenschaften solcher Netzwerke und deren Abweichung von Modellen [4, S. 120].

Wegen der Vielfalt und Komplexität der Modelle erscheint es hilfreich, diese zu unterscheiden. Dies erfolgt oft hinsichtlich ihres statischen oder dynamischen Charakters. Mathematische Modelle im Kontext von Netzwerken werden als *statisch* bezeichnet, wenn sie eine Zustandsbeschreibung ermöglichen [1, 193 ff., 323] und Knoten zu einem Zeitpunkt etabliert sind [5, S. 78], als *dynamisch,* wenn diese auf Zustandsübergänge fokussieren [1, 193 ff., 323]. Mit dynamischen Modellen kann die Ausbreitung (Diffusion) bzw. Weiterverbreitung (Propagation) von *Dingen,* wie beispielsweise Krankheiten, Computerviren oder Informationen in Netzwerken adressiert werden [5, S. 77]. Weiteres Unterscheidungskriterium von Modellansätzen ist die Knotenmenge zu Beginn der Kantenbildung (leer bei Wachstum oder nicht leer bei Verdrahtung [1, 193 ff., 323]) und bei der Betrachtung von Zustandsübergängen im Zeitverlauf (konstant oder nicht konstant).

Ziel einer Modellierung ist es nicht, reale Netzwerke äquivalent abzubilden, da dies in den seltensten Fällen gelingen wird. Vielmehr soll ein Vergleich zwischen Realität und Modell hinsichtlich eventueller Übereinstimmungen respektive Abweichungen ermöglicht werden. Dabei kann man beispielsweise wie folgt vorgehen:[1]

1. Eingrenzung einer Eigenschaft eines vorliegenden, realen Netzwerkes (z. B. durch Exploration von Kennzahlen, Gemeinschaften),
2. Modellauswahl (statisch vs. dynamisch),
3. Modellgenerierung/-berechnung mit Parametern des realen Netzwerkes aus 1.,
4. Modellanalyse: Vergleich der Eigenschaften des realen Netzes und des Modells (z. B. Ähnlichkeiten, Abweichungen, Widersprüche),
5. Interpretation (ggf. weitere Analysen (z. B. Korrelationsanalyse, Gruppierungen) oder erneuter Durchlauf der Schritte).

Dieses Kapitel widmet sich im Folgenden sowohl statischen, als auch dynamischen Aspekten von Netzwerkmodellen. Ausgehend von Wahrscheinlichkeitsverteilungen werden zunächst statische Modelle mit Fokus auf eine Zustandsbeschreibung vorgestellt. In Abschn. 6.3 werden ausgewählte dynamische Aspekte von Netzwerken und Zustandsübergängen im Zeitverlauf dargestellt.

6.1   Wahrscheinlichkeitsverteilungen

Eine *Wahrscheinlichkeitsverteilung* charakterisiert „das Verhalten einer Zufallsvariable und damit eines Zufallsexperiments" [6, S. 228]; die empirische Verteilung von Daten erfolgt durch Darstellung einer relativen Häufigkeitsverteilung [ibid.].

---

[1] In Ergänzung zu Kap. 7.

Ein *Zufallsexperiment* bezeichnet einen Vorgang mit dem Ziel, ein bestimmtes Merkmal zu beobachten, dessen Ergebnis man zuvor jedoch nicht kennt und das vom Zufall abhängt [7, S. 407]. Beobachtbare Merkmalsausprägungen heißen *Elementarereignisse* oder schlicht *Ereignisse,* deren Menge den *Ergebnisraum* bildet. Eine *Zufallsvariable* bezeichnet eine Funktion, welche als Zuordnungsvorschrift jedes Elementarereignis in die reellen Zahlen abbildet.

Kann eine Zufallsvariable nur endlich oder abzählbar unendlich viele Werte annehmen, heißt sie *diskret* [6, S. 227]. Eine *Wahrscheinlichkeitsfunktion* (engl.: probability mass function (PMF)) meint die Liste aller möglichen Werte einer diskreten Zufallsvariablen und der jeweiligen zugeordneten Wahrscheinlichkeiten [7, S. 407]. Summiert (kumuliert) man bei diskreten Zufallsvariablen die Einzelwahrscheinlichkeiten der Wahrscheinlichkeitsfunktion, resultiert dies in einer sog. *kumulierten Wahrscheinlichkeitsfunktion* oder *Verteilungsfunktion* (engl.: cumulative distribution function (CDF)) [ibid.]; [8, S. 790].

Zufallsvariablen, die jeden Wert zwischen zwei beliebigen Werten von Zufallsvariablen annehmen können, werden als *stetig* oder *kontinuierlich* bezeichnet. Bei stetigen Zufallsvariablen spricht man nicht von Wahrscheinlichkeitsfunktionen, sondern von *Dichtefunktionen* (engl.: probability density function (PDF)) [7, S. 407].

Um die Entsprechung der Verteilung eines Merkmals bzw. der Merkmalsmenge eines Netzwerkes (z. B. Knotengrad) mit einem Modell abgleichen zu können, muss zunächst ermittelt werden, wie die Wahrscheinlichkeitsverteilung des Merkmals im Netzwerk aussieht. Anders ausgedrückt wird die beste Übereinstimmung der Verteilung einer Zufallsvariablen (Wahrscheinlichkeits- oder Dichtefunktion) mit den Daten auf Basis der relativen Häufigkeit eines Merkmals und dessen jeweiligen Ausprägungen ermittelt.

Barabási und Pósfai [3, S. 150] sowie Coscia [9, S. 33] geben Überblicke zu üblicherweise in der Netzwerkanalyse auftretenden Wahrscheinlichkeitsverteilungen[2] wie folgt:

- Gleichverteilung (diskret/kontinuierlich),
- Normal/gaussian (kontinuierlich),
- Binomial (diskret),
- Poisson (diskret),
- Hypergeometrisch (diskret),
- Exponential,
  - Einfach (diskret/kontinuierlich),
  - Gestreckt (kontinuierlich),
- Potenzgesetz/Power Law (diskret/kontinuierlich),
- Log-normal (kontinuierlich).

Abb. 6.1 zeigt schematisch eine Übersicht dieser Wahrscheinlichkeitsverteilungen, welche in realen Netzen hinsichtlich ausgesuchter Merkmale sowie als Basis weiterer Modellüberlegungen (s. Abschn. 6.2) vergleichsweise häufig auftreten können.

---

[2] Zugrunde liegende Funktionen finden sich vertiefend in [3, S. 151, 9, 33 ff., 10, 16 ff.].

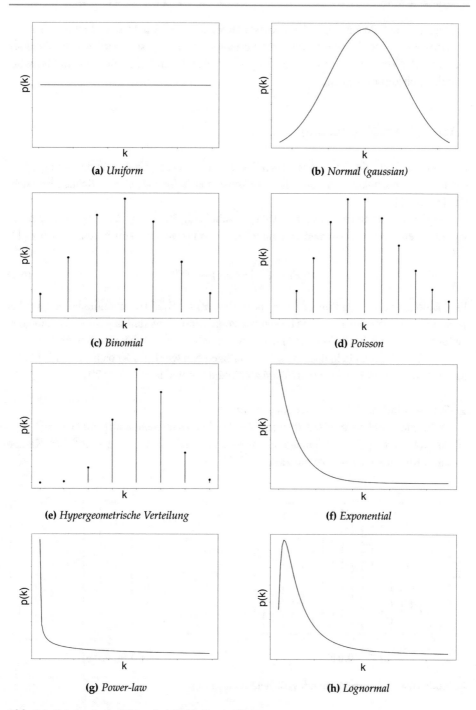

Abb. 6.1 Schematische Wahrscheinlichkeitsverteilungen

Barabási und Pósfai [3, S. 151] konstatieren, dass in den Netzwerkmodellen meist
Poisson-, Exponential- sowie Power-Law-Verteilungen vorhergesagt werden. Deshalb sollen
im Folgenden zunächst Binomialverteilungen vorgestellt werden, da diese eng mit Poisson-
Verteilungen zusammenhängen.

6.1.1 Binomialverteilung

Eine Binomialverteilung fokussiert nach Bortz und Schuster „die Anzahl der Erfolge, welche man in n unabhängigen Versuchen mit konstanter Erfolgswahrscheinlichkeit beobachtet" [11, S. 67].

Die Formel zur Berechnung der Wahrscheinlichkeit $P(x)$, mit der genau eine Anzahl
von Erfolgen x bei n Versuchen und einer Erfolgswahrscheinlichkeit π eintritt, lautet [11,
S. 63]:

$$P(x) = \binom{n}{x} \pi^x * (1 - \pi)^{n-x}. \tag{6.1}$$

Eine Binomialverteilung (kurz $B(n, p)$ oder $B(n, \pi)$ [6, S. 254]) ist unimodal und nur bei
$p = 1/2$ symmetrisch [11, S. 65]. Abb. 6.2 zeigt Binomialverteilungen mit variierenden
Parametern n (Anzahl der Versuche) und p (konstante Erfolgswahrscheinlichkeit).

Die Wahrscheinlichkeit, dass in einem zufälligen Netzwerk ein Knoten i exakt k Kanten
aufweist, definieren Barabási und Pósfai als Produkt dreier Terme [3, S. 79]:

1. Wahrscheinlichkeit, dass k der Kanten auftreten: p^k,
2. Wahrscheinlichkeit, dass die übrigen $(N - 1 - k)$ Kanten nicht auftreten: $(1 - p)^{N-1-k}$,
3. Anzahl der möglichen Elementarereignisse, innerhalb von $N - 1$ möglichen Kanten
   eines Knotens k Kanten zu platzieren: $\binom{N-1}{k}$.

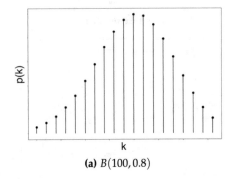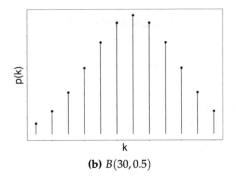

(a) $B(100, 0.8)$ **(b)** $B(30, 0.5)$

Abb. 6.2 Binomialverteilungen mit variierenden Parametern

Dementsprechend kann die Wahrscheinlichkeit, dass ein Knoten im Zufallsgraphen $G(n, p)$ mit exakt k anderen Knoten verbunden ist, wie folgt notiert werden [2, S. 401, 3, S. 79, 4, S. 124, 10, S. 115]:

$$P_k = \binom{N-1}{k} p^k (1-p)^{N-1-k}. \tag{6.2}$$

Vergleicht man Gl. 6.1 und Gl. 6.2, so zeigt sich, dass die Gradverteilung eines Zufallsgraphen der Binomialverteilung folgt (s. Abschn. 6.2.1).

6.1.2 Poisson-Verteilung

Bei großen n und kleinen p kann die Berechnung mittels Gl. 6.1 zu aufwändig werden. In diesem Fall kann mit der Wahrscheinlichkeitsfunktion der seltenen Ereignisse, auch Poisson-Verteilung genannt, approximiert werden [11, S. 66].

Bortz und Schuster [11, S. 66] geben die Wahrscheinlichkeitsfunktion der Poisson-Verteilung (kurz $Po(\mu)$ oder $Po(\lambda)$ [6, S. 262]) wie folgt an:

$$P(x) = \frac{\mu^x}{e^\mu * x!}, \tag{6.3}$$

wobei e $= 2{,}718$ und $\mu = n * p$.

Je kleiner die *Intensitätsrate*[3] μ, desto linkssteiler die Wahrscheinlichkeitsfunktion und desto größer die Wahrscheinlichkeiten für kleine x [6, S. 262] (s. Abb. 6.3b).

Abb. 6.3 zeigt im Vergleich die Ähnlichkeit zwischen Binomial- und Poisson-Verteilung bei äquivalenten Parametern $n = 30$ und $p = 0{,}05$.

Poisson-Verteilungen erlauben eine hinreichende Approximation an Binomialverteilungen bei $n \gg \langle k \rangle$ [3, S. 79] und kleine p [6, S. 262]. Konkreter nennen Bortz und Schuster [11, S. 66][4] Binomialverteilungen mit $n > 10$ und $p \leq 0{,}05$, die sich hinreichend genau durch eine Poisson-Verteilung approximieren lassen.

In der Realität erscheinen viele Netzwerke als dünn besetzt (engl.: sparse) ($n \gg \langle k \rangle$) [3, S. 79]. In diesem Fall kann z. B. die Gradverteilung eines Netzwerkes wie folgt ermittelt werden:

$$P_k = e^{-\langle k \rangle} \frac{\langle k \rangle^k}{k!}. \tag{6.4}$$

Gl. 6.4 zeigt im Unterschied zu Gl. 6.1, dass die Poisson-Verteilung unabhängig von der Größe eines Netzwerkes ist und allein vom Parameter des durchschnittlichen Grades abhängt [3, S. 80]. Aufgrund ihrer Glockenform (s. Abb. 6.1d und 6.1c) ähneln Binomial- sowie

---

[3] Diese wird äquivalent auch als λ notiert, z. B. in [6, S. 262, 1, 198 f.].

[4] Bezug nehmend auf [12].

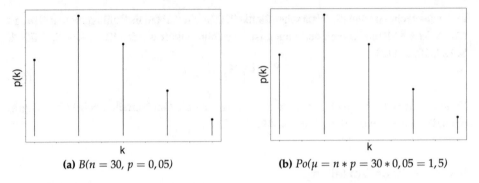

(a) $B(n = 30, p = 0,05)$ **(b)** $Po(\mu = n * p = 30 * 0,05 = 1,5)$

Abb. 6.3 Vergleich: Binomial- **(a)** und Poisson-Verteilung **(b)**

Poisson-Verteilung in gewissen Parameterbereichen der Normalverteilung[5] und haben ähnliche Eigenschaften[6] [3, S. 79]:

- Maximum bei $\langle k \rangle$,
- Erhöhung von p erhöht die Dichte sowie $\langle k \rangle$ (Verschiebung zur einer rechtssteilen/linksschiefen Verteilung).

6.1.3   Exponentialverteilung

Die Exponentialverteilung wird auch als die kontinuierliche Version oder stetiges Analogon zur diskreten geometrischen Verteilung bezeichnet [6, S. 279]; [9, 33 ff.]. Gemäß Fahrmeir et al. heißt „[e]ine stetige Zufallsvariable X mit nichtnegativen Werten [...] *exponentialverteilt* mit dem Parameter $\lambda > 0$, kurz $X \sim Ex(\lambda)$, wenn sie die Dichte

$$f(x; \lambda) = \begin{cases} \lambda e^{-\lambda x} & x \geq 0, \\ 0 & x < 0 \end{cases} \tag{6.5}$$

besitzt. [...] Der Parameter λ steuert, wie schnell die Exponentialfunktion für $x \to \infty$ gegen 0 geht" [6, S. 280]. Abb. 6.4 zeigt schematische Dichtefunktionen der Exponentialverteilungen mit variierendem λ.

Die Wahrscheinlichkeitsfunktion einer exponentiellen Gradverteilung eines Netzwerkes kann nach Newman wie folgt notiert werden [2, S. 469]:

$$P_k = (1 - e^{\lambda})e^{-\lambda k}, \tag{6.6}$$

---

[5] Zur Normalverteilung (gaussian) vgl. [6, S. 293 11, 70 ff. 13, 24 ff.].

[6] Coupette [1, S. 199] beschreibt, dass die beiden Verteilungen symmetrisch abfallen, was Bortz und Schuster jedoch auf $p = 1/2$ einschränken [11, S. 65].

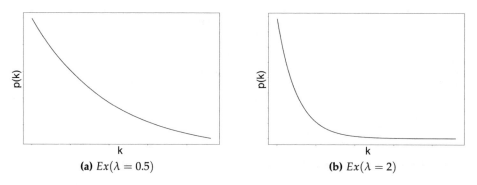

(a) $Ex(\lambda = 0.5)$ **(b)** $Ex(\lambda = 2)$

Abb. 6.4 Dichtefunktionen der Exponentialverteilungen mit variierendem λ

wobei $e = 2{,}718$ und $\lambda > 0$.

Die Verteilung bei Netzen ist dann exponentiell, wenn die Wahrscheinlichkeit dafür, dass ein Knoten mit genau k anderen Knoten verbunden ist, mit wachsendem k exponentiell abnimmt [14, S. 63]. Netzwerke, die eine exponentielle Wahrscheinlichkeitsverteilung aufweisen, umfassen beispielsweise das weltweite Seetransportnetzwerk und nordamerikanische Stromnetz [15].

6.1.4   Potenzgesetz

Die Verteilungskurve eines Potenzgesetzes (engl.: power law) weist kein ausgeprägtes Maximum auf, sondern ähnlich der Exponentialverteilung eine monoton fallende Kurve (s. Abb. 6.1g). Hierbei ist die Verteilung nicht exponentiell, sondern folgt einem Potenzgesetz, bei dem die Wahrscheinlichkeit dafür, dass ein beliebiger Knoten genau k Verbindungen aufweist, ungefähr proportional zu $\frac{1}{k}$ ist [14, S. 64].

Ein Potenzgesetz kann diskret oder kontinuierlich sein. Es beschreibt den Zusammenhang zweier Quantitäten, wo eine relative Änderung der einen mit einer proportionalen relativen Anpassung der anderen korrespondiert [9, 33 ff.]. Verteilungen nach dem Potenzgesetz erscheinen in vielen realen (sog. *skalenfreien*) Netzwerken [16, 30 f.] (s. Abschn. 6.2.3).

Derartige Verteilungen werden oftmals in logarithmischer Achsendarstellung visualisiert, sodass sie sich als annähernd gerade Linien zeigen (s. Abb. 6.5b) [1, 193 ff., 323].

Clauset et al. [17, S. 2] beschreiben, dass eine Zufallsvariable x einem Potenzgesetz folgt, wenn sie aus der folgenden Wahrscheinlichkeitsverteilung gezogen wurde:

$$P_x \alpha x^{-\alpha}. \tag{6.7}$$

Gl. 6.8 zeigt nach Barabási und Pósfai eine Verteilung nach dem Potenzgesetz [3, S. 116]:

$$P_k \sim k^{-\gamma} \tag{6.8}$$

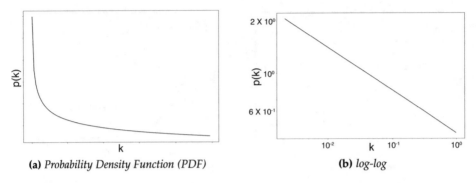

(a) *Probability Density Function (PDF)*   (b) *log-log*

Abb. 6.5 Visualisierungen der Dichtefunktionen nach dem Potenzgesetz ($\alpha = 0,75$)

mit dem Parameter γ als sog. *Gradexponent*. Newman notiert Verteilungen nach einem Potenzgesetz wie folgt [2, S. 247]:

$$p_k = Ck^{-\alpha}, \tag{6.9}$$

mit C und α als Konstanten. $C = e^c$ ist eine Konstante zur Normalisierung. α ist der *Exponent* des Potenzgesetzes mit typischen Werten im Bereich $2 \leq \alpha \leq 3$ [5, S. 248].

Hierbei wird zwischen dem diskreten und dem stetigen, kontinuierlichen Fall unterschieden. Bei diskreten Zufallsvariablen [3, S. 151] erhält man durch Umformung mittels der Riemann-Zeta-Funktion:[7]

$$p_k = \frac{k^{-\gamma}}{\zeta(\gamma)}. \tag{6.10}$$

Im stetigen Fall wird folgende Dichtefunktion zugrunde gelegt [3, S. 151]:

$$p_k = (\alpha - 1)k^{-\alpha}. \tag{6.11}$$

Ein Netzwerk, dessen Gradverteilung einem Potenzgesetz folgt, heißt *skalenfrei* [3, S. 117]. Wenige empirische Phänomene in der Praxis folgen einem Potenzgesetz für alle x, sondern erst ab Werten größer als ein Minimum x_{min} [17, S. 2]. Es kann bei der Anpassung an ein Potenzgesetz also durchaus vorkommen, dass ab einem Schwellenwert lediglich der Bereich großer k einem Potenzgesetz entspricht, während im Bereich kleinerer k (engl.: small k regime) Abweichungen zu beobachten sind [2, S. 249]. Im Bereich größerer k fällt die Kurve nicht so stark ab wie bei einer exponentiellen Verteilung, weshalb diese Verteilungen auch als *fat-tailed, heavy-tailed* oder *long-tailed* bezeichnet werden [3, S. 147].

Um herauszufinden, ob das Kriterium der Skalenfreiheit erfüllt ist, empfiehlt Newman ein Gradverteilungshistogramm in log-log Visualisierung (s. Abb. 6.5b). Ist hier eine gerade Linie zu erkennen, deutet dies auf Skalenfreiheit und somit auf die Möglichkeit zu einer Modellerstellung und einem Abgleich mit spezifischen Parametern hin [2, S. 249].

In einem gerichteten Netzwerk kann die Charakteristik der Skalenfreiheit auf die Innen- und Außengradperspektive angewendet werden [3, S. 119].

---

[7] Vgl. vertiefend [2, S. 256 ff. 3, S. 118, 3, S. 118, 151, 5, S. 256].

Netzwerke, deren Grade eine Verteilungskurve nach einem Potenzgesetz aufweisen, umfassen beispielsweise:

- Zitationsnetzwerke (in-degree) [18] in: [5, S. 60],
- WWW (in- und out-degree) [2, S. 248].

Neben Gradverteilungen folgen weitere Zufallsvariablen/Merkmale in Netzwerken[8] Verteilungen nach dem Potenzgesetz, z. B. Kantengewichte, Zwischenzentralität [3, S. 148].

6.2 Strukturmodelle: Verdrahtung

6.2.1 Zufallsgraphen

Ein *Zufallsgraph* (engl.: random graph) ist ein modelliertes Netzwerk, bei dem einige spezifische Parameter fixierte Werte annehmen, das Netzwerk aber hinsichtlich anderer Aspekte zufällig ist [2, S. 398].

Im einfachsten Fall ist ein Zufallsgraph ein Netzwerk $G(n, m)$, bei dem die Anzahl der Knoten n und Kanten m fixiert ist. Den n Knoten werden zufällig m Kanten zugeordnet, oder anders ausgedrückt werden m Knotenpaare aus der Menge aller möglichen Knotenpaare zufällig ausgewählt. Hierbei geht man von einem einfachen Graphen ohne Mehrfachkanten und Loops aus; die Kantenbildung erfolgt nur zwischen unterschiedlichen, noch nicht verbundenen Knotenpaaren [2, 398 f.].

$G(n, m)$ bezeichnet nicht nur einen konkreten Zufallsgraphen, sondern ein sog. *Ensemble* von Graphen, welches die Menge aller einfachen Graphen mit n Knoten und m Kanten beinhaltet [1, S. 197, 2, 398 f.]. Demnach ist das Modell $G(n, m)$ definiert als Wahrscheinlichkeitsverteilung $P(G)$ über alle Graphen G, für die gilt: $P(G) = \frac{1}{\Omega}$ bei einfachen Graphen mit n Knoten und m Kanten (andernfalls null). Ω ist die Anzahl aller einfacher Graphen (also Graphen ohne Mehrfachkanten und Schleifen[9]).[10] Die maximale Anzahl möglicher einfacher Graphen beträgt demnach $2^{N(N-1)/2}$ [20], wobei $N(N-1)/2$ die maximal mögliche Anzahl von Kanten zwischen verschiedenen Knotenpaaren im einfachen, ungerichteten Graphen charakterisiert (s. Gl. 3.11).

Charakteristika von Zufallsgraphen auf Basis des Modells $G(n, m)$ beziehen sich demnach auf die durchschnittlichen Charakteristika des betrachteten Ensembles. So ist z. B. der Durchmesser von $G(n, m)$ der Durchmesser $\ell(G)$ eines Graphen G gemittelt über das Ensemble [2, S. 399]:

---

[8] Außerhalb der Netzwerkperspektive finden sich weitere zahlreiche Beispiele für Verteilungen nach dem Potenzgesetz in realen Kontexten [2, S. 255, 19].

[9] S. Abschn. 3.2.1.

[10] Anders ausgedrückt repräsentiert Ω die Menge der Elementarereignisse eines Zufallsexperiments [11, S. 49].

$$\langle \ell \rangle = \sum_G P(G)\ell(G) = \frac{1}{\Omega} \sum_G \ell(G). \tag{6.12}$$

Ein abgewandeltes Modell eines Zufallsgraphen ist das einfache Netzwerk $G(n, p)$, bei dem die Anzahl der Knoten n fixiert ist und p $(0 < p < 1$ [5, S. 10]) die Wahrscheinlichkeit des Auftretens einer Verbindung/Kante zwischen zwei zufällig ausgewählten Knoten repräsentiert [4, 120 f.]. Ausgehend von einem kompletten Graphen könnte ebenso die Wahrscheinlichkeit des Wegfallens/Eliminierens von Kanten $q = 1 - p$ im Rahmen eines Modells $G(n, q)$ genutzt werden, um einen zufälligen Graphen zu erzeugen [20, S. 1141].

Das Modell $G(n, m)$, in dem die Anzahl der Knoten und die Anzahl der Kanten fixiert sind, wird oft auch als *Erdős-Rényi-Graph* bezeichnet [1, S. 197, 3, S. 75]. Das Modell $G(n, p)$ wird von einigen Quellen auf Solomonoff und Rapaport [21] und Gilbert [20] in: [4, 120f., 3, S. 75] zurückgeführt. Andere Quellen stellen einen stärkeren Bezug zu einer Reihe von Veröffentlichungen von Erdős und Rényi[11] her und verwenden hierfür ebenfalls die Bezeichnung *Erdős-Rényi-Modell* [23, 3, S. 77].

Alternativ finden sich bezugnehmend auf die Grad- und Kantenverteilung eines Modells ebenso die Begriffe *Poisson-Zufallsgraph, Bernoulli-Zufallsgraph* oder einfach „der" Zufallsgraph [2, S. 400]. Unabhängig von der Namensgebung ist der Unterschied beider Ansätze, dass bei $G(n, m)$ die Anzahl der Kanten im Netzwerk fest, bei $G(n, p)$ variabel ist [4, S. 122], wobei Letzteres realen Netzwerken mehr entspricht, da die Anzahl der Kanten zwischen Knoten selten fixiert ist [3, S. 75].

Abb. 6.6 zeigt beispielhaft unterschiedliche Zufallsgraphen mit fixiertem $n = 20$ und unterschiedlichen Werten für den Parameter p.

Die drei generierten Zufallsgraphen zeigen, dass es nur bei sehr geringem p isolierte Knoten gibt (s. Abb. 6.6) und keine Cluster auftreten. Listing 6.1 zeigt Code zum Nachmachen in R.

```
1  library(igraph)
2
3  ER <- sample_gnp(20,0.75) #Zufallsgraph; Modell G(n,p)
4  deg <- degree(ER, mode="all") #Grad
5
6  t <- table(deg)
7  relfreq <- t/sum(t) #relative Haeufigkeit d. Grade im Zufallsgraphen
8
9  barplot(relfreq, xlab = "Grad (k)", ylab = "Relative Haeufigkeit", col = "gray"
       , ylim = range(pretty(c(0,relfreq))))
10
11 ER$layout <- layout.fruchterman.reingold
12 plot(ER,edge.arrow.size=.7, edge.color= "black", vertex.color="white", vertex.
       size=10, vertex.frame.color="black", vertex.label.color="black",
13 vertex.label.cex=0.8, vertex.label.dist=0, edge.curved=0)
```

Listing 6.1 Erdős-Rényi-Zufallsgraph (R)

---

[11] Hierbei insbesondere [22].

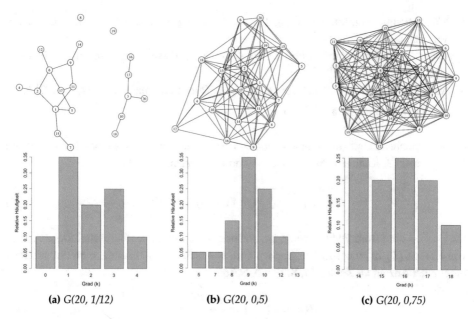

(a) *G(20, 1/12)*   (b) *G(20, 0,5)*   (c) *G(20, 0,75)*

Abb. 6.6 Zufallsgraphen G(n,p)

Jedes mit gleichen Parametern n, p generierte Netzwerk unterscheidet sich hinsichtlich der Anzahl der Kanten und der konkreten Verdrahtung zwischen zwei zufällig ausgewählten Knoten. Deshalb erscheint es nicht nur von Interesse, mit welcher Wahrscheinlichkeit ein Elementarereignis als konkrete Ausprägung eines Zufallsgraphen im Ensemble auftritt, sondern auch, welche zusätzlichen Werte (z. B. durchschnittlicher Grad) man für eine spezifische Realisierung erwarten würde [3, S. 75]. Die Wahrscheinlichkeit des Auftretens eines spezifischen Graphen G aus einem Ensemble $G(n, p)$ ist wie folgt definiert [2, S. 400]:

$$P(G) = p^m (1 - p)^{\binom{n}{2} - m},\qquad (6.13)$$

wobei m die Anzahl der Kanten im Graphen repräsentiert und nicht-einfache Graphen die Wahrscheinlichkeit 0 aufweisen.

Erwarteter Durchschnitt: Kantenanzahl und Grad Da unterschiedliche Realisierungen mit unterschiedlicher Anzahl von Kanten auftreten können, erscheint es nützlich, die erwartete durchschnittliche Anzahl von Kanten respektive den erwarteten durchschnittlichen Grad für eine bestimmte Ausprägung eines Zufallsgraphen zu konkretisieren. Die Wahrscheinlichkeit, dass ein zufälliges Netzwerk exakt L Kanten aufweist, ist definiert als Produkt dreier Terme [3, S. 75]:

1. Wahrscheinlichkeit, dass L Versuche, die $N(N-1)/2$ Paare zu verbinden, in einer Verbindung resultieren: p^L,
2. Wahrscheinlichkeit, dass die übrigen $N(N-1)/2-L$ Versuche nicht in einer Verbindung resultieren: $(1-p)^{N(N-1)/2-L}$,
3. Anzahl der möglichen Elementarereignisse, L Kanten innerhalb von $N(N-1)/2)$ Knotenpaaren zu platzieren: $\binom{\frac{N(N-1)}{2}}{L}$.

Dementsprechend kann die Wahrscheinlichkeit, dass eine Ausprägung eines Zufallsgraphen $G(n, p)$ exakt L Kanten aufweist, wie folgt notiert werden [3, S.75]:

$$P_L = \binom{\frac{N(N-1)}{2}}{L} p^L (1-p)^{N(N-1)/2-L}. \tag{6.14}$$

Da Gl.6.14 eine Binomialverteilung ist, entspricht die erwartete durchschnittliche Anzahl von Kanten $\langle L \rangle$ in einem Zufallsgraphen dem wahrscheinlichen Anteil p an der maximal möglichen Anzahl an Kanten [4, S.123, 3, S.76]:

$$\langle L \rangle = p\binom{N}{2} = \frac{pN(N-1)}{2}. \tag{6.15}$$

Gl. 3.6 drückte den durchschnittlichen Grad eines Netzwerkes als die zweifache Anzahl der Kanten dividiert durch die Anzahl der Knoten aus. Dementsprechend ergibt sich unter Berücksichtigung von Gl. 6.15 der erwartete durchschnittliche Grad $\langle k \rangle$ eines Zufallsgraphen wie folgt [3, S.76, 2, S.401]:

$$\langle k \rangle = \frac{2\langle L \rangle}{N} = p(N-1). \tag{6.16}$$

Menczer et al. [4, S.123] beschreiben zudem, dass die Wahrscheinlichkeit des Auftretens von Kanten p gleichzeitig die erwartete Dichte $\langle d \rangle$ eines Zufallsgraphen als Anteil zwischen der erwarteten und maximal möglichen Anzahl von Kanten $\langle d \rangle = p$ ausdrückt.[12]

Gradverteilung Die Generierung eines Zufallsgraphen mit N Knoten, bei dem jedes Knotenpaar mit einer Wahrscheinlichkeit p verbunden wird, kann generell als Zufallsexperiment aufgefasst werden. Die Ergebnisse werden binär/dichotom kategorisiert respektive gezählt, je nachdem, ob zwei zufällig ausgewählte Knoten verdrahtet werden oder nicht. Das Experiment umfasst in Anlehnung an Barabási und Pósfai [3, S.75] und Menczer et al. [4, S.121] die folgenden Schritte auf Grundlage N isolierter Knoten und festgelegtem p:

1. Auswahl eines Knotenpaares,
2. Generierung einer Zufallszahl r zwischen 0 und 1,

---

[12] Robins [24, S.486] in: [25] beschreibt, dass generierte Zufallsgraphen eine variierende Dichte mit Mittelwert p aufweisen.

- $r < p$: Kante zwischen Knotenpaar (Erfolg),
- $r \geq p$: Keine Kante zwischen Knotenpaar,

3. Wiederholung der Schritte 1. und 2. für jedes der $N(N-1)/2$ Knotenpaare.

Im Fall des Modells $G(n, p)$ sind die Wiederholungen unabhängig voneinander und die Erfolgswahrscheinlichkeit p ist konstant. Ist die Zufallsvariable x diskret, so ist die Wahrscheinlichkeitsverteilung diskret.[13] Die Gradverteilung von $G(n, p)$ folgt einer Binomialverteilung und lässt sich durch eine Poisson-Verteilung approximieren (vgl. [1, 198 f.] bezugnehmend auf Fahrmeir [6, S. 243]).

Limitationen In der Realität entsprechen Netzwerke oft weder dem vorgestellten Modell von Zufallsgraphen, noch den Eigenschaften und Grundannahmen der darauf basierenden Wahrscheinlichkeitsverteilungen. Oft sind Netze mit anderen Eigenschaften von Interesse, die vom Modell der Zufallsgraphen wie folgt nicht abgebildet werden:

- Zahlreiche reale Netzwerke sind groß und dünn besetzt [10, S. 111], d. h., sie zeichnen sich durch einen geringen durchschnittlichen Grad im Kontext der Gesamtanzahl von Knoten sowie durch eine sehr geringe Dichte aus [4, S. 123]; Zufallsgraphen sind entweder unrealistisch dicht oder weisen wenige Triangulationen und somit einen niedrigen Clustering-Koeffizienten auf [4, S. 126];
- Knoten in einer Vielzahl realer Netze zeichnen sich eher nicht durch einen weitestgehend homogenen, am Durchschnitt orientierten Knotengrad mit geringer Varianz aus [4, S. 124]; vielmehr bilden Netzwerke realiter oftmals Cluster aus, und es existieren Knoten mit wenigen Verbindungen sowie „Hubs"[14], deren Wegfall die Anzahl der Komponenten im Graphen erhöht;
- Die Kantenbildung in einigen Kontexten, z. B. bei sozialen Netzwerken, erfolgt nicht unabhängig voneinander, weshalb in diesen Fällen p als Erfolgswahrscheinlichkeit nicht als konstant anzunehmen ist.

Aufgrund der Limitationen sind weitere Modelle gefragt, die andere Grundannahmen fokussieren. Einige davon sollen im Folgenden skizziert werden.

6.2.2 Kleine-Welt-Modell

Zufallsgraphen beschreiben reale Netzwerke hinsichtlich des Durchmessers relativ gut [1, S. 199]. Hierbei ist die Distanz des längsten kürzesten Pfades zwischen zwei Knoten relativ

---

[13] Zu diskreten und stetigen Wahrscheinlichkeitsverteilungen vgl. vertiefend [11, 63 ff. 26, 252 ff., 8, 801 ff.].

[14] S. zu diesem Begriff Abschn. 4.1.1.

kurz zur Netzwerkgröße und wachsendem durchschnittlichen Grad [5, S. 79]; die Distanzen innerhalb des Netzwerkes sind trotz seiner Größe klein [4, S. 126]. Zufallsgraphen erfüllen deshalb die Eigenschaft der „kleinen Welt", welche die Existenz eines kurzen Pfades zwischen jedem Knotenpaar bezeichnet [10, S. 111]. Allerdings weisen sie hinsichtlich anderer Kennzahlen abweichende Charakteristiken auf (s. Abschn. 6.2.1).

Ein Modell, welches die Eigenschaft der kleinen Welt mit realistischen Clustering-Werten zu generieren versucht, wurde von Watts und Strogatz [27] vorgestellt [3, S. 97]. Nach Lietz beschreibt „[e]in ‚small-world' Netzwerk [...] ein stochastisches Graphmodell, das zwischen Ordnung und Zufall interpoliert und die zentralen Eigenschaften beider Pole bewahrt" [28, S. 551].

Im Modell wird differenziert zwischen einem regulären Gitter (hohe Clustering-Koeffizienten, keine Eigenschaft der kleinen Welt/keine kurzen Pfade) sowie einem Zufallsnetzwerk (niedriger Clustering-Koeffizient, Eigenschaft der kurzen Pfade/kleine Welt).

Das Gitter enthält als Ausgangsbasis N Knoten. Jeder Knoten ist mit k Nachbarn verbunden. Kanten werden mit einer Wahrscheinlichkeit p[15] neu verdrahtet [28, S. 551, 4, 127 f.]. Ist $p = 0$, entspricht dies dem Ursprungsgitter, ist $p = 1$, entspricht dies einem Zufallsgraphen. Simulationen zeigen hierbei, dass es dazwischen Neuanordnungen von Kanten gibt, für die ein Netzwerk mit niedrigen durchschnittlichen Pfadlängen und hohen Clustering-Koeffizienten generiert werden kann [3, S. 97].

Abb. 6.7 zeigt Graphen mit je 40 Knoten, $k = 2$ Nachbarknoten und drei unterschiedlichen Verdrahtungswahrscheinlichkeiten mit den darunter notierten Werten für die durchschnittliche Länge des kürzesten Pfades ($\varnothing KP$) und des Clustering-Koeffizienten (CK).

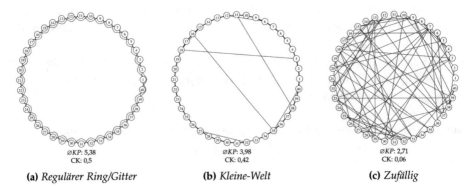

ØKP: 5,38   ØKP: 3,98   ØKP: 2,71
CK: 0,5   CK: 0,42   CK: 0,06

(a) *Regulärer Ring/Gitter*   (b) *Kleine-Welt*   (c) *Zufällig*

Abb. 6.7 Kleine-Welt-Modell: (a) p=0; (b) p=0,05; (c) p=1

---

[15] Diese Wahrscheinlichkeit entspricht als sog. *rewiring probability* nicht der Wahrscheinlichkeit des Auftretens von Kanten im Zufallsgraphenmodell $G(n, p)$ [4, S. 128].

Abb. 6.7b zeigt beispielhaft, dass das Modell für Werte im Bereich $0{,}01 < p < 0{,}1$ Graphen erzeugt, deren durchschnittliche Länge der kürzesten Pfade vergleichsweise niedrig und Cluster-Koeffizienten vergleichsweise hoch sind [27], in: [1, S. 200, 4, S. 128, 3, S. 97].

Listing 6.2 zeigt den zugrunde liegenden Code zum Nachmachen in R.

```
library(igraph)

gws <- watts.strogatz.game(1, 40, 2, 0) # p=0
#gws <- watts.strogatz.game(1, 40, 2, 0.05) # p = 0.05

g <- simplify(gws, remove.multiple = TRUE, remove.loops = TRUE)
average.path.length(g)
transitivity(g, type="average") #Clustering-Koeffizient

g$layout <- layout_in_circle
plot(g,edge.arrow.size=.7, edge.color= "black", vertex.color="white", vertex.
    size=10, vertex.frame.color="black", vertex.label.color="black", vertex.
    label.cex=0.8, vertex.label.dist=0, edge.curved=0)
```

Listing 6.2 Kleine-Welt-Graphen nach Watts und Strogatz (R)

Trotz der Möglichkeit, Graphen entsprechend des Kleine-Welt-Phänomens mit relativ realistischen Clustering-Koeffizienten zu generieren, weist das Modell eine wesentliche Limitation auf, da es wie das Zufallsgraphenmodell $G(n, p)$ keine Hubs generiert [4, S. 129].

6.2.3   Skalenfreie Netze

Die bisherigen Betrachtungen hinsichtlich der Zufallsgraphen zeigten, dass die dort zugrunde gelegten Gradverteilungen Poisson-Verteilungen folgen. Dies trifft in der Realität leider nicht auf alle Netzwerke zu. So weist beispielsweise die Gradverteilung des World Wide Web (WWW) eher wenige Knoten mit vielen Graden und viele Knoten mit geringen Graden auf [2, S. 245]. Derartige Netze, deren Wahrscheinlichkeits-/Gradverteilung sich nicht durch eine Poisson-Verteilung, sondern durch Potenzgesetze beschreiben lässt,[16] werden als *skalenfreie* (engl.: scale free), *skaleninvariante* oder manchmal auch als *Pareto-*[17] bzw. *Power-Law-Netze* bezeichnet.

Skalenfreie Netze verfügen über wenige Knoten mit sehr hohen Graden und vielen Verbindungen [14, S. 62]. Skalenfreiheit bedeutet die Abwesenheit einer immanenten Skala,

---

[16] Präziser formuliert: Folgen Gradverteilungen (ab einem Grad x_{min}) einem Potenzgesetz, werden diese als *skalenfrei* bezeichnet [1, S. 178].

[17] Vilfredo Pareto, ein italienischer Ökonom, fand in einer seiner Studien zur Einkommensverteilung heraus, dass einige Wenige über ein besonders hohes Einkommen und viele andere über ein vergleichsweise sehr geringes Einkommen verfügen [3, S. 116].

welche sich an einem bestimmten Maßstab orientiert, z. B. einem durchschnittlichen Knotengrad $\langle k \rangle$ [3, S. 126].

Während Skalen bei der Poisson-Verteilung durch die Nähe zum durchschnittlichen Grad $\langle k \rangle$ geprägt sind und $\langle k \rangle$ als die zugrunde liegende Skala für das Netzwerk dient, ist dies bei Potenzgesetzen nicht der Fall [3, S. 122, 126]. Ein zufällig ausgewählter Knoten kann eine Gradverteilung aufweisen, die sehr stark von $\langle k \rangle$ abweicht.

Wahrscheinlichkeitsverteilungen von Modellen, die Potenzgesetzen folgen, unterscheiden sich von den glockenförmigen Kurven, die für zufällige Netze typisch sind [14, S. 64]. Skalenfrei verteilte Netze haben hinsichtlich ihrer Gradverteilung *fette Verteilungsenden* (engl.: fat tails), also viele Knoten mit sehr niedrigen und sehr hohen Graden [5, S. 31].

Diese skalenfreien Verteilungen finden sich in vielen realen Netzwerken, z. B. den Einwohner:innen von Städten, Intensitäten von Erdbeben [17, S. 662], in anderen nicht, z. B. bei Netzwerken in Materialwissenschaften mit fixiertem/determiniertem Knotengrad oder einem Stromnetz [3, S. 131].

Demnach wird zwischen der Gradverteilung zweier Netzwerke unterschieden [3, S. 122, 126]:

- Zufallsnetzwerk: Die meisten Knoten haben einen ähnlichen Grad $k = \langle k \rangle \pm \langle k \rangle^{1/2}$, was Hubs entgegenspricht; oder
- Skalenfreies Netzwerk: Hubs werden erwartet; zufällig ausgewählte Knoten können einen Grad $k = \langle k \rangle \pm \infty$ besitzen.

Nach Clauset et al. [17, S. 662] ist das Kriterium der skalenfreien Verteilung befriedigt, wenn eine Menge x aus der folgenden Wahrscheinlichkeitsverteilung gezogen wurde:

$$p(x) \propto x^{-\alpha}, \tag{6.17}$$

wobei α als konstanter Parameter mit typischen Werten zwischen $2 < \alpha < 3$ [2, S. 472] dient.[18] Liegt eine Verteilung nach dem Potenzgesetz vor, erlaubt dies einen Abgleich von Kennzahlen des realen Netzes und seiner Entsprechung respektive Approximation im Modell.[19]

6.2.4 Konfigurationsmodell

Das Konfigurationsmodell zielt darauf ab, Graphen mit einer gegebenen Gradverteilung exakt modellieren zu können [2, S. 435, 5, S. 83f., 4].

---

[18] Im Modell ist gemäß Jackson [5, S. 30] und Newman [2, S. 430] ein Skalar c hinzugefügt, der bei $c > 0$ eine Normalisierung der Verteilung bewirkt.

[19] Zum weiteren Vorgehen bei der Analyse, ob empirische Daten einem Potenzgesetz folgen, vgl. [17, S. 3].

Tab. 6.1 Gradsequenz für ein Konfigurationsmodell

Knoten n	1	2	3	4
Grad k_i	2	2	1	1

Menczer et al. [4, S. 130] beschreiben als Ausgangspunkt für das Konfigurationsmodell eine Gradverteilung in Form einer Gradsequenz. Dies entspricht einer Liste mit N Elementen $(k_0, k_1, k_2, k_3, ..., k_{N-1})$ wobei k_i der Grad eines Knotens i ist. [20] Auf Grundlage der Auflistung der Kanten pro Knoten werden sog. *Stubs* gebildet; dies entspricht denjenigen Kanten, welche einem Knoten gemäß der Liste der Gradsequenzen zugeordnet werden und ausgehend vom betrachteten Knoten mit keinem Zielknoten verbunden sind. Im Anschluss werden die folgenden Schritte durchlaufen:

- Zwei Stubs werden zufällig ausgewählt,
- Stubs werden zu einer Kante zwischen den daran beteiligten Knoten verbunden.

Dieser Prozess kann unterschiedliche Graphen zur Folge haben. Tab. 6.1 zeigt beispielhaft eine Gradsequenz für einen Graphen mit vier Knoten.

Jedem Knoten werden nun *Stubs* zugeordnet; hierbei gilt $\sum_i k_i = 2m$, wobei m der maximalen Anzahl an Kanten im Graphen entspricht [2, S. 435]. Abb. 6.8 zeigt die Stubs.

Dies kann man sich als Liste wie folgt vorstellen [5, S. 84]:

$$\underbrace{1, 1}_{k_i \text{ mal für } k_1} \quad \underbrace{2, 2}_{k_i \text{ mal für } k_2} \quad \underbrace{3}_{k_i \text{ mal für } k_3} \quad \underbrace{4}_{k_i \text{ mal für } k_4} ,$$

Aus dieser Sequenz werden nun zufällig zwei Elemente ausgewählt, zwischen den beiden Knoten entsteht eine Kante, und die Einträge werden aus der Liste gelöscht. Abb. 6.9 zeigt zwei mögliche Graphen, die auf Grundlage der Gradsequenz und dieses Vorgehens gebildet werden können.

Abb. 6.8 Stubs (Beispiel 1)

---

[20] Von einer Gradverteilung kann nicht auf die darunterliegende Gradsequenz geschlossen werden, umgekehrt resultieren unterschiedlich permutierte Gradsequenzen in der gleichen Gradverteilung [4, S. 130]. Liegt bei der Modellierung lediglich die Gradverteilung vor, gibt es Verfahren zur Modellmodifizierung [2, S. 435].

Abb. 6.9 Mögliche Graphen auf Basis der Gradsequenz

(a)   (b)

Tab. 6.2 Gradsequenz für ein Konfigurationsmodell

Knoten n	1	2	3	4
Eingangsgrad (in-degree) k_i	1	2	0	0
Ausgangsgrad (out-degree) k_i	1	0	1	1

Die Graphen repräsentieren zwei mögliche Ergebnisse (engl.: matchings),[21] wobei jedes Matching mit gleicher Wahrscheinlichkeit aus dem Ensemble gezogen werden kann [2, S. 435].[22] Tab. 6.2 zeigt ein weiteres Beispiel einer Gradsequenz für einen gerichteten Graphen mit vier Knoten. Abb. 6.10 zeigt die Stubs.

Als Liste ergibt sich:

$$\underbrace{1}_{k_i \text{ mal für in-degree } k_1} \quad \underbrace{2,2}_{k_i \text{ mal für in-degree } k_2}$$
$$\underbrace{1}_{k_i \text{ mal für out-degree } k_1} \quad \underbrace{3}_{k_i \text{ mal für out-degree } k_3} \quad \underbrace{4}_{k_i \text{ mal für out-degree } k_4} .$$

Abb. 6.11 zeigt zwei mögliche Graphen, die auf Grundlage der Gradsequenz und dieses Vorgehens gebildet werden können.

Um einen Graphen modellieren zu können, muss $\sum_i k_i$ gerade sein, da bei ungerader Summe am Ende der Durchläufe immer ein Stub übrig bliebe [5, S. 84, 2, S. 436]. Durch

Abb. 6.10 Stubs (Beispiel 2)

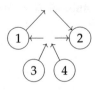

---

[21] Zur Anzahl möglicher *Matchings* im Kontext von Permutationen durch unterschiedliche Indexierung der Stubs vgl. vertiefend [2, 436 ff.].

[22] Hieraus kann nicht abgeleitet werden, dass alle Netzwerke im Allgemeinen mit gleicher Wahrscheinlichkeit auftreten [2, S. 436].

Abb. 6.11 Mögliche gerichtete
Graphen auf Basis der
Gradsequenz

(a)   (b)

das Konfigurationsmodell können Mehrfachkanten und Schleifen auftreten und somit auch
Multigraphen [5, S. 84].

Obwohl viele reale Netzwerke nicht über derartige Eigenschaften verfügen, kann dieser
Umstand bei wachsender Netzwerkgröße (large n) vernachlässigt werden, da die durchschnittliche Anzahl an Schleifen und Mehrfachkanten konstant bleibt und deren Dichte
gegen 0 strebt [2, S. 436].

Bei geringem Anteil an Mehrfachkanten können diese eliminiert werden; die resultierende Gradsequenz entspricht dann annähernd der Ursprungssequenz [5, S. 84]. Im Falle
von gerichteten Graphen basiert das Verfahren auf einer verdoppelten Gradsequenz, d. h.
Listen für den Eingangs- und Ausgangsgrad [2, 475 f.].

Das Modell hilft bei der Untersuchung, ob eine Eigenschaft in einer generierten Konfiguration auftaucht. Ist dies der Fall, könnte diese auf die Gradverteilung zurückzuführen
sein.

Umgekehrt kann die Abwesenheit einer Eigenschaft im Modell ein Anhaltspunkt dafür
sein, dass diese nicht von der Gradverteilung, sondern von anderen Faktoren abhängt [4,
S. 131].

6.2.5 Beispiel: Konfigurationsmodell „GitHub Social Network"

Gegeben ist ein soziales Netzwerk basierend auf einer Studie von Rozemberczki et al. [29].[23]
Der Datensatz enthält Entwickler:innen bei GitHub aus dem Juni 2019. 37.700 Knoten
repräsentieren Entwickler:innen, die mindestens zehn *Repositories* mit einem Stern versehen haben,[24] 289.003 Kanten repräsentieren die Beziehungen dieser Knoten als *Follower*
untereinander.

Die Frage ist, ob sich Eigenschaften in den realen Daten des sozialen Netzwerkes im
Vergleich zu Eigenschaften eines Konfigurationsmodells mit der gleichen Knotenanzahl
und Gradsequenz ähneln, oder ob diese vom Modell (also vom Zufall) abweichen.

---

[23] Der Datensatz ist als „GitHub Social Network" öffentlich auf der Website der Stanford Large
Network Data Collection unter https://snap.stanford.edu/data/github-social.html [letzter Zugriff:
24.11.2022] verfügbar.

[24] Die Markierung mit einem Stern soll Nutzer:innen einerseits dabei helfen, den Überblick über für
sie interessante Projekte zu behalten, andererseits dienen diese als Vorschlagsalgorithmen; Quelle:
GitHub; verfügbar online: https://docs.github.com/en/free-pro-team@latest/github/getting-started-
with-github/saving-repositories-with-stars [letzter Zugriff: 24.11.2022].

Tab. 6.3 Vergleich: Realdaten vs. Modell

	GitHub Social Network	Konfigurationsmodell
Durchmesser	11	8.6
Clustering-Koeffizient	0.0123	0.0169

Hierzu sollen beispielhaft der Durchmesser sowie die Clustering-Koeffizienten mit den durchschnittlichen Werten von zehn Zufallsgraphen (Matchings) gemäß dem Konfigurationsmodell verglichen werden.[25] Tab. 6.3 fasst die Ergebnisse zusammen.

Insgesamt erscheint das reale Netzwerk etwas weniger vernetzt (höherer Durchmesser, geringerer Clustering-Koeffizient), als es aufgrund des Zufalls im Konfigurationsmodell zu erwarten wäre. Dieser Unterschied ist demnach nicht alleine auf die Gradverteilung in Form der Gradsequenz zurückzuführen, da diese in beiden Kontexten gleich ist. Es muss demnach einen anderen Mechanismus geben, der dazu führt, dass die Verlinkungsmuster nicht dem Zufall entsprechen.

Listing 6.3 zeigt den zugrunde liegenden Code zum Nachmachen in R[26].

```
 1  library(igraph)
 2
 3  nodes = read.table("~/nodes.csv", skip=1, sep=",")
 4  edges = read.table("~/edges.csv", skip=1, sep=",")
 5
 6  G = graph_from_data_frame(d=edges, vertices=nodes, directed=F)
 7
 8  diameter(G) #11
 9  transitivity(G, type="global") # Clustering-Koeffizient: 0.0123571888842595
10
11  d0=degree(G)
12  d=array(dim = c(10,vcount(G)))
13  c=numeric(10)
14  r=numeric(10)
15
16  for (i in 1:10) {
17  random_network=sample_degseq(d0)
18  random_network=simplify(random_network)#Eliminieren der Schleifen und
        Mehrfachkanten
19  r[i]=diameter(random_network)
20  c[i]=transitivity(random_network, type="global")
21  }
22
```

---

[25] Schleifen/Mehrfachkanten werden zur Vereinfachung des Modells nicht betrachtet und aus den Matchings entfernt (s. Listing 6.3).

[26] Code adaptiert in Anlehnung an das Beispiel in [30].

```
23  #Mittelwert: Durchmesser Zufallsgraph
24  mean(r)  # 8.6
25
26  #Mittelwert und Standardabweichung: Clustering–Koeffizient Zufallsgraph
27  mean(c)  # 0.0169819348633585
```

Listing 6.3 Konfigurationsmodell (R)

6.2.6   Exponential Random Graph Models (ERGMs)

Vorangegangene Themen, wie z. B. das Konfigurationsmodell, zeigten, wie ein Modell auf Grundlage einer gegebenen Gradsequenz mögliche Zufallsgraphen generiert. Der Fokus lag hierbei auf der Abbildung von Gradverteilungen [5, 83 ff. 4, 130 ff.]. Dies wird nicht jeder Fragestellung und jedem empirisch beobachteten Phänomen gerecht.

Andere Fragestellungen könnten die Integration weiterer lokaler Parameter in ein Modell mit der Annahme erfordern, dass Kantenbildungen zwischen Knoten kein unabhängiges Experiment mit gleicher Erfolgswahrscheinlichkeit darstellen, sondern dabei eher komplexere Abhängigkeiten von Wahrscheinlichkeiten bestehen. Dies wurde durch die bisher vorgestellten Modelle nicht ermöglicht, sondern steht im Fokus einer Obermenge von Modellen, den sog. *Modellen der exponentiellen Zufallsgraphen* (engl.: exponential random graph models; kurz: ERGMs), oftmals auch *p*Graphen* oder *Markov-Graphen* genannt [5, 81 f.].

Ein ERGM erlaubt nach Robins [24] in: [25] die Integration weiterer Parameter in ein Modell. Um die Wahrscheinlichkeit von Kantenbildungen vorherzusagen, werden diese Parameter als Funktion individueller Kovariaten (Knotenattribute) oder als Funktion von Netzwerkstrukturen (z. B. Transitivität) integriert.

Ein ERGM basiert auf der Idee, dass es eine bedingte Abhängigkeit (engl.: conditional dependency) zwischen Kantenbildungen gibt. Eine mögliche Verbindung zwischen i und j wird als von anderen Verbindungen von i und j abhängig angesehen [31, S. 193]. Hierbei ist das Zufallsexperiment nicht unabhängig; die Erfolgswahrscheinlichkeit (z. B. Kantenbildung) ist nicht mit gleicher Wahrscheinlichkeit gegeben [5, 81 f.]; Robins [24, 487 f.] in: [25]. Krivitsky et al. unterscheiden hierbei Grundannahmen wie folgt [32]:

- Dyadenunabhängig: Die An-/Abwesenheit einer Kante hängt nicht vom Status anderer Kanten ab, sondern von Knotenattributen (z. B. Konzepte der Homophilie (s. Abschn. 6.3)) oder
- Dyadenabhängig: Die An-/Abwesenheit einer Kante hängt vom Status anderer Kanten (z. B. Grad, Triaden) ab.

Diese Grundannahmen beeinflussen nachfolgende Algorithmen und Verfahren der Modellierung.

ERGMs als Klasse von Modellen erlauben die Definition eines Modells für ein Netzwerk, welches weitere Kovariaten enthält. Diese Kovariaten repräsentieren Merkmale, wie z. B. Homophilie (s. Abschn. 6.3), Gegenseitigkeit, Triaden oder weitere strukturelle Merkmale. Die Kovariaten können in zwei Typen von explanatorischen Variablen unterschieden werden: 1. strukturell und 2. knoten-/kantenbezogen [33, S. 4].

Weiterhin ist es mittels ERGMs möglich, höchst wahrscheinliche Parameterschätzungen *(Maximum Likelihood)* eines spezifischen Modells für einen gegebenen Datensatz zu erhalten, individuelle Koeffizienten zu testen, Modelle bezüglich ihrer Passfähigkeit zu bewerten und auf Basis eines angepassten Modells neue Netzwerke zu simulieren [32].

Eine allgemeine Notation eines ERGM beschreiben Robins et al. [31, S. 194] wie folgt: Für jedes Paar i und j aus einer Menge N von n Knoten (Akteuren) ist Y_{ij} eine Variable, für die $Y_{ij} = 1$ gilt, wenn eine Verbindung zwischen i und j besteht. y_{ij} wird spezifiziert als der beobachtete Wert von Y_{ij}, Y als die Matrix aller Variablen, und y ist die Matrix der beobachteten Werte. Y kann gerichtet oder ungerichtet sein.

Eine *Konfiguration* bezeichnet eine (üblicherweise kleine) Knotenmenge und eine Teilmenge der Verbindungen zwischen diesen Knoten. Beispielsweise bezeichnet ein 2-Stern eine Knotenteilmenge von drei Knoten, bei der ein Knoten mit den beiden anderen verbunden ist, oder eine Triade, bei der drei Knoten miteinander verbunden sind.

Abb. 6.12 zeigt beispielhaft einige von vielen möglichen Konfigurationen eines kleinen Netzwerkes in Anlehnung an de Nooy et al. [34, S. 337].

Die allgemeine Form eines ERGMs kann in Anlehnung an Robins [24, S. 485] in: [25] wie folgt notiert werden:

$$P(Y = y) = \frac{1}{\kappa} e^{\Sigma_A \eta_A g_A(y)}. \tag{6.18}$$

Hierbei wird die Summe über Konfigurationen des Typs A gebildet, welche ihrerseits verschiedene Modelle (z. B. dyadische Abhängigkeit) repräsentieren. η_A ist der zur Konfiguration A korrespondierende Parameter. $g_A(y)$ ist die zur Konfiguration A korrespondierende beobachtete Netzwerkstatistik (z. B. die Anzahl der Triaden). κ ist eine Normalisierungsgröße.

In Anlehnung an Koskinen und Daraganova [35, S. 55] in: [36] kann ein ERGM im Kontext sozialer Netzwerke als statistisches Modell für Netzwerkstrukturen, welches Inferenzen darüber zulässt, wie Netzwerkverbindungen angeordnet sind, ähnlich notiert werden:

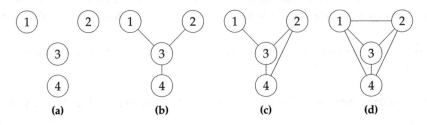

Abb. 6.12 Mögliche zufällige Konfigurationen eines Beispielnetzwerkes

$$P_\theta(G) = ce^{\theta_1 z_1(G) + \theta_2 z_2(G) + \ldots + \theta_p z_p(G)}. \tag{6.19}$$

Die Wahrscheinlichkeit eines gegebenen Netzwerkes G ergibt sich durch die Summierung von mittels θ gewichteten Netzwerkstatistiken z im Exponenten mit c als normalisierender Konstante. Die Netzwerkstatistiken selbst beziehen sich auf lokale Subgraphen und bilden die Basiskonfigurationen. Als verbindungsbasierte Modelle fokussieren ERGMs, wie und warum soziale Netzwerkstrukturen in einem Graphen G mit gewissen Netzwerkstatistiken $z(G)$ als zusammenfassende Maße, wie z. B. Kantenanzahl, Anzahl beidseitiger Verbindungen und Zentralitätsmaße mit einer Wahrscheinlichkeit P (s. Gl. 6.18; Gl. 6.19), auftreten [36, S. 9].

Es gilt also herauszufinden, mit welcher Wahrscheinlichkeit ein observiertes Netzwerk mit gewichteten Parametern zu mehreren Netzwerkstatistiken im Kontext aller möglicher Konfigurationen auftreten würde. Die Herausforderung besteht also darin, die Wahrscheinlichkeitsfunktionen mit Schätzungen für die Parameter/Gewichtungen (κ in Gl. 6.18, θ in Gl. 6.19) zu maximieren. Dies liefert dann Aufschluss darüber, welche Netzwerkstatistik welchen Einfluss auf die Wahrscheinlichkeit für das Auftreten eines Netzwerkes (auf Grundlage der Netzwerkstatistiken des beobachteten Netzwerkes) hat (s. Abschn. 6.2.7).

Lu und Miklau [37, S. 922] merken in diesem Zusammenhang an, dass als Verfahren zur Parameterschätzung bei ERGMs meist *Markov Chain Monte Carlo Maximum Likelihood* (kurz: MCMC) respektive Bayes'sche Inferenz Anwendung finden. Hierbei benötigen die Verfahren keinen Zugriff auf den observierten Graphen, sondern auf die Modellstatistik.

Nach Robins et al. [31, S. 195] sowie Robins [24, 487 f.] in: [25] wird ein p*-Graph mit vier Parametern (Kanten, 2-Stern, 3-Stern, Triaden) wie folgt notiert:

$$P(Y = y) = \frac{1}{\kappa} e^{\theta L(y) + \sigma_2 S_2(y) + \sigma_3 S_3(y) + \tau T(y)}. \tag{6.20}$$

θ ist der Dichte- oder Kantenparameter; $L(y)$ ist die Kantenanzahl im Graphen y, σ_k und $S_k(y)$ meinen die Parameter der k-Sterneffekte (s. Abb. 6.13), und die Anzahl an k-Sternen in y. Gl. 6.20 enthält dementsprechend $\sigma_2 S_2(y)$ als Parameter und Anzahl für 2-Sterneffekte sowie $\sigma_3 S_3(y)$ als Parameter und Anzahl für 3-Sterneffekte. τ und $T(y)$ sind die Parameter für die Triaden und deren Anzahl (s. Abb. 6.12).

Ziel ist es, durch Erstellung eines ERGM den Einfluss auf die weitere Kantenbildung verschiedener Parameter im Kontext der observierten Netzwerkstatistiken zu ermitteln.

Die allgemeine Form des ERGM mit lokalen Einflussgrößen kann in Anlehnung an Gl. 6.20 etwas vereinfacht wie folgt notiert werden:

$$P(g) = e^{\beta_1 \#Kanten + \beta_2 \#2-Sterne + \beta_3 \#3-Sterne + \beta_4 \#Triaden - c} \tag{6.21}$$

mit β als Parameter zu den Netzwerkstatistiken der Anzahl (#) der Kanten, der 2-Sterne, der 3-Sterne sowie der Triaden und c als Normalisierungskonstante. Auch weitere Knotenattribute können in das Modell integriert werden.

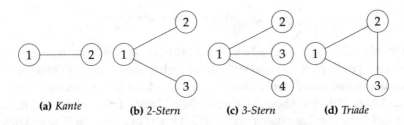

(a) *Kante*   **(b)** *2-Stern*   **(c)** *3-Stern*   **(d)** *Triade*

Abb. 6.13 Lokale Merkmale Kante, k-Stern, Triade im (ungerichteten) ERGM

Für ein gegebenes observiertes Netzwerk y indiziert eine Parameterschätzung die Stärke der Effekte in den Daten (z. B. deuten hohe Werte für τ darauf hin, dass bei gegebenen beobachteten Kanten und Sternen die Wahrscheinlichkeit für Triaden und Transitivität höher ist). Sind die Effekte bei Sternen und Triaden gleich null, bleibt der einzige Parameter θ und stellt implizit einen Zufallsgraphen dar.

6.2.7 Beispiel: ERGM (Freundschaftsnetzwerk „Volksschule")

Ausgangspunkt für ein Beispiel[27] ist der Datensatz eines Freundschaftsnetzwerkes einer Volksschulklasse im Deutschland des ausgehenden 19. Jahrhunderts nach einer Studie von Delitsch [41] in: [42].[28] Das Netzwerk repräsentiert die gerichteten Freundschaftsbeziehungen zwischen 53 Schülern einer Volksschule. Delitsch notierte deren Freundschaftsbeziehungen sowie weitere Attribute auf Basis seiner eigenen Beobachtungen als Lehrer zwischen 1880 und 1881. Die Analyse soll folgende Schritte durchlaufen:

1. Exploration des Netzwerkes (Visualisierung, Eckdaten, Auffälligkeiten),
2. Aufstellen von (Arbeits-)Hypothesen,
3. Konkretisierung von Parametern,
4. ERGM-Erstellung (mit Parametern aus 3.) und Anwendung,
5. Ermittlung der Modellgüte (MCMC, Anpassungsgüte (Gof)),
6. Interpretation (Überprüfen der Ergebnisse und Abgleich mit den Hypothesen).

Schritt 1: Exploration Abb. 6.14 zeigt eine erste Visualisierung der 52 Knoten und 179 Kanten des Freundschaftsnetzwerkes. Die Richtung der Kanten repräsentiert die Richtung der dargebotenen Freundschaftsbekundungen/-bestrebungen. Das Netz zeigt insgesamt alle ein- und beiderseitigen Sympathien durch observierte Freundschaftsbekundungen bzw. -gesten. Abb. 6.15a zeigt das Netzwerk mit gewichteter Knotengröße in Abhängigkeit des

---

[27] Weitere Beispiele finden sich in [32, 38, 39, 40].

[28] Quelle, online: https://github.com/gephi/gephi/wiki/Datasets [letzter Zugriff: 25.11.2022].

Grades ausgehender Kanten (out-degree), Abb. 6.15b entsprechend die Perspektive des Eingangsgrades (in-degree). Die Daten enthalten weitere Attribute, z. B. Schüler, bei denen auch außerhalb der Schule verhältnismässig starke Freundschaftsbekundungen zu konstatieren sind (*Repeater*, s. Abb. 6.15c) sowie Schüler, die Freundschaftsbekundungen intensiv mit dem Austausch von Geld und/oder Süßigkeiten bekunden (*Sweetsgiver*, s. Abb. 6.15d).

Eine erste Exploration zeigt, dass fünf Knoten isoliert sind, vier Personen auch außerhalb der Schule intensive Freundschaften pflegen (s. Abb. 6.15c) und sich gleichwohl durch viele Eingangsgrade im Klassenkontext auszeichnen. Ein Schüler fällt als *Sweetsgiver* auf (s. Abb. 6.15d). Das Netzwerk enthält zahlreiche reziproke Kanten (s. Abb. 6.14). Kantenbildungen scheinen eher auf Gegenseitigkeit zu beruhen, d. h., Schüler bekunden Freundschaft tendenziell gegenseitig. Eine Überprüfung der Netzwerkstatistiken zeigt insgesamt 179 Kanten, davon 30 gegenseitige Dyaden, was bedeutet, dass es 60 reziproke Kanten gibt, die Teil dieser gegenseitigen Dyaden sind. Weitere Attribute (z. B. Eigenschaft als *Repeater*) scheinen bei der Kantenbildung des Freundschaftsnetzwerkes eine Rolle zu spielen, werden jedoch hier nicht vertieft, da diese ausführlich in [42] behandelt werden.

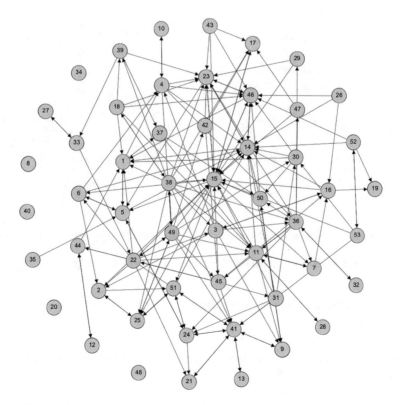

Abb. 6.14 Freundschaftsnetzwerk „Volksschule" (ungewichtete Visualisierung)

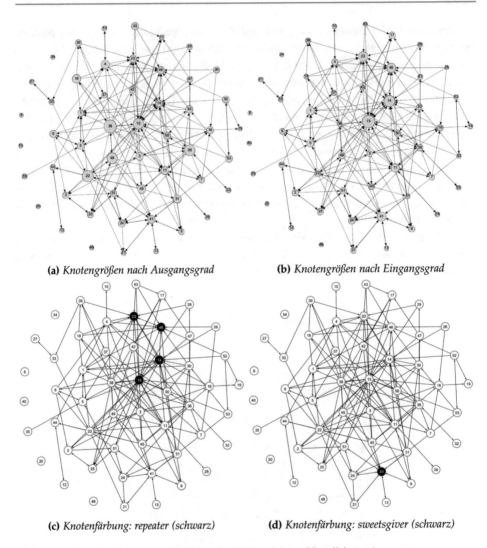

(a) *Knotengrößen nach Ausgangsgrad*   (b) *Knotengrößen nach Eingangsgrad*

(c) *Knotenfärbung: repeater (schwarz)*   (d) *Knotenfärbung: sweetsgiver (schwarz)*

Abb. 6.15 Freundschaftsnetzwerk „Volksschule" (gewichtete Visualisierung)

Schritt 2: Aufstellen von (Arbeits-)Hypothesen Die Zwischenerkennisse münden in eine Arbeitshypothese:[29]

Hypothese 6.1 *Das Freundschaftsnetzwerk tendiert zu reziproken Kanten (gegenseitigen Freundschaftsbekundungen).*[30]

---

[29] Mit der Null-Hypothese: *Das Freundschaftsnetzwerk tendiert nicht zu reziproken Kanten (gegenseitigen Freundschaftsbekundungen).*

[30] Delitsch in: [42, S. 4] bezeichnet diese als „geschlossene Freundschaften".

Anders formuliert besteht Anlass zur Vermutung, dass eine Kantenbildung nicht unabhängig erfolgt, sondern es eine Rolle spielen könnte, ob schon eine andere Kante zwischen zwei ausgewählten Knoten besteht.

Die Visualisierungen deuten zwar auf die obige Hypothese hin, ermöglichen aber keine belastbare Aussage darüber, ob diese signifikant unterstützt wird. Ob und inwiefern das strukturelle Attribut der Reziprozität das Freundschaftsnetzwerk beeinflusst, soll im Folgenden mittels einer ERGM-Modellierung untersucht werden.

Schritt 3: Konkretisierung von Parametern Robins und Lusher [43, S. 174] in: [36] beschreiben, dass es bei der Modellspezifikation keinen *One-Size-fits-all*-Ansatz gibt. Zunächst muss festgelegt werden, welche Parameterkombination theoretisch im Modell aufgenommen werden soll, um die Formierung von Kanten in einem observierten Netzwerk zu erklären.

Ein Modell kann beispielsweise eine Betrachtung der Dichte (Kanten), der Gradverteilung (k-Sternparameter) und der Geschlossenheit (Triadenparameter) enthalten. Neben diesen strukturellen Effekten können andere Attribute mit einbezogen werden, um sich einer Betrachtung des (sozialen) Kontextes (z. B. durch Knotenattribute) und des Kontextes/Inhaltes der Kantenbildung (z. B. durch Kantenattribute) und der Effekte davon im Modell anzunähern.

Um die Formierung des Beispielnetzwerkes näher erfassen und beschreiben zu können, soll die Modellspezifikation deshalb die Parameter *Kanten* und *Reziprozität* beinhalten. Die Frage ist also, ob ein Netzwerk zufällig generiert wird oder ob das Auftreten der oben genannten Parameter die Netzwerkformierung signifikant zu beeinflussen scheint.

Schritt 4: ERGM-Erstellung und Anwendung Mit dem Modell werden im weiteren Verlauf Parameterschätzungen produziert, welche die Stärke und die Richtung der Netzwerkmuster indizieren. Die Parameterschätzungen beinhalten auch den *Standardfehler* (engl.: standard error; kurz: SE). Robins und Lusher [44, S. 35] in: [36] merken hierzu an, dass ein Parameter signifikant ist, wenn sein absoluter Wert den des Standardfehlers um mindestens das Zweifache übersteigt. Positive (negative) Schätzungen deuten im Netzwerk auf mehr (weniger) Auftreten der Konfiguration als erwartet hin.

Im ersten Schritt soll ein einfaches Modell die Kantenbildung/Dichte im Allgemeinen fokussieren.[31]

Die Parameterschätzung für die Kantenbildung zwischen zwei Knoten ergibt $-2,6670$ bei einem Standardfehler i.H.v. $0,0773$. Der negative Koeffizient bedeutet nicht, dass das Modell keine, sondern eine vergleichsweise eher geringe Kantenbildung hin zu weniger dichten Netzen bevorzugt.

Dieser Wert kann zur Berechnung einer bedingten Wahrscheinlichkeit mithilfe des natürlichen Logarithmus einer Chance *(Logit)* genutzt werden [39, S. 4, 7, 33, 4f.]:

---

[31] Die Umsetzung der ERGM-Modellierung erfolgte in R mit der Bibliothek `statnet` Listing 6.4; vgl. [32, 39].

Tab. 6.4 ERGM-Modell: Schätzung

	Schätzung (SE)	Goodness of Fit (Gof)/p-Value
Edges	−3,02759 (0,09882)*	0,98
Mutual	2,34449 (0,25919)*	1,00

$$logit(p(y)) = \theta \ X \ \delta(g(y))$$
$$= -2{,}6670 \ X \ \text{Änderung der Kantenanzahl} \qquad (6.22)$$
$$= -2{,}6670 \ X \ 1$$

für jede Kante.

Die entsprechende Wahrscheinlichkeit ergibt sich durch die Inverse der Logit-Funktion (Expit) von θ:

$$= e(-2{,}6670)/(1 + e(-2{,}6670))$$
$$= 0{,}06946/1{,}06946 \qquad (6.23)$$
$$= 0{,}0649.$$

Diese Wahrscheinlichkeit (0,065) korrespondiert mit der Dichte und repräsentiert das sog. *Null-Modell*, die Basistendenz bzw. Wahrscheinlichkeit der Kantenbildung im Kommunikationsnetz.

Nun könnten weitere Parameter, wie z. B. bei einer Regression, sukzessiv hinzugefügt werden. Brandenberger und Martínez empfehlen dies nicht, sondern raten dazu, alle betrachteten Parameter zeitgleich in das ERGM zu integrieren, insbesondere bei sog. endogenen Termen [45]. Derartige Terme sind in diesem Beispiel nicht vorhanden.[32]

Das Modell beinhaltet (abgeleitet aus Schritt 3) die Parameter (s. Listing 6.4):

1. Anzahl der Kanten [edges],
2. Anzahl der reziproken Kanten [mutual].

Tab. 6.4 zeigt die ermittelten Schätzungen der Parameter im Modell, signifikante Parameter sind durch ein * gekennzeichnet.

Bei der Interpretation der Parameterschätzungen gilt: Je größer (kleiner) der Wert des jeweiligen Parameters, desto größer (kleiner) die Wahrscheinlichkeit des Auftretens im Vergleich zu zufällig generierten Netzwerken mit gleicher Dichte und Knotenanzahl. Negative Werte bedeuten nicht, dass das Modell keine Wahrscheinlichkeiten enthält, sondern beschreiben die grobe Richtung der Wirkung.[33] Anders formuliert: Negative Koeffizienten bedeuten, dass das Modell die jeweilige Netzwerkstatistik als eher nicht oft im Netzwerk

---

[32] Beispiele von ERGM-Modellen bei sozialen Netzwerken mit einer Vielzahl von Attributen finden sich in [36].

[33] Vgl. [46, S. 10].

Abb. 6.16 MCMC-Analyse:
Freundschaftsnetzwerk
„Volksschule"

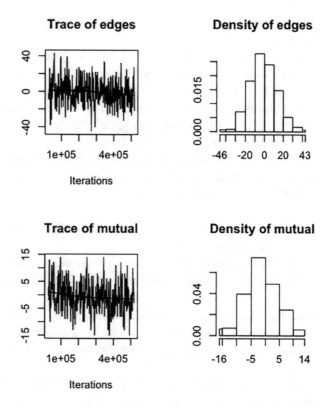

repräsentiert ermittelt hat. Positive Koeffizienten indizieren, dass das Modell die jeweilige Netzwerkstatistik favorisiert.

Schritt 5: Ermittlung der Modellgüte (MCMC, Goodness of Fit (Gof)) Die Frage, die sich bei jedem Modell stellt, ist, wie gut es ist. Dies beinhaltet bei ERGMs eine Überprüfung der MCMC-Routine sowie einen Abgleich des Modells mit den Daten mittels Gof.[34] Die MCMC-Routine sollte konvergieren und darüber hinaus idealerweise Werte zeigen, die um null schwanken.[35] Abb. 6.16 zeigt, dass dies im vorliegenden Beispiel beides der Fall ist.

Die Parameterschätzungen sowie weitere darauf basierende Berechnungen können demnach im nächsten Schritt sinnvoll interpretiert werden.[36]

---

[34] Vgl. [32].

[35] Vgl. Koskinen und Snijders [47, S. 147] in: [36].

[36] Konvergiert die MCMC-Analyse nicht, sollte von einer sinnvollen Interpretation des jeweiligen Modells und weiteren Berechnungen Abstand genommen werden. Dies schließt eine Anwendung anderer Verfahren, z. B. Pseudo-Likelihood nicht aus.

Schritt 6: Interpretation Die Werte für den Goodness of Fit sind bei allen Parametern hoch (s. Tab. 6.4).

Im Ergebnis zeigt sich, dass das Modell insgesamt eher weniger Kanten/eine geringe Dichte bevorzugt. Es besteht signifikanter Anlass zur Annahme, dass die Null-Hypothese (s. Hypothese 6.1) abzulehnen ist: Das Modell scheint reziproke Kanten zu bevorzugen.

Die Untersuchung weiterer Hypothesen sowie die Erstellung und der Vergleich weiterer Modelle mit ergänzenden Berechnungen und Simulationen könnten nun folgen.[37] Listing 6.4 zeigt den entsprechenden Code zum Nachmachen in R.

Insgesamt ermöglichen ERGMs die Modellbildung mit zahlreichen strukturellen und ergänzenden Attributen. Trotz der Flexibilität dieses Ansatzes werden in der Literatur mit ERGMs einige Nachteile assoziiert:

- ERGMs sind offenbar eher in sozialwissenschaftlichen Disziplinen beliebt, nicht in Ingenieurwissenschaften [48];
- Die Methode der Parameterschätzung *Maximum Likelihood* neigt dazu, nicht berechenbar/konsistent zu sein mit der Folge unbrauchbarer Parameter [49, 50].

Chandrasekhar und Jackson [49, S. 8] beschreiben sogar das Paradoxon, dass ein ERGM nur dann praktisch schätzbar ist, wenn die Kantenverbindungen/Parameter nahezu unabhängig voneinander sind, was der eigentlichen Motivation, ERGMs anzuwenden, völlig entgegensteht.

Ebenso beschreibt Robins [24, S. 488] in: [25] Nachteile von Markov-Graphen dahingehend, dass diese nicht zur Modellierung realer Daten geeignet erscheinen, weil diese nicht adäquat mit schiefen Gradverteilungen und Triangulationen umgehen, derartige Heterogenitäten jedoch in vielen (sozialen) Netzwerken charakteristisch sind.

```r
1  library(ergm)
2  library(statnet)
3  library(igraph)
4
5  m<-read.graph("heidler2.graphml",format=c("graphml"))
6  lt <- layout_with_fr(m)
7  class(m)
8
9  plot(m, layout = lt, displayisolates = TRUE)
10
11 summary(friendship)#Pruefen der Attribute
12 class(friendship)#sollte network sein
13 summary(friendship~edges+triangle)
14
15 plot(friendship)
16 plot(friendship, displayisolates = TRUE, vertex.col = "sweetsgiver", vertex.cex
       = 0.7)
```

---

[37] Bezogen auf den Datensatz von Delitsch vgl. [42] sowie allgemein [46].

```
17
18  #Null–Modell
19  model_base <- ergm(friendship~edges)
20  model_base
21  summary(model_base)
22
23  #Export des Wertes des Koeffizienten des gewuenschten Parameters, hier edges
24  coef0 <- as.numeric(coef(model_base)['edges'])
25
26  #Wahrscheinlichkeit mittels Expit
27  exp(coef0)/(1 + exp(coef0)) #0.0649492
28
29  #Modell mit Parametern
30  model_1 <- ergm(friendship~edges+mutual )
31  model_1
32  summary(model_1)
33  summary(friendship~edges+mutual)
34
35  #Wahrscheinlichkeit Kantenbildung/edges
36  coef1 <- as.numeric(coef(model_1)['edges'])
37  exp(coef1)/(1 + exp(coef1)) #0.04619505
38  #Wahrscheinlichkeit Gegenseitigkeit/mutual
39  coef2 <- as.numeric(coef(model_1)['mutual'])
40  exp(coef2)/(1 + exp(coef2)) # 0.9124955
41
42  #Pruefen der Modellguete
43  #MCMC
44  mcmc.diagnostics(model_1)#muss fuer weitere Berechnungen konvergieren
45  #Goodness of fit
46  model_gof = gof(model_1, GOF = ~model)
47  model_gof
```

Listing 6.4 Listing ERGM Freundschaftsnetzwerk (R)

6.3   Dynamische Aspekte von Netzwerken

In den vorangegangenen Kapiteln wurden zahlreiche Kennzahlen und Analyseverfahren sowie statische Verdrahtungsmodelle mit Fokus auf Netzwerkstrukturen vorgestellt.

Dabei lagen den Auswertungen immer Netzwerkdaten zugrunde, die zu einem bestimmten Zeitpunkt erhoben wurden. Dies ist einerseits weder aussagekräftig, noch realitätsnah genug, um die Gesamtentwicklung von Netzwerken und deren Veränderungen mit variierender Knoten- und Kantenanzahl und/oder Eigenschaften vollumfänglich im Zeitverlauf beschreiben, analysieren und repräsentieren zu können. Andererseits besteht in den Fachdisziplinen kein Konsens darüber, wie dynamische Aspekte von Netzwerken anzugehen sind.

Im Bereich dynamischer Netzwerkanalyse sind nach Trier „Begriffe, Methoden und Metriken im Vergleich zu dem etablierten Instrumentarium zur Messung der Netzwerkstrukturen bisher noch nicht fest etabliert und vereinheitlicht" [51, S. 205] in: [52].

Dieses Kapitel widmet sich deshalb dem Versuch, eine kurze Übersicht zu dynamischen Aspekten von Netzwerken zu skizzieren.

Hierbei ist anzumerken, dass dynamische Prozesse durch eine statische Betrachtung der vom Zeitfenster abhängigen Daten Ausdruck finden und deshalb keine eindeutige Unterscheidung zwischen Statik und Dynamik dargestellt werden kann [ibid.]. Die bereits vorgestellten statischen Modellierungsansätze (s. Kap. 6) können dementsprechend durch die Betrachtung verschiedener Zeitfenster sowie Attribute mehrfach durchgeführt und miteinander verglichen werden.

Ergänzend sollen im Folgenden weitere ausgewählte Konzepte vorgestellt werden, die entweder Kanten- oder Knotenveränderungen fokussieren.

6.3.1 Veränderung

Dynamik meint die Veränderung in einem System im Zeitablauf [51] in: [52]. Bezogen auf ein Netzwerk können sich Anzahl und Eigenschaften von Knoten und Relationen verändern (s. Abb. 6.17).

Bei dem dargestellten Netzwerk könnte es sich beispielsweise um disjunkte Schnappschüsse (engl.: snapshots) von Straßenkreuzugen (Knoten) sowie Straßen (Kanten) handeln, die aufgrund von Bauarbeiten zu verschiedenen Zeitpunkten befahrbar oder gesperrt sind. Würde ein Navigationssystem auf Schnappschüssen zu einem falschen Zeitpunkt beruhen, wäre eine berechnete Route nicht optimal. Würde das Netzwerk ein Freundschaftsnetz repräsentieren, stellt sich die Frage, warum Strukturen zu einem Zeitpunkt t_i auftreten und ob diese Regeln unterliegen, die für andere Zeitpunkte/Zeitfenster relevant sind.

Dynamische Netzwerkmodelle beschäftigen sich mit Veränderung in zweierlei Hinsicht: der Veränderung von Verbindungen im Zeitverlauf und der Veränderung von Knoten(-zuständen) auf Basis von qualitativen und/oder quantitativen Knotenattributen.

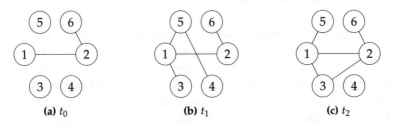

(a) t_0 **(b)** t_1 **(c)** t_2

Abb. 6.17 Einfaches dynamisches Netzwerk zu verschiedenen Zeitpunkten t_i

Eine der im Kontext von Veränderung betrachteten Messgrößen ist die *Änderungsrate*. Diese kann konstant hoch oder niedrig sein, zunehmen oder abnehmen, stabil oder sprunghaft sein [ibid., 205 f.].

Nach Coupette [1, 194 f.] erfolgt die Modellierung dynamischer Prozesse in und auf Netzwerken meist mittels „Differentialgleichungen [...], [...] welche die Veränderungsrate einer interessierenden Größe [...] als Funktion ihres aktuellen Werts [...] beschreiben" [1, S. 194].

Neben der Änderungsrate ist die *Sequenz der Veränderung*, d. h. die Reihenfolge bzw. Abfolge, Bestandteil der Betrachtung dynamischer Prozesse als Ereignisabfolge in Netzwerken, die zu einer Beschreibung der Generierung, Erhaltung oder Auflösung spezifischer Strukturen beitragen [51, S. 205] in: [52].

Bei der Beobachtung, Modellierung und Simulation dynamischer Netzwerkprozesse lassen sich nach Trier [ibid.] grob einige Ansätze unterscheiden, deren Konzepte und Anwendungen bereits teilweise in vorherigen Abschnitten wie folgt vorgestellt wurden:

- Theoretische Netzwerkmodelle statistischer Mechanik: Auf Basis von Zufallsgraphen (s. Abschn. 6.2.1) zur Generierung einer Null-Messung. Darunter fallen auch die Modelle der Kleinen-Welt (s. Abschn. 6.2.2) sowie die skalenfreien Netze (s. Abschn. 6.2.3),
- Stochastische Analyse (auf Basis von Messungen): Bei Ablehnung der Null-Hypothese erscheint die Netzwerkstruktur nicht zufällig und kann durch weitere Modellierungen ergänzt werden, die weitere Abhängigkeiten und Parameter integrieren (s. Abschn. 6.2.6 und Abschn. 6.2.7),
- Komparativ statische Netzwerkanalyse: explorativer, deskriptiver Ansatz zur Beschreibung, Analyse und zum Vergleich von Mikroprozessen in Netzwerkstrukturen im Zeitverlauf,
- Computergestützte zeitfenster-/ereignisbasierte Ansätze.[38]

Im Kontext des letzten Ansatzes, der eher übergreifend zu verstehen ist, stellt sich die Frage, wie mit der dynamischen Information umgegangen werden kann und auf welches Zeitfenster sich die Betrachtung und Analyse eines Netzwerkes überhaupt beziehen soll. Coscia differenziert dabei verschiedene Ansätze, um *Schnappschüsse* als Datenbasis für verschiedene Momentaufnahmen eines Netzwerkes zu generieren [9, S. 58]:

- *Einfach* (engl.: single): Sammlung der aktiven Knoten und Kanten zu einem bestimmten Zeitpunkt,
- *Disjunkt* (engl.: disjoint): Sammlung der aktiven Knoten und Kanten innerhalb eines Intervalls und darin enthaltenen, bestimmten Zeitfenstern (nicht überlappend),
- *Gleitend* (engl.: sliding windows): Sammlung der aktiven Knoten und Kanten innerhalb eines Intervalls und von darin enthaltenen, bestimmten Zeitfenstern (überlappend),

---

[38] Zu ereignisbasierten Ansätzen vgl. vertiefend [51, S. 214] in: [52].

- *Kumulativ* (engl.: cumulative windows): Wie gleitende Zeitfenster, jedoch werden Informationen aus der Vergangenheit in den Zeitfenstern nicht aktualisiert und damit ggf. vernachlässigt, sondern zu einem Gesamtzustand kumuliert.

Spezifische Modelle in diesem Bereich fokussieren entweder Kanten- oder Knotenveränderungen. Davon werden im Folgenden, ohne Anspruch auf Vollständigkeit, einige vorgestellt, z. B. Modelle mit Fokus auf Kantenveränderungen:

- *Bevorzugte Verbindung* (engl.: preferential attachement) (s. Abschn. 6.3.2.1),
- *Homophilie* (s. Abschn. 6.3.2.2).

Modelle mit Fokus auf Knotenveränderung werden oftmals mit Ausbreitungsprozessen und den Stichworten *Diffusion* und/oder *Propagation* in Zusammenhang gebracht.

(Soziale) Netzwerke ermöglichen die Ausbreitung von „Dingen" von einer Person zu einer anderen [53, S. 151]. Im Kontext von Netzwerken werden „Dinge", die sich selbst verbreiten, oft als Replikatoren oder mit dem Begriff *Mem*[39] bezeichnet und umfassen beispielsweise:

- Krankheiten,
- Informationen (z. B. Ideen[40], Gerüchte),
- Computerviren.

Hierzu stehen mehrere Modellklassen zur Verfügung, die meist dahingehend unterschieden werden, ob diese *deterministisch* oder *probabilistisch* sind [58, S. 5, 8, 57].

Hängt das Verhalten einer Population vollständig von seiner Vergangenheit und den Regeln ab, die das Modell beschreibt, wird das Modell als *deterministisch* bezeichnet [59, S. 23]. Deterministisch meint auch, dass grundsätzlich alle gesunden Individuen sich nach Kontakt zu k anderen infizierten Knoten infizieren bzw. ein Mem übernehmen [53, S. 156]. Unterschiedliche Einflussfaktoren und Übertragungswahrscheinlichkeiten im Zeitverlauf werden hierdurch nicht abgebildet, sondern stehen im Fokus probabilistischer Ansätze. Deshalb werden nachfolgend auch einige ausgewählte Ansätze aus diesen Perspektiven vorgestellt.

- Deterministisch:
  - *k-Schwellenwert-Modelle* (engl.: k-threshold models) (s. Abschn. 6.3.3.1),

---

[39] Der Begriff *Mem* wird unterschiedlich definiert und demzufolge, je nach Disziplin, differenziert verwendet; vgl. [54, S. 192, 55]. Er wird oft generell für alle Phänomene bzw. Entitäten verwendet, die sich als Replikator innerhalb eines Replikationsraumes verbreiten. Dies erfolgt in ähnlicher Weise bei informatischen Betrachtungen zu Propagationen, z. B. bei [56].

[40] Die Verbreitung von Ideen wird oft auch als *soziale Infektion* (engl.: social contagion) bezeichnet [57, S. 648].

– *Epidemiologische Modelle* (s. Abschn. 6.3.3.2),
• Probabilistisch/stochastisch:[41] *Branch Modell* (s. Abschn. 6.3.3.3).

Nach Kiss et al. [58, S. 5] führen deterministische Ansätze zu einfachen Differentialgleichungen, in denen Variablen die Größe verschiedener Klassen repräsentieren und deren Evolutionsgleichungen z. B. die Übertragung und Physiologie der Krankheit abbilden.

Abschließend lassen sich zu dynamischen Aspekten von Graphen und Netzwerken die *Suchprozesse* zählen (s. Abschn. 3.5).

6.3.2   Modelle mit Fokus auf Kantenveränderung

6.3.2.1 Bevorzugte Verbindungen

Das Prinzip der bevorzugten Verbindungen spiegelt sich in der Pólya-Verteilung wider, einem Typ stochastischer Zufallsexperimente [4, S. 134]. Hierzu stelle man sich eine Urne vor, die X weiße und Y schwarze Kugeln enthält. Eine Kugel wird nach einem zufälligen Zug aus der Urne wieder zurückgelegt, ergänzt um eine weitere Kugel der gleichen Farbe. Die Wahrscheinlichkeit, eine Kugel einer bestimmten Farbe zu ziehen, verschiebt sich zugunsten der häufiger gezogeneren Farbe.

Bezogen auf Netzwerke bedeutet dies, dass Knoten mit höheren Graden eine höhere Wahrscheinlichkeit aufweisen, neue Kanten/Verbindungen aufzubauen.

Barabási und Albert kombinierten diesen Grundgedanken mit Wachstumsprozessen zu einem *Modell der bevorzugten Verbindungen* (engl.: preferential attachement)[42] [4, S. 134]. Ausgangspunkt ist ein Netzwerk, in dem alle Knoten den gleichen Grad besitzen. Neu in das Netzwerk hinzu kommende Knoten verbinden sich mit bereits im Netzwerk vorhandenen Knoten mit einer Wahrscheinlichkeit, die proportional zu der Kontaktanzahl der bereits existierenden Knoten ist [51, S. 208] in: [52]. So wäre es beispielsweise in Abb. 6.17a für Knoten 2 doppelt so wahrscheinlich, im nächsten Schritt/zum nächsten betrachteten Zeitpunkt eine Verbindung zu einem neuen Knoten (z. B. 5) aufzubauen als für Knoten 3 oder 4.

Preferential Attachement ist verbreitet und bietet als Modell Erklärungen für zahlreiche Netzwerke an, z. B. mit Power-Law-Verteilungen bzw. anderen schiefen Verteilungen [60], was ein Beispielnetz mit 100 Knoten zeigt (s. Abb. 6.18).

Schon aus der Abbildung ist ersichtlich, dass der lineare Ansatz des BA-Modells einige Nachteile aufweist [4, S. 138]:

---

[41] Hierzu zählen auch unabhängige Kaskaden (Markov-Ketten), vgl. vertiefend [5, S. 81], Robins [24, S. 486] in: [25], Trier [51, S. 211] in: [52] sowie Abschn. 6.2.6.

[42] Dieser Ansatz wird deshalb auch Barabási-und-Albert-Modell oder BA-Modell genannt [4, S. 145].

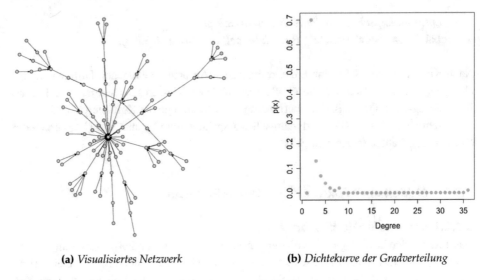

(a) *Visualisiertes Netzwerk* (b) *Dichtekurve der Gradverteilung*

Abb. 6.18 BA-Modell (Preferential Attachement) mit 100 Knoten

- Abweichung von der Gradverteilung vieler realer Netzwerke, da die Gradverteilung einem festen Muster folgt und das lineare Modell keine weiteren Einflussparameter berücksichtigt,
- Hubs sind die vergleichsweise älteren Knoten, neuere/jüngere Knoten können diese bzgl. des Grades nicht einholen,
- Geringe Triadenbildung/geringer durchschnittlicher Clustering-Koeffizient,
- Knoten und Kanten werden lediglich hinzugefügt, in realen Netzen können diese auch wegfallen, was im Modell nicht berücksichtigt wird,
- Weil jeder neue Knoten einem alten Knoten zugeordnet wird, ergibt sich eine verbundene Komponente; reale Netze weisen oftmals mehrere Komponenten auf,
- Knoten mit dem Grad 0 können im Modell niemals auftauchen (und theoretisch auch im Falle einer Berücksichtigung) nie Verbindungen aufbauen.

Um diese Nachteile teilweise auszugleichen, entstanden weitere (abgewandelte) Modelle [4, 138 ff.], z. B.:

- *Modell der Attraktivität:* Hinzufügen einer Konstante, sodass die Wahrscheinlichkeit einer Kantenverbindung eines Knotens nicht nur proportional zum Knotengrad ist, sondern auch proportional zur Summe des Knotengrades und zu dessen Attraktivitätswert. Insofern hängt die Dichtefunktion von einem weiteren Parameter ab und ermöglicht als Erweiterung des BA-Modells auch die Abweichung vom festen Muster hin zu *Heavy Tails* im Kontext von Verteilungskurven nach einem Potenzgesetz (s. Abschn. 6.1.4).

- *Fitness-Modell:* Annahme, dass die Wahrscheinlichkeit einer Kantenverbindung eines Knotens proportional zum Produkt aus Grad und dem Parameter *Fitness* ist. Fitness meint hier, ähnlich zum Konstrukt Attraktivität, ein Knotenattribut, welches für jeden Knoten unterschiedlich sein kann, aber über den Zeitverlauf hinweg konstant ist. Dieser Ansatz zielt darauf ab, mehrere Hubs zuzulassen und die Unausgeglichenheit zwischen älteren und jüngeren Knoten auszugleichen.
- *Random-Walk-Modell:* Ausgleich der geringen Triadenbildung in BA-Modellen, indem ein alter Knoten im Falle einer Verbindung mit einem neuen Knoten gleichzeitig auch Verbindungen zu dessen Nachbarknoten erhält.
- *Copy-Modell:* Abwandlung des Random-Walk-Modells, bei dem ein neuer Knoten mit einer Wahrscheinlichkeit einem alten Knoten oder seinen Nachbarknoten zugeordnet wird (ohne Triadenbildung durch Verknüpfung mit allen Nachbarknoten). Dieses Modell bildet Netzwerke mit mehreren Hubs und geringen Triaden aus.
- *Rank-Modell:* Annahme, dass ein neuer Knoten nichts über die absoluten Werte der Grade alter Knoten wissen muss. Statt absoluter Werte betrachtet das Modell Reihungen als relative Werte. Dementsprechend werden Knoten in Abhängigkeit eines absoluten Attributwertes (z. B. Grad) gereiht. Die Wahrscheinlichkeit einer Verbindung sinkt mit dem Rang eines Knotens als Exponentialparameter [4, 143 f.].

Unabängig vom BA-Modell bilden Netzwerke, die dem *Waldbrandmodell* (engl.: forest fire model) nach Leskovec et al. [61] entsprechen, im Zeitablauf exponentiell mehr Kanten aus als Knoten hinzukommen. Dadurch sinkt im Zeitablauf der Durchmesser, die Dichte steigt. Verbinden sich neue Knoten mit bestehenden Knoten, folgen diese mit einer bestimmten Wahrscheinlichkeitsverteilung einer Zahl ein- und ausgehender Links dieses Knotens, um sich mit diesen zu verbinden [51, S. 208] in: [52].

6.3.2.2 Homophilie

Homophilie bezeichnet nach Jackson [5, S. 68] eine Eigenschaft in sozialen Netzwerken die zum Ausdruck bringt, dass Menschen dazu neigen, Beziehungen zu anderen Menschen zu unterhalten, die sich hinsichtlich verschiedener Kriterien ähnlich sind. Lusher und Robins beschreiben das Phänomen als Wahl ähnlicher Anderer [62, S. 43].

Newman beschreibt in diesem Zusammenhang ein Modell des *assortativen Mischens* (engl.: assortative mixing), bei dem die Wahrscheinlichkeit eines Knotens zur Kantenbildung mit einem anderen Knoten nicht nur eine Funktion des Grades des Zielknotens ist, sondern auch den Grad des Quellknotens mit einbezieht [60]. Netzwerke zeigen dann assortatives Mischen, wenn Knoten mit hohem Grad eine Präferenz dazu zeigen, sich mit anderen Knoten zu verbinden, die auch einen hohen Grad aufweisen. Der umgekehrte Fall wird als disassortatives Mischen bezeichnet, bei dem Knoten mit hohem Grad eine Präferenz zu Knoten mit niedrigem Grad aufweisen.

Beispielsweise ist das in Abb. 6.18 dargestellte BA-Modell mit 100 Knoten *disassortativ*, da es einen negativen Wert hinsichtlich des Grades assortativen Mischens aufweist. Im Vergleich dazu zeigt ein Netzwerk mit 1000 Knoten, welches auf Zufallsbasis generiert wurde, einen positiven Wert und kann als *assortativ* bezeichnet werden.

Neben dem Knotengrad, der im Fokus der bisher beschriebenen Modelle ist, können auch weitere Attribute im Zusammenhang mit der Wahrscheinlichkeit einer neuen Verbindung zwischen zwei Knoten im Zeitverlauf betrachtet werden, z. B. mittels ERGM (s. Abschn. 6.2.6).[43]

6.3.3   Modelle mit Fokus auf Knotenveränderung

6.3.3.1   *k*-Schwellenwert

Schwellenwert-Modelle beruhen auf der Annahme, dass ein Knoten entweder inaktiv oder aktiviert ist. Wenn der auf einen inaktiven Knoten ausgeübte Einfluss bzw. Kontaktparameter seiner aktivierten Nachbarknoten einen gewissen Schwellenwert k (engl.: k-threshold) übersteigt, aktiviert er sich [4, S. 188]; der Knoten adaptiert ein Mem oder ist mit einer Krankheit infiziert. Schwellenwerte variieren von Knoten zu Knoten und werden aus einer Verteilung gezogen [63, S. 216, 219].

Dorogotsev und Mendes charakterisieren derartige Aktivierungsprozesse, bei denen ein Knoten den Zustand inaktiv oder aktiv besitzt, allgemein als *Bootstrap Percolation Problem* [63, S. 216] innerhalb der Modellklasse des Watts-Modells [63, S. 219]. Hierbei wird ein Knoten permanent aktiviert,[44] wenn die Anzahl seiner aktiven Nachbarn einen Schwellenwert erreicht.

Abb. 6.19 zeigt beispielhaft die Ausbreitung einer Krankheit gemäß einem k-Schwellenwert-Modell für $k = 2$. k repräsentiert hier die Anzahl der Nachbarknoten, die infiziert sein müssen, damit sich ein Knoten selbst infiziert. Wir gehen hier von einem anderen Fall aus, nämlich dass ein infizierter Knoten für die Dauer eines Zeitintervalls von t_i bis t_{i+1} infiziert ist und nach einer Infektion wieder genesen und empfänglich für eine erneute Infektion ist.[45] Infizierte Knoten sind grau gefärbt.

Schwellenwert-Modelle sind dann deterministisch, wenn Zufall keine Rolle spielt und die Aktivierung eines Knotens vom Erreichen der zuvor festgelegten Schwelle durch Kumulation der Nachbareinflüsse abhängt [4, S. 192].

Ein Schwellenwert, der in epidemiologischen Modellierungen oft zugrunde gelegt wird, ist die *grundlegende Reproduktionszahl* R_0, die als Durchschnitt der Sekundärinfektionen, die durch ein infiziertes Individuum innerhalb einer Population verursacht werden, definiert ist [64, S. 601]. In deterministischen Ansätzen beginnt eine Infektion innerhalb einer Population, in der Knoten empfänglich für eine Infektion sind, nur bei $R_0 > 1$.

---

[43] Weitere Beispiele finden sich in [36].

[44] Dies entspricht dem *SI-Modell* (s. Abschn. 6.3.3.2).

[45] Dies entspricht dem *SIS-Modell* (s. Abschn. 6.3.3.2).

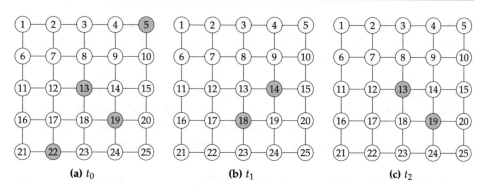

(a) t_0 **(b)** t_1 **(c)** t_2

Abb. 6.19 $k = 2$-Schwellenwert

6.3.3.2 Epidemiologische Modelle

Die Ausbreitung ansteckender Krankheiten ist Gegenstand vieler Untersuchungen an der Schnittstelle zwischen biologischen und sozialen Prozessen in Netzwerken.

Während es in anderen Wissenschaften die Möglichkeit zu Experimenten und Hypothesentests gibt, ist dies nach Hethcote [65, S. 7] in: [66] im Falle der Ausbreitung infektiöser Krankheiten fast immer unmöglich, unethisch (s. Kap. 8) und/oder kostenintensiv. Weil deshalb die Datenbasis für reale Experimente und Parameterschätzungen nicht vollständig und damit nicht verlässlich ist, muss in der Epidemiologie auf mathematische Modelle als theoretische Experimente zurückgegriffen werden. Ein epidemiologisches Modell nutzt mikroskopische Beschreibungen (z. B. die Rolle eines infektiösen Individuums) dazu, das makroskopische Verhalten einer Krankheitsausbreitung innerhalb einer Population vorherzusagen [65, S. 6] in: [66].

Bezogen auf Attribute, die potenziellen Einfluss auf die Ansteckung mit einer und den Verlauf einer Krankheit nehmen, sind beispielsweise Alter, Gesundheitszustand, Ernährung und natürliche Immunität zu nennen [53, S. 151]. Muster, nach denen sich eine Krankheit ausbreitet, hängen nicht nur von Attributen der Krankheit ab, sondern auch von den Netzwerkstrukturen der betroffenen Population [57, S. 645].

Mit der epidemiologischen Modellierung sind drei wesentliche Nachteile verbunden [65, S. 9] in: [66]:

- Ein Modell ist nicht die Realität, sondern vereinfacht diese stark,
- Deterministische Modelle vernachlässigen den Faktor Zufall und bieten zu Ergebnissen keine Konfidenzintervalle,
- Probabilistische/stochastische Modelle beinhalten zwar den Faktor Zufall, sind jedoch schwieriger darzustellen und zu analysieren als deterministische Ansätze.

Zudem ist es nicht möglich, alle Faktoren bei der Ausbreitung von infektiösen Krankheiten zu kennen, als Parameter in ein Modell zu integrieren und diese (sinnvoll) exakt zu schätzen. Deshalb müssen für eine Modellierung Vereinfachungen (z. B. hinsichtlich der Knoten in einer Population) getroffen werden [53, S. 151]. Einige dieser Grundannahmen und einfachen Modelle werden im Folgenden vorgestellt.

Grundannahmen Mathematische epidemiologische Modelle simplifizieren Grundannahmen zur Verbreitung von Krankheiten in Netzwerken hinsichtlich der Kategorisierung verschiedener Krankheitszustände (engl.: compartments) sowie der Flussraten im Krankheitsverlauf (z. B. Übertragungsrate einer Krankheit) innerhalb einer Population [3, S. 382, 59, S. 24].

Ein üblicher Ansatz zur Festlegung der *Übertragungsrate* ist die sog. *Mass Action Incidence* [59, S. 24]. Dabei geht man davon aus, dass in einer Population der Grösse N Individuen im Durchschnitt βN Kontakte haben, bei denen eine Infektion pro Zeiteinheit übertragen wird. Im Gegensatz dazu geht man bei dem Ansatz der sog. *Standardinzidenz* davon aus, dass Individuen konstant α Kontakte haben, bei denen eine Infektion pro Zeiteinheit übertragen wird [59, S. 24]. Beiden Ansätzen gemein ist, dass jeder Knoten die gleiche Chance besitzt, einen infizierten Knoten zu treffen;[46] unter dieser Annahme, dass jeder jeden (mit gleicher Chance) infizieren kann, besteht keine Notwendigkeit, das genaue Kontaktnetzwerk eines individuellen Knotens für die Modellierung kennen zu müssen [3, 382 f.].

Kompartimente (engl.: compartments) sind die grundlegenden Kategorien/Zustände, in die sich Knoten bezüglich ihres Krankheitsstatus einordnen lassen und zwischen denen sie im Zeitablauf auch wechseln können [53, 151 ff. 58, S. 6, 9, S. 238, 59, S. 23]:

- *Susceptible* (**S**): anfällig für Infektion,
- *Infected* (**I**): infiziert und infektiös (kann Krankheit mit einer Wahrscheinlichkeit übertragen),
- *Recovered/removed* (**R**): genesen, immun (wird deshalb für weitere Betrachtungen entfernt).

Je nach betrachteter Krankheit ergeben sich so verschiedene vereinfachte Kombinationen und sog. *Kompartimentmodelle* (engl.: compartmental models), die nach den Anfangsbuchstaben der o. g. Zustände abgekürzt werden (s. Abb. 6.20) [58, S. 6, 59, 23 f. 67, 178 ff.]:

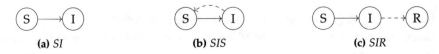

(a) SI   (b) SIS   (c) SIR

Abb. 6.20 Flussdiagramme: Krankheitsevolution

---

[46] Dieser Ansatz wird auch als *homogenes Mixen* (Mass Action Approximation) bezeichnet [2, S. 629, 3, S. 382].

Abb. 6.21 SI

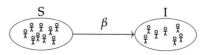

Die Terminologie SI beschreibt Krankheiten, von denen sich Infizierte nicht erholen können. SIS bezieht sich auf Krankheiten, bei denen keine Immunität gegen eine Reinfektion aufgebaut wird, SIR meint Krankheiten, gegen die man nach einer Infektion immun ist.

Es gibt Abwandlungen, die sich z. B. auf Krankheiten mit temporärer Immunität (SIRS) beziehen, bei denen nach einer Infektion ein weiterer Status *exposed* (**E**), d. h. infiziert, aber (noch) nicht infektiös (z. B. SEIR), erreicht werden kann oder bei denen Neugeborene eine passive Immunität zu einer Krankheit ihrer Mutter aufbauen. Da diese Modelle hier nicht behandelt werden, sei dazu vertiefend auf [58, 59, 88 ff. 64, 66] hingewiesen.

SI Das einfachste der Modelle ist das SI-Modell, bei dem Knoten die folgenden Stadien durchlaufen: **S**usceptible -> **I**nfectious (s. Abb. 6.21[47]) [2, 629 ff.].

Eine Person ist demnach entweder gesund oder infiziert und infektiös und kann sich von einer Krankheit nicht erholen (z. B. HIV [53, S. 151]). Stellen wir uns nun ein gerichtetes Kontaktnetzwerk vor. Besteht eine Kante zwischen einem Knoten i und einem Knoten j, und wird i zu einem bestimmten Zeitpunkt infiziert, kann die Krankheit potenziell direkt auf j übertragen werden. Jeder Knoten kann für sich die verschiedenen Stadien durchlaufen, abhängig von demjenigen Modell, welches zugrunde liegt.

Sei $S(t)$ die Anzahl der gesunden Knoten/Individuen, die zu einem bestimmten Zeitpunkt t noch nicht infiziert, aber für eine Krankheit anfällig sind und infiziert werden können.

$I(t)$ sei die Anzahl der Knoten/Individuen, die zu einem bestimmten Zeitpunkt t infiziert sind und die Krankheit weiter in S übertragen können.

Nehmen wir an, die Übertragung einer Krankheit sei ein Zufallsprozess und $S(t)$ sowie $I(t)$ Durchschnittswerte einer langen Reihe von Experimenten unter identischen Bedingungen, d. h., Knoten infizieren sich bei einem Kontakt, und Knoten hätten im Durchschnitt β Kontakte pro Zeiteinheit. Hierbei würde $I(t)$ im Zeitverlauf größer.

Besteht die Gesamtpopulation aus n Knoten, dann ist die durchschnittliche Wahrscheinlichkeit, zufällig einen suszeptiblen Knoten anzutreffen $\frac{S}{n}$, ein infizierter Knoten hat Kontakt zu $\beta \frac{S}{n}$ pro Zeiteinheit[48] [2, S. 629].

Da durchschnittlich I Knoten infiziert sind, bedeutet dies, dass die durchschnittliche Rate neuer Infektionen $\beta \frac{SI}{n}$ beträgt.

Im zeitlichen Verlauf kann die Änderungsrate von I wie folgt notiert werden:

---

[47] Die eigenen Darstellungen der Flussdiagramme sind angelehnt an [4, S. 195].

[48] Anders formuliert bezeichnet β auch die Wahrscheinlichkeit pro Zeitintervall, mit der sich eine Krankheit von einem infizierten Knoten auf einen suszeptiblen Knoten bei einem Kontakt überträgt [4, S. 194].

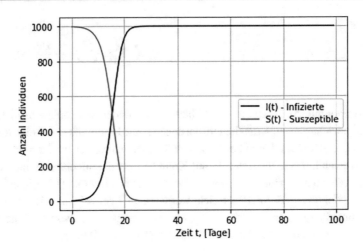

Abb. 6.22 SI (im Zeitverlauf)

$$\frac{dI}{dt} = \beta \frac{SI}{N}. \tag{6.24}$$

Dementsprechend sinkt die Anzahl suszeptibler Knoten:

$$\frac{dS}{dt} = -\beta \frac{SI}{N}. \tag{6.25}$$

Durch Umformungen und Eliminierungen (vgl. [2, S. 630]) erhält man die *logistische Wachstumsfunktion*, welche für einen Zeitraum exponentiell ansteigt und dann S-förmig mit schwindendem Anteil weiterer suszeptibler Knoten einen Sättigungsgrad erreicht. Abb. 6.22 zeigt beispielhaft ein SI-Modell für $N = 1000$, $\beta = 0,5$ und $\gamma = 0,1$ für einen Zeitraum von 100 Tagen.

In der Realität folgen zwar einige Netze diesem Verlauf, aber nicht alle. Es gibt z. B. auch Krankheiten, bei denen Immunitäten aufgebaut werden und/oder Knoten aus dem betrachteten Netzwerk ausscheiden, bevor eine Infektion stattfinden kann [2, S. 631]. Das SI-Modell bildet dies nicht ab. Es enthält ferner keine Latenzperiode, d. h., es gibt nur Knoten, die entweder infiziert sind oder nicht. Bei einer Infektion wird nicht unterschieden, ob diese nicht infektiös oder infektiös verläuft. Alle Knoten werden als potenzielle Krankheitsüberträger behandelt [2, S. 628].

SIS Im SIS-Modell durchlaufen Knoten die Zustände: **S**usceptible -> **I**nfectious -> **S**usceptible (s. Abb. 6.23). Das Modell kann auf Krankheiten angewendet werden, die keine langfristige Immunität mitsichbringen (z. B. Erkältung) [4, S. 194].

Um das Modell zu notieren, gehen wir zunächst vom *deterministischen* Fall des Prozesses der Krankheitsübertragung aus. Analog zum SI-Modell ist beim SIS-Modell (Abb. 6.23) $S(t)$ die Anzahl der Knoten/Individuen, die zu einem bestimmten Zeitpunkt t noch nicht infiziert,

Abb. 6.23 SIS

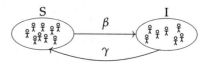

aber für eine Krankheit anfällig sind und infiziert werden können. $I(t)$ ist die Anzahl der Knoten/Individuen, die zu einem bestimmten Zeitpunkt t infiziert sind und die Krankheit weiter in S übertragen können.

β und γ sind positive Konstanten, β ist die Infektionsrate (die Anzahl potenzieller infektiöser Übertragungskontakte), γ die Rate derer, die genesen respektive nicht mehr ansteckend sind, aber wieder infiziert werden können. Anders formuliert ist dies die sog. *Recovery Rate* als Wahrscheinlichkeit infizierter Knoten, im Zeitintervall den Status suszeptibel nach überstandener Infektion bzw. Genesung zu erhalten [4, S. 194].

Auf Basis der Notationen in Gl. 6.24 und Gl. 6.25 kann dementsprechend die Anzahl suszeptibler und infektiöser Knoten im SIS-Modell wie folgt notiert werden [58, S. 6]:

$$\dot{S}(t) = \gamma I(t) - \beta I(t) \frac{S(t)}{N}, \tag{6.26}$$

$$\dot{I}(t) = \beta I(t) \frac{S(t)}{N} - \gamma I(t). \tag{6.27}$$

Im Modell werden in jeder Iteration alle Knoten durchlaufen. Für jeden Knoten i wird Folgendes geprüft [4, S. 195]:

- Wenn i suszeptibel ist, durchlaufe die Nachbarknoten von i. Für jeden infizierten Nachbarn, infiziert sich i mit der Wahrscheinlichkeit β,
- Wenn i infiziert ist, wird i mit einer Wahrscheinlichkeit γ suszeptibel.

Es gelten folgende Rahmenbedingungen [59, S. 26]:

- Die Rate der Neuinfektionen ist die Mass-Action-Inzidenz[49],
- Infektiöse verlassen die Klasse der Infektiösen mit der Rate $\gamma I(t)$ pro Zeiteinheit und kehren zur Klasse der Suszeptiblen S zurück,
- Es gibt in der Population keine Neuzugänge/Abgänge,
- Es gibt keine Todesfälle aufgrund der Krankheit, und die Grösse der Population N ist konstant ($N = S + I$).

Eine Differentialgleichung kann hierbei zwei Zustände (Equilibria) erreichen: einen krankheitsfreien stabilen Zustand $I_{df} = 0$ und einen endemischen stabilen Zustand $I_e =$

---

[49] Als Alternative kann hierzu auch die Standardinzidenz genutzt werden [59, S. 23] (s. Abschn. 6.3.3.2).

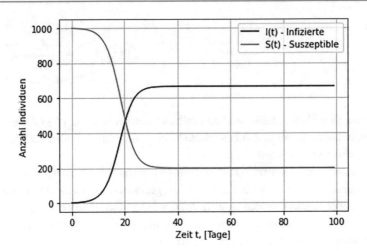

Abb. 6.24 SIS (im Zeitverlauf)

$N(1 - \frac{\gamma}{\beta})$. Abb. 6.24 zeigt beispielhaft ein SIS-Modell für $N = 1000$, $\beta = 0,5$ und $\gamma = 0,1$ für einen Zeitraum von 100 Tagen.

SIR Im SIR-Modell[50] durchlaufen Knoten die Zustände: **S**usceptible -> **I**nfectious -> **R**ecovered (s. Abb. 6.25):

- Initial befinden sich einige Knoten im Zustand S, einige im Zustand I,
- Jeder Knoten v, welcher den Zustand I erhält, bleibt für eine fixierte Anzahl an zeitlichen Schritten t_I infektiös,
- Innerhalb von t_I überträgt v die Krankheit mit einer Wahrscheinlichkeit p an seine suszeptiblen Nachbarknoten,
- Nach t_I Schritten ist v entfernt (R), da er im Kontaktnetzwerk die Krankheit nicht mehr bekommen bzw. übertragen kann.

Abb. 6.25 SIR

---

[50] Das Modell wurde erstmals formuliert von Kermack und McKendrick [68] in: [59, S. 35].

Der Fortschritt der Krankheitsausbreitung wird demnach beeinflusst durch die Netz-werkstruktur und die Größen p (Wahrscheinlichkeit einer Ansteckung) sowie t_I (Dauer einer Infektion) [57, S.649]. Das Modell kann auf Krankheiten angewendet werden, die eine langfristige Immunität mitsichbringen [4, S.194].

Deterministisch kann das SIR-Compartment-Model wie folgt notiert werden [58, S.7]:

$$\dot{S}(t) = \gamma I(t) - \beta I(t)\frac{S(t)}{N}, \tag{6.28}$$

$$\dot{I}(t) = \beta I(t)\frac{S(t)}{N} - \gamma I(t), \tag{6.29}$$

$$\dot{R}(t) = \gamma I(t). \tag{6.30}$$

$R(t)$ ist die Anzahl der Knoten/Individuen, die zu einem bestimmten Zeitpunkt t gene-sen/immun sind und die Krankheit nicht mehr weiter in S übertragen können.

Abb.6.26 zeigt beispielhaft ein SIR-Modell für $N = 1000$, $\beta = 0{,}5$ und $\gamma = 0{,}1$ für einen Zeitraum von 100 Tagen.

6.3.3.3 Verzweigung
Das Modell der Verzweigung (engl.: branch model), welches seinen Namen aufgrund der resultierenden Baumstruktur seiner Modelle trägt, basiert auf folgenden Überlegungen [57, S.647]:

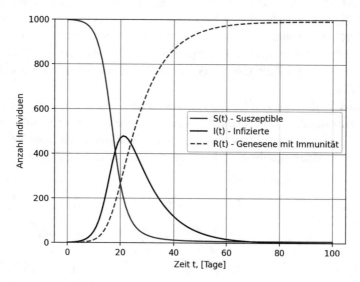

Abb. 6.26 SIR (im Zeitverlauf)

- Erste Welle: Eine mit einer Krankheit infizierte Person trifft innerhalb einer Population auf eine Anzahl k weiterer Knoten und infiziert in k weitere Knoten mit einer Wahrscheinlichkeit p,
- Zweite Welle: Jede infizierte Person aus k aus der ersten Welle trifft weitere k Personen, sodass $k * k = k^2$; diese Knoten infizieren weitere Knoten aus k der zweiten Welle mit einer Wahrscheinlichkeit p,
- Folgewellen: solche, bei denen jeder Knoten weitere k Knoten trifft und mit einer Wahrscheinlichkeit p infiziert.

Eine Krankheit würde sich in einem festgelegten Personenkreis so in einem Baum in verschiedenen Wellen (1. Welle= t_0 bis t_1, 2. Welle t_1 bis t_2) verbreiten, wie in Abb. 6.27 vereinfacht dargestellt. Das Beispiel zeigt Knoten, die pro Zeitintervall immer jeweils $k = 2$ weitere Knoten treffen und mit verschiedenen Wahrscheinlichkeiten p (unabhängig) infizieren. Infizierte Knoten sind grau gefärbt.

Entweder die Verbreitung stoppt, wenn in einer Welle keine neuen Infektionen auftreten, d. h., eine Krankheit dann nach verschiedenen finiten Schritten/Wellen verebbt, oder die Verbreitung schreitet infinit in jeder (weiteren) Welle weiter voran. Der Schwellenwert, der diese beiden Möglichkeiten im Modell voneinander trennt, ist die *Reproduktionszahl* $R_0 = p * k$ [57, S. 649], d. h. die erwartete Anzahl neuer Krankheitsfälle, die durch einen Knoten in einer Welle verursacht wird. Bei $R_0 < 1$ klingt die Krankheit binnen einer finiten Anzahl an Wellen (mit Wahrscheinlichkeit 1) aus; bei $R_0 > 1$ überdauert sie durch Infektion von mindestens einer Person pro Welle mit einer positiven Wahrscheinlichkeit.

R_0 erweist sich auch für andere Modelle als hilfreicher Ausgangspunkt und Schwellenwert [59, S. 22], z. B. auch für eine Differenzierung von Maßnahmen zur Beeinflussung von p (z. B. mittels Hygienemaßnahmen) und/oder k (z. B. via Isolation, Quarantäne).

Das Modell der Verzweigung ist ein Spezialfall des SIR-Modells (s. Abschn. 6.3.3.2), bei dem $t_I = 1$ und das Kontaktnetzwerk ein infiniter Baum mit fixierten Nachbarknoten ist [57, S. 651].

Das Modell ist dennoch sehr einfach und simplifiziert Kontaktnetzwerke. So finden sich in der Baumstruktur des Modells keine Triaden. Es sind deshalb Abwandlungen und Erweiterungen in Form von weiteren Modellen gefragt, die der Komplexität realer Netzwerke und damit zusammenhängenden dynamischen Prozessen besser gerecht werden.

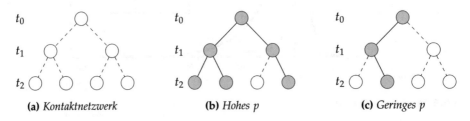

(a) *Kontaktnetzwerk* (b) *Hohes p* (c) *Geringes p*

Abb. 6.27 Branch Model

6.4   Zusammenfassung

Zunächst wurden die beiden Dimensionen von Netzwerkmodellen, statische Verdrahtungsmodelle bei festgelegter Anzahl von Knoten und dynamische Wachstumsmodelle, unterschieden.

Das Kapitel fokussierte zunächst die Verdrahtung von Netzwerken. Zu Beginn wurde der
Zufallsgraph $G(n, p)$ sowie die dazugehörigen Wahrscheinlichkeitsverteilungen (Binomial-
und Poisson-Verteilung) vorgestellt. Aufgrund der Limitationen und Abweichungen von
Charakteristiken vieler in der Realität untersuchter Netzwerke, wurden weitere Modelle
skizziert.

Das Konfigurationsmodell zeigte, wie ein Modell auf Grundlage einer gegebenen Gradsequenz mögliche Zufallsgraphen generiert. Da für andere Fragestellungen eine Betrachtung weiterer, voneinander abhängiger Parameter im Modell interessant und notwendig sein
könnte, wurden die Modelle der exponentiellen Zufallsgraphen mit ihrer Unterform der
Markov-Graphen (mit Fokus auf strukturelle Parameter) mit Interpretationsmöglichkeiten
und Limitationen vorgestellt.

Anschließend wurden dynamische Aspekte von Netzwerken mit einem allgemeinen Blick
auf Veränderungen von Kanten und/oder Knoten im Zeitverlauf beschrieben. Vorgestellte
Modelle mit Fokus auf Kantenveränderungen umfassten dabei:

- *Bevorzugte Verbindung* (engl.: preferential attachement): Grundannahme, dass Knoten
  mit höheren Graden eine höhere Wahrscheinlichkeit aufweisen, neue Kanten/Verbindun-
  gen aufzubauen (s. Abschn. 6.3.2.1),
- *Homophilie:* Eigenschaft in sozialen Netzwerken die zum Ausdruck bringt, dass Menschen dazu neigen, Beziehungen zu anderen Menschen zu unterhalten, die sich hinsichtlich verschiedener Kriterien ähnlich sind (Abschn. 6.3.2.2).

Bei den im Anschluss skizzierten Ansätzen mit Fokus auf Knotenveränderung wurde nach
deterministisch oder *probabilistisch* unterschieden, je nachdem, ob unterschiedliche Einflussfaktoren und Übertragungswahrscheinlichkeiten im Zeitverlauf abgebildet werden können oder nicht:

- Deterministisch:
  - *k-Schwellenwert-Modelle* (engl.: k-threshold models): beruhen auf der Annahme,
    dass ein Knoten entweder inaktiv oder aktiviert ist. Wenn der auf einen inaktiven
    Knoten ausgeübte Einfluss bzw. Kontaktparameter seiner aktivierten Nachbarknoten
    einen gewissen Schwellenwert k (k-threshold) übersteigt, aktiviert er sich [4, S. 188].
    Beispielsweise adaptiert der Knoten ein Mem oder ist mit einer Krankheit infiziert.
    Schwellenwerte variieren von Knoten zu Knoten und werden aus einer Verteilung
    gezogen [63, S. 216, 219] (s. Abschn. 6.3.3.1);

– *Epidemiologische Modelle:* simplifizieren Grundannahmen zur Verbreitung von Krankheiten in Netzwerken hinsichtlich der Kategorisierung verschiedener Krankheitszustände (engl.: compartments) sowie der Flussraten im Krankheitsverlauf (z. B. Übertragungsrate einer Krankheit) innerhalb einer Population (s. Abschn. 6.3.3.2, vgl. vertiefend [3, S. 382, 59, S. 24, 67, 178 ff. 58, S. 6, 66, S. 7, 5, 195 ff.]),

- Probabilistisch/stochastisch: *Branch Model* – wellenartige Krankheitsverbreitung in einem festgelegten Knotenkreis in Baumstruktur (s. Abschn. 6.3.3.3) [57, S. 647].

Ergänzend zur probabilistischen Modellklasse wurden ERGMs thematisiert (s. Abschn. 6.2.6).[51]

6.5   Übungen

Aufgabe 6.1. Kleine-Welt-Modell
Untersuchen Sie den Effekt auf den durchschnittlichen kürzesten Pfad in einem *Kleine-Welt-Netzwerk* mit $N = 2000$, $k = 3$ und unterschiedlichen p als (rewiring probabilities): 0,001; 0,01; 0,2; 0,3.

Aufgabe 6.2. Konfigurationsmodell (gerichteter Graph)
Tab. 6.5 zeigt beispielhaft eine Gradsequenz für einen Graphen mit vier Knoten. Ermitteln Sie mögliche *Matchings*.

Aufgabe 6.3. ERGM
Ausgangspunkt ist der Datensatz „sawmill",[52] welcher ein Kommunikationsnetzwerk in einer Sägemühle repräsentiert [34, S. 142]. Mitarbeiter:innen wurden gebeten, die Häufigkeit von arbeitsbezogenen Gesprächen und Diskussionen mit anderen Kollegen auf einer Skala von 1 (weniger als einmal pro Woche) bis 5 (mehrmals am Tag) anzugeben. Eine Kantenbildung zwischen zwei Knoten erfolgt, wenn einer von beiden einen Kontakt mit einem Skalenwert von mindestens drei angegeben hat. Das Kommunikationsnetzwerk enthält 36 Knoten und 62 Kanten. In der Sägemühle sprechen Mitarbeiter:innen entweder Spanisch (H) oder Englisch (E). Die Sägemühle besteht aus den Hauptbereichen Mühle (M), wo Holzstämme zu Brettern zersägt werden, sowie dem Bereich P, in dem die Bretter plan geschliffen werden. Ergänzend verfügt der Kleinbetrieb über ein Außenlager (Y) mit zwei

---

[51] Vgl. vertiefend [5, S. 81], Robins [24, S. 486] in: [25] sowie Trier [51, S. 211] in: [52].

[52] Dieser Datensatz wurde von Michael und Massey [69] verwendet und auch an anderer Stelle hinsichtlich weiterer Kennzahlen beschrieben [34, S. 142]; Datenquellen finden sich z. B. online: http://vlado.fmf.uni-lj.si/pub/networks/data/esna/sawmill.htm; http://www.casos.cs.cmu.edu/tools/datasets/external/index.php#sawmill [letzter Zugriff: 11.05.2022].

Tab. 6.5 Gradsequenz für ein Konfigurationsmodell

Knoten	1	2	3	4
Eingangsgrad	2	2	1	1
Ausgangsgrad	2	2	1	1

zugeordneten Personen sowie zusätzlichen Personen mit unterschiedlichen Leitungsfunktionen. Führen Sie eine Analyse des Datensatzes mit folgenden Schritten durch:

- Explorieren Sie das Netzwerk (z. B. visuell, mit Kreuztabellen, ...),
- Suchen Sie potenzielle Auffälligkeiten/Zusammenhänge,
- Stellen Sie Hypothesen mit geeigneten Parametern auf,
- Erstellen Sie ein ERGM-Modell, das die Parameter enthält,
- Wenden Sie das Modell auf die Daten an,
- Überprüfen Sie die Ergebnisse mit den Hypothesen,
- Ermitteln Sie den Goodness of Fit des Modells,
- Interpretieren Sie das Modell!

Aufgabe 6.4. k-Schwellenwert
Abb. 6.19 zeigte die Ausbreitung einer Krankheit gemäß einem k-Schwellenwert-Modell für $k = 2$. k repräsentiert die Anzahl der Nachbarknoten, die infiziert sein müssen, damit sich ein Knoten selbst infiziert. Geben Sie die Ausbreitung der Krankheit für das gleiche Kontaktnetzwerk mit Ausgangspunkt t_0 für t_1 und t_2 mit $k = 1$ an. Unterscheiden Sie zwischen dem SIS-Modell und dem SI-Modell. Was fällt Ihnen auf?

Quellen

1. C. Coupette, *Juristische Netzwerkforschung: Modellierung, Quantifizierung und Visualisierung relationaler Daten im Recht*. Mohr Siebeck, 2019, ISBN: 9783161570117.
2. M. E. J. Newman, *Networks: An Introduction*. New York, NY, USA: Oxford University Press, Inc., 2010, ISBN: 9780199206650.
3. A.-L. Barabási und M. Pósfai, *Network science*. Cambridge: Cambridge University Press, 2016, ISBN: 9781107076266. Adresse: http://barabasi.com/networksciencebook/.
4. F. Menczer, S. Fortunato und C. A. Davis, *A First Course in Network Science*. Cambridge University Press, 2020. https://doi.org/10.1017/9781108653947.
5. M. O. Jackson, *Social and economic networks*. Princeton, NJ: Princeton University Press, 2008, ISBN: 9780691134406.
6. L. Fahrmeir, C. Heumann, R. Künstler, I. Pigeot und G. Tutz, *Statistik: Der Weg zur Datenanalyse*, 8. Aufl., Ser. Springer-Lehrbuch. Berlin, Heidelberg: Springer, 2016, ISBN: 9783662503720.

7. J. Bortz und N. Döring, *Forschungsmethoden und Evaluation in den Sozial- und Humanwissenschaften*, 3. Aufl. Berlin, Heidelberg: Springer, 2003, Nachdruck, ISBN: 3-540-41940-3.

8. E. Weitz, *Konkrete Mathematik (nicht nur) für Informatiker: Mit vielen Grafiken und Algorithmen in Python*. Springer Fachmedien Wiesbaden, 2018, ISBN: 9783658215651.

9. M. Coscia, „The Atlas for the Aspiring Network Scientist", *CoRR*, Jg. abs/ 2101.00863, 2021. arXiv: 2101.00863. Adresse: https://arxiv.org/abs/2101.00863.

10. M. J. Zaki und W. Meira Jr, *Data Mining and Machine Learning: Fundamental Concepts and Algorithms*, 2. Aufl. Cambridge University Press, 2020. https://doi.org/10.1017/9781108564175.

11. J. Bortz und C. Schuster, *Statistik für Human- und Sozialwissenschaftler: Limitierte Sonderausgabe*, Ser. Springer-Lehrbuch. Berlin, Heidelberg: Springer, 2011, ISBN: 9783642127700.

12. L. Sachs, *Statistische Auswertungsmethoden*. Springer Berlin Heidelberg, 1968, ISBN: 9783662000403.

13. C. M. Bishop, *Pattern Recognition and Machine Learning*, Ser. Information Science and Statistics. Springer New York, 2016, ISBN: 9781493938438.

14. A.-L. Barabási und A. Bonabeau, „Skalenfreie Netze", *Spektrum der Wissenschaft*, S. 62–69, Juli 2004. Adresse: https://www.metabolic-economics.de/pages/seminar_theoretische_biologie_2007/literatur/netzwerke/scale_free_networks_spektrum_wissenschaften.pdf.

15. W. Deng, W. Li, X. Cai und Q. A. Wang, „The exponential degree distribution in complex networks: Non-equilibrium network theory, numerical simulation and empirical data", *Physica A: Statistical Mechanics and its Applications*, Jg. 390, Nr. 8, S. 1481–1485, 2011. https://doi.org/10.1016/j.physa.2010.12.0. Adresse: https://ideas.repec.org/a/eee/phsmap/v390y2011i8p1481-1485.html.

16. G. Caldarelli, *Scale-Free Networks: Complex Webs in Nature and Technology*, Ser. Oxford Finance Series. Oxford University Press, 2007, ISBN: 9780199211517.

17. A. Clauset, C. R. Shalizi und M. E. J. Newman, „Power-Law Distributions in Empirical Data", *SIAM Review*, Jg. 51, Nr. 4, S. 661–703, 2009. https://doi.org/10.1137/070710111. eprint: http://dx.doi.org/10.1137/070710111.

18. D. Price de Solla, „Networks of scientific papers", *Science*, Jg. 149, Nr. 3683, S. 510–515, 1965.

19. W. Lai, „Fitting power law distributions to data", *UC Berkeley Statistics*, 2016. Adresse: https://www.stat.berkeley.edu/~aldous/Research/Ugrad/Willy_Lai.pdf.

20. E. N. Gilbert, „Random graphs", *The Annals of Mathematical Statistics*, Jg. 30, Nr. 4, S. 1141–1144, Dez. 1959.

21. R. Solomonoff und A. Rapoport, „Connectivity of random nets", *The bulletin of mathematical biophysics*, Jg. 13, Nr. 2, S. 107–117, 1951.

22. P. Erdőos und A. Rényi, „On Random Graphs I", *Publicationes Mathematicae Debrecen*, Jg. 6, S. 290–297, 1959.

23. M. Karoński und A. Ruciński, „The Origins of the Theory of Random Graphs", in *The Mathematics of Paul Erdös* I, R. L. Graham und J. Nešetřil, Hrsg. Berlin, Heidelberg: Springer, 1997, S. 311–336, ISBN: 978-3-642-60408-9. https://doi.org/10.1007/978-3-642-60408-9_24. Adresse: https://doi.org/10.1007/978-3-642-60408-9_24.

24. G. Robins, „Exponential random graph models for social networks", in *The SAGE Handbook of Social Network Analysis*. Sage Publications Ltd., 2011, S. 484–500, ISBN: 9781847873958.

25. J. P. Scott und P. J. Carrington, *The SAGE Handbook of Social Network Analysis*. Sage Publications Ltd., 2011, ISBN: 9781847873958.

26. L. Fahrmeir, C. Heumann, R. Künstler, I. Pigeot und G. Tutz, *Statistik: Der Weg zur Datenanalyse*, 7, korrigierter Nachdruck 2011, Ser. Springer-Lehrbuch. Berlin, Heidelberg: Springer, 2009, ISBN: 9783662503720.

27. D. J. Watts und S. H. Strogatz, „Collective dynamics of ‚small-world' networks", *Nature*, Jg. 393, S. 440–442, Juni 1998, ISSN: 0028-0836. https://doi.org/10.1038/30918. Adresse: http://dx.doi.org/10.1038/30918.

28. H. Lietz, „Watts, Duncan J./Strogatz, Steven H. (1998). Collective Dynamics of „Small-World" Networks. *Nature* 393, S. 440– 442.", in Schlüsselwerke der Netzwerkforschung, B. Holzer und C. Stegbauer, Hrsg., Springer Fachmedien Wiesbaden GmbH, Jan. 2019, S. 551-553, ISBN: 978-3-658-21741-9. https://doi.org/10.1007/978-3-658-21742-6_130.

29. B. Rozemberczki, C. Allen und R. Sarkar, „Multi-scale Attributed Node Embedding", *CoRR*, Jg. abs/1909.13021, 2019. arXiv: 1909.13021. Adresse:http://arxiv.org/abs/1909.13021.

30. F. Shi, „Learn About Configuration Models in R With Data From the Florentine Family Dataset (1994)", *SAGE Research Methods Datasets Part 2*, 2019. doi: https://doi.org/10.4135/9781526477903.

31. G. Robins, T. Snijders, P. Wang, M. Handcock und P. Pattison, „Recent developments in exponential random graph (p*) models for social networks", *Social Networks*, Jg. 29, Nr. 2, S. 192–215, 2007, Special Section: Advances in Exponential Random Graph (p*) Models, ISSN: 0378-8733. https://doi.org/10.1016/j.socnet.2006.08.003. Adresse: https://www.sciencedirect.com/science/article/pii/S0378873306000384.

32. P. N. Krivitsky, M. Morris, M. S. Handcock, C. T. Butts, D. R. Hunter, S. M. Goodreau, C. Klumb und S. B. de-Moll, *Exponential Random Graph Models (ERGMs) using statnet*, The Statnet Project (https://statnet.org), 2021. Adresse: http://statnet.org/Workshops/ergm_tutorial.html.

33. J. van der Pol, *Introduction to network modeling using Exponential Random Graph models (ERGM)*, https://hal.archives-ouvertes.fr/hal-01284994v2/document, 2017.

34. W. de Nooy, A. Mrvar und V. Batagelj, *Exploratory Social Network Analysis with Pajek*. New York, NY, USA: Cambridge University Press, 2011, ISBN: 9780521174800.

35. J. Koskinen und G. Daraganova, „Exponential random graph model fundamentals", in *Exponential Random Graph Models for Social Networks: Theory, Methods and Applications*, Ser. Structural Analysis in the Social Sciences. United Kingdom: Cambridge University Press, 2013, S. 49–76, ISBN: 978-0-521-19356-6.

36. D. Lusher, J. Koskinen und G. Robins, *Exponential Random Graph Models for Social Networks: Theory, Methods and Applications*, Ser. Structural Analysis in the Social Sciences. United Kingdom: Cambridge University Press, 2013, ISBN: 978-0-521-19356-6.

37. W. Lu und G. Miklau, „Exponential Random Graph Estimation under Differential Privacy", in *Proceedings of the 20th ACM SIGKDD International Conference on Knowledge Discovery and Data Mining*, Ser. KDD '14, New York, New York, USA: Association for Computing Machinery, 2014, S. 921–930, ISBN: 9781450329569. https://doi.org/10.1145/2623330.2623683. Adresse: https://doi.org/10.1145/2623330.2623683.

38. D. R. Hunter, M. S. Handcock, C. T. Butts, S. M. Goodreau und M. Morris, „ergm: A Package to Fit, Simulate and Diagnose Exponential-Family Models for Networks", *Journal of Statistical Software*, Jg. 24, Nr. 3, S. 1–29, 2008.

39. M. S. Handcock, D. R. Hunter, C. T. Butts, S. M. Goodreau, P. N. Krivitsky und M. Morris, *ergm: Fit, Simulate and Diagnose Exponential-Family Models for Networks*, R package version 4.1.2, The Statnet Project (https://statnet.org), 2021. Adresse: https://CRAN.R-project.org/package=ergm.

40. P. N. Krivitsky, D. R. Hunter, M. Morris und C. Klumb, *ergm 4.0: New features and improvements*, 2021. eprint: arXiv:2106.04997.

41. J. Delitsch, „Über Schülerfreundschaften in einer Volksschulklasse", *Zeitschrift für Kinderforschung*, Jg. 5, Nr. 4, S. 150–163, 1900.

42. R. Heidler, M. Gamper, A. Herz und F. Eßer, „Relationship patterns in the 19th century: The friendship network in a German boys' school class from 1880 to 1881 revisited.", *Social Networks*, Jg. 37, S. 1–13, 2014. Adresse: http://dblp.unitrier.de/db/journals/socnet/socnet37.html# HeidlerGHE14.

43. G. Robins und D. Lusher, „Illustration: simulation, estimation, and goodness of fit", in *Exponential Random Graph Models for Social Networks: Theory, Methods and Applications*, Ser. Structural Analysis in the Social Sciences. United Kingdom: Cambridge University Press, 2013, S. 167–185, ISBN: 978-0-521-19356-6.

44. G. Robins und D. Lusher, „Simplified account of an exponential random graph model as a statistical model", in *Exponential Random Graph Models for Social Networks: Theory, Methods and Applications*, Ser. *Structural Analysis in the Social Sciences*. United Kingdom: Cambridge University Press, 2013, S. 29–36, ISBN: 978-0-521-19356-6.

45. L. Brandenberger und S. Martínez, *Lab 2 and 3 - Intro to ERGMs, marginal effects and goodness-of-fit*, https://rstudio-pubs-static.s3.amazonaws.com/471073_ d45a4acd780b4987932dc8fc47c46dd5.html, Feb. 2019.

46. M. Morris, M. S. Handcock und D. R. Hunter, „Specification of Exponential-Family Random Graph Models: Terms and Computational Aspects", *Journal of Statistical Software*, Jg. 24, Nr. 4, S. 1-24, 2008. https://doi.org/10.18637/jss.v024.i04. Adresse: https://www.jstatsoft.org/index. php/jss/article/view/v024i04.

47. J. Koskinen und T. Snijders, „Simulation, estimation, and goodness of fit", in *Exponential Random Graph Models for Social Networks: Theory, Methods and Applications*, Ser. Structural Analysis in the Social Sciences. United Kingdom: Cambridge University Press, 2013, S. 141–166, ISBN: 978-0-521-19356-6.

48. S. Ghafouri und S. H. Khasteh, „A survey on exponential random graph models: an application perspective", *PeerJ Computer Science*, Jg. 6, 2020. https://doi.org/10.7717/peerj-cs.269.

49. A. G. Chandrasekhar und M. O. Jackson, „Tractable and Consistent Random Graph Models", Working Paper Series, Nr. 20276, Juli 2014. https://doi.org/10.3386/w20276. Adresse: http:// www.nber.org/papers/w20276.

50. M. J. Silk und D. N. Fisher, „Understanding animal social structure: exponential random graph models in animal behaviour research", *Animal Behaviour*, Jg. 132, S. 137–146, 2017, issn: 0003-3472. https://doi.org/10.1016/j.anbehav.2017.08.005. Adresse: https://www.sciencedirect.com/ science/article/pii/S0003347217302543.

51. M. Trier, „Struktur und Dynamik in der Netzwerkanalyse", in *Handbuch Netzwerkforschung*. Springer, 2010, S. 205–217, ISBN: 978-3-531-15808-2. https://doi.org/10.1007/978-3-531-92575-2. Adresse: https://doi.org/10.1007/978-3-531-92575-2.

52. C. Stegbauer und R. Häußling, *Handbuch Netzwerkforschung*. Springer, 2010, ISBN: 978-3-531-15808-2. https://doi.org/10.1007/978-3-531-92575-2. Adresse: https://doi.org/10.1007/978-3-531-92575-2.

53. J. Golbeck, *Analyzing the Social Web*. San Francisco, CA, USA: Morgan Kaufmann Publishers Inc., 2013, ISBN: 9780124055315.

54. R. Dawkins, *The Selfish Gene*. Oxford University Press, Oxford, UK, 1976.

55. R. Aunger, *The Electric Meme: A New Theory of How We Think*. Free Press, 2002, ISBN: 9780743201506.

56. X. Wei, N. Valler, B. Prakash, I. Neamtiu, M. Faloutsos und C. Faloutsos, „Competing Memes Propagation on Networks: A Case Study of Composite Networks", *ACM SIGCOMM Computer Communication Review*, Jg. 42, S. 5–11, Okt. 2012.

57. D. A. Easley und J. M. Kleinberg, *Networks, Crowds, and Markets - Reasoning About a Highly Connected World (Pre-print)*. Cambridge University Press, 2010, ISBN: 978-0-521-19533-1. Adresse: https://www.cs.cornell.edu/home/kleinber/networks-book/.

58. I. Z. Kiss, J. C. Miller und P. L. Simon, *Mathematics of Epidemics on Networks: From Exact to Approximate Models*, Ser. Interdisciplinary Applied Mathematics. Springer International Publishing, 2017, ISBN: 9783319508061.

59. F. Brauer, C. Castillo-Chavez und Z. Feng, *Mathematical Models in Epidemiology*, Ser. Texts in Applied Mathematics. Springer New York, 2019, ISBN: 9781493998289.

60. M. E. J. Newman, „Assortative Mixing in Networks", *Phys. Rev. Lett.*, Jg. 89, S. 208 701, 20 Okt. 2002. https://doi.org/10.1103/PhysRevLett.89.208701. Adresse: https://link.aps.org/doi/10.1103/PhysRevLett.89.208701.

61. J. Leskovec, J. Kleinberg und C. Faloutsos, „Graph evolution: Densification and shrinking diameters", *ACM transactions on Knowledge Discovery from Data (TKDD)*, Jg. 1, Nr. 1, 2-es, 2007.

62. D. Lusher und G. Robins, „Example exponential random graph model analysis", in *Exponential Random Graph Models for Social Networks: Theory, Methods and Applications*, Ser. Structural Analysis in the Social Sciences. United Kingdom: Cambridge University Press, 2013, S. 37–46, ISBN: 978-0-521-19356-6.

63. S. N. Dorogovtsev und J. F. Mendes, *The Nature of Complex Networks*. Oxford University Press, 2022, ISBN: 9780199695119.

64. H. W. Hethcote, „The mathematics of infectious diseases", *SIAM Review*, Jg. 42, S. 599–653, 2000.

65. H. W. Hethcote, „The basic epidemiology models: models, expressions for R0, parameter estimation, and applications", in *Mathematical Understanding of Infectious Disease Dynamics*, Ser. Lecture notes series. World Scientific, 2009, Bd. 16, S. 1–61, ISBN: 9789812834836.

66. S. Ma und Y. Xia, *Mathematical Understanding of Infectious Disease Dynamics*, Ser. Lecture notes series. World Scientific, 2009, Bd. 16, ISBN: 9789812834836.

67. M. Al-Taie und S. Kadry, *Python for Graph and Network Analysis*, Ser. Advanced Information and Knowledge Processing. Springer International Publishing, 2017, ISBN: 9783319530048.

68. W. O. Kermack und A. G. McKendrick, „A contribution to the mathematical theory of epidemics", *Proceedings of the Royal Society of London A: mathematical, physical and engineering sciences*, Jg. 115, Nr. 772, S. 700–721, 1927.

69. J. Michael und J. Massey, „Modeling the communication network in a sawmill", *Forest Products Journal*, Jg. 47, Nr. 9, S. 25–30, Sep. 1997, ISSN: 0015-7473.

Spezielles Kapitel: Vorgehensmodelle

7

Inhaltsverzeichnis

7.1 Analyse bestehender Vorgehensmodelle

Um den Problemlösungsprozess und Arbeitsablauf in einem Data-Science-Projekt zu strukturieren, gibt es verschiedene Ansätze mit unterschiedlichen Phasen und Benennungen (s. Tab. 7.1; nach Publikationsdatum aufsteigend sortiert).

Im Kontext der uneinheitlichen Herangehensweisen gibt es kein Prozessmodell, welches sich unverändert für (diesem Lehrbuch zugrunde liegende) didaktische Szenarien der Netzwerkanalyse an Hochschulen übertragen lässt.

Beispielsweise starten Studierende meist nicht mit einem Thema, welches von Anspruchsgruppen aus der freien Wirtschaft gestellt wurde. Deshalb ist beispielsweise die Anwendung von CRISP-DM [1] schwierig, da viele der geforderten Informationen nicht in gefordertem Umfang in den weiteren Prozessverlauf überführt werden können. Stattdessen beginnen Studierende meist mit der Exploration einer formulierbaren Forschungsfrage. Im Anschluss

Tab. 7.1 Vorgehens-/Prozessmodelle für Data-Science-Projekte (Auszug)

Phasen	Quelle
1. Verständnis des Geschäftsfeldes, 2. Verständnis der Daten, 3. Datenpräparation, 4. Modellierung, 5. Evaluierung, 6. Bereitstellung.	CRISP-DM [1, 31 ff.]
1. Problem, 2. Plan, 3. Daten, 4. Analyse, 5. Konklusion.	Mackay & Oldford [2, 263 f.]
1. Datensammlung, 2. Integration und Analyse, 3. Entscheidung, 4. Review und Revision.	Schwartz [3]
1. Rohdatensammlung, 2. Datenverarbeitung, 3. Datenbereinigung, 4. Explorative Datenanalyse, 5. Machine Learning Algorithmen/Statistische Modelle, 6. Kommunikation, Visualisierung, Berichterstattung, 7. Entwicklung von Daten-Produkten.	O'Neil & Shutt [4, 41 ff.]
1. Vorverarbeitung, 2. Transformation, 3. Abbau (engl.: data mining), 4. Musterevaluation und Präsentation.	Xu et al. [5, 1149]
1. Datengewinnung (obtaining), 2. Datenschrubben (scrubbing) data, 3. Erkundung (exploring), 4. Modellierung (modeling), 5. Dateninterpretation.	Janssens [6, 2 ff.]
1. Erkundung, 2. Präparation, 3. Modell-Planung, 4. Modell-Erstellung, 5. Kommunizieren der Ergebnisse, 6. Operationalisierung.	Dietrich et al. [7, 29 ff.]
1. Akquisition, 2. Präparation, 3. Verarbeitung, 4. Berichterstattung.	Bell [8, 17 ff.]
1. Identifizierung 2. Entwurf des Forschungs-/Untersuchungsplans, 3. Datensammlung, 4. Datenanalyse, 5. Ergebnisextraktion, 6. Ergebnisveröffentlichung.	d'Aquin et al. [9, 57]

daran erfolgt die Planung der Vorgehensweise, bevor Daten erhoben werden. Es passiert also schon Vieles vor der eigentlichen Erhebung von Daten, welche viele Ansätze als erste Phase beinhalten [6, 2 ff. 4, 41 ff. 8, 17 ff.].

Zudem fehlt in allen Ansätzen eine Phase, die sich mit der Reflexion und Interpretation der zuvor durchlaufenen Prozesse und (Teil-)Ergebnisse beschäftigt. Zwar beschreibt Janssens [6, 2 ff.] eine Phase „Dateninterpretation", allerdings bezieht sich dies eher auf den Querschnittsprozess und die Kompetenz der Dateninterpretation, welche(r) auch in vorgelagerten Phasen benötigt wird. Dies wird bisher durch keinen der Ansätze aufgegriffen.

7.2 Graph Data Science Workflow (GDSW)

Aufgrund der in Abschn. 7.1 genannten Limitation wurde ein eigenes Vorgehensmodell aus Aspekten und Phasen anderer Ansätze gebildet (s. Abb. 7.1).

Die im Modell unterschiedenen Phasen werden im Folgenden mit Bezug zur Netzwerkanalyse nacheinander skizziert, weshalb es den Namen *Graph Data Science Workflow* (GDSW) erhalten hat. Das Vorgehensmodell bietet aber auch Studierenden und Interessierten ohne Bezug zu Graphen und Netzwerken Hilfestellung bei der Strukturierung des Arbeitsprozesses der Untersuchung einer allgemeinen datenwissenschaftlichen Problemstellung.

7.2.1 Exploration: Erkundung, Vorbereitung und Planung

Die zugrunde liegende Frage der Explorationsphase ist, was man wie, also mit welchen Daten, Methoden und Perspektiven, untersuchen möchte.

Eine Untersuchung startet mit der Erkundung und *Konkretisierung der Zielstellung* sowie der daran anschließenden *Ableitung von Analyseebenen und -verfahren* (s. Kap. 2). Dies umfasst die Festlegung der Forschungsfrage(n) mit daraus abgeleiteten Zielen. Dabei sollten sowohl der Forschungsstand als auch weitere kontextuelle, bereichsspezifische Faktoren

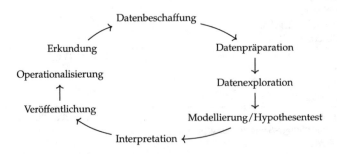

Abb. 7.1 Graph Data Science Workflow

berücksichtigt werden, um Entscheidungen für die Untersuchungsplanung (z. B. hinsichtlich der Datenerhebung, Hypothesenbildung und Methodologie) daraus ableiten und treffen zu können:

- Ressourcen: Disziplin(en), Theorie und Modelle in Disziplin(en), Infrastruktur, Technologien, Datenquellen, Methodologien, Methoden, (eigene) Kompetenzen,
- Sozialer Kontext/Interaktionskontext der an der Untersuchung Beteiligten oder von dieser Betroffenen,
- Rechtlicher Kontext,
- Ethischer Kontext.

Dabei erfolgt auch die *Konkretisierung des Datenmodells,* d. h. die Eingrenzung bzw. Festlegung der Population/Knoten (s. Abschn. 2.1), Kanten (s. Abschn. 2.2) und Attribute (s. Abschn. 2.3) für die weiteren Phasen. Hierbei sollte antizipiert werden, welche Eigenschaften Knoten und Kanten für eine Analyse besitzen müssen.

In Abschn. 2.4 wurden hierzu einige Graphdatentypen/-modelle skizziert und der *Property Graph* als Ansatz zur Modellierung von Graphdaten vorgestellt (s. Abschn. 2.4.1).

Im Rahmen dieser ersten Phase sollte auch eine Inventur der Daten durchgeführt werden, d. h. eine Auflistung verfügbarer Daten(-quellen) im Zusammenhang mit den in der Forschungsfrage beschriebenen Untersuchungsgegenständen/Objekten, die sich z. B. im PGM wiederfinden.

Ergänzend sollten Analyseperspektiven und -methoden im Kontext der Forschungsfrage antizipiert werden. Potenzielle Analysemöglichkeiten hierzu wurden beschrieben und umfassen z. B.:

- Die Analyse einfacher Kennzahlen und Lagemaße (s. Abschn. 3.3),
- Die Analyse von Eigenschaften individueller Knoten (s. Kap. 4),
- Die Erforschung von Strukturen in kleinen und größeren möglichen (Teil-)Gruppen (s. Kap. 5),
- Die Erstellung von Modellen statischer oder dynamischer Aspekte in Bezug auf die Formierung oder auf die Ausbreitung von „Dingen" zum Abgleich mit observierten Netzwerkdaten (s. Kap. 6).

Exploration umfasst weiterhin erste Planungen hinsichtlich der *Konkretisierung von Erhebungsmethoden und Technologien* in Bezug auf die benötigten Daten. Dabei sollten Format, mögliche Datenquellen und Erhebungs- sowie Speichermöglichkeiten in Abhängigkeit der zu erwartenden Datenmenge eingegrenzt und rechtskonform bestimmt werden, bevor Daten letztendlich erhoben und weiteren Verarbeitungsschritten zugeführt werden können.

Die Phase der Exploration dient dazu, das Forschungsproblem zu finden, herunterzubrechen und für nachfolgende Phasen hilfreiche Planungen und Ergebnisartefakte zu erstellen. Hierzu zählen beispielsweise:

- Formulierung der Forschungsfrage(n) und daraus abgeleiteter (Teil-)Ziele,
- Identifikation und Beschreibung von Rahmenbedingungen/Kontextfaktoren,
- Daten-Inventar: Verfügbarkeit benötigter Daten,
- Risikoregister (mit Gegenmaßnahmen, welche bei Eintritt eines Risikos zu ergreifen sind),
- Grober Arbeitsplan: Wie kann die Forschungsfrage durch strukturierte Phasen bearbeitet und beantwortet werden (zeitlich, methodisch, personell)?

7.2.2 Datenbeschaffung

Die Gewinnung und Speicherung der Daten erfolgt auf Basis der zuvor definierten Planung und mittels der dort anvisierten Technologien, die nun ausgewählt und angewendet werden müssen. Wichtige Faktoren sind hierbei die benötigte Datenmenge, der betrachtete Zeitraum, das Quell- und Zielformat und die Struktur, in dem die Daten vorliegen (sollen). Nach Datenbeschaffungszyklen sollten Rohdaten nicht verändert werden. Den nachfolgenden Phasen sind dementsprechend (aggregierte, partielle) Kopien zuzuführen, die zudem Aspekten des Datenschutzes standhalten müssen und deshalb ggf. zu anonymisieren/pseudonymisieren sind (s. Abschn. 9.3.3).

7.2.3 Datenpräparation

Die Präparation (Vor- und Aufbereitung) der Daten zielt zunächst auf die Überprüfung der Qualität und Quantität der verfügbaren beschafften Daten im Kontext der benötigten Daten ab. Ergänzend erfolgt das Portieren in die zuvor definierte Arbeitsumgebung. Damit einhergehend erfolgt eine tiefergehende Analyse hinsichtlich der Quantität und Qualität der erhobenen Daten mit dem Ziel, diese Daten den Folgephasen mit Fokus auf Analyse(n) zur Verfügung zu stellen. Mit der Präparation verbundene Aktivitäten der Extraktion und Modifikation beinhalten beispielsweise:

- Normalisierung: Konvertierung von Datentypen, -strukturen und -formaten,
- Aggregation/Konsolidierung der Daten(sätze): Zusammenfassung von Daten, Einfügung/Berechnung weiterer Parameter/Variablen,
- Aufteilung der Daten(sätze),
- Datenbereinigung: Ausreißer, fehlende Daten, fehlerhafte, inkonsistente Daten.

Hilfreiche Fragen in dieser Phase können wie folgt gestellt werden:

- Liegen für alle relevanten Fragestellungen/Objekte (ausreichend) Daten in erforderlicher Form/im erforderlichen Umfang vor?

- Repräsentieren die Daten die fokussierte Population?
- Sind die Datensätze so wie erwartet oder entsprechen sie nicht den Erwartungen?
- Was muss getan/wie muss nachgebessert werden, um den Erwartungen zu entsprechen (ggf. nochmalige Datenbeschaffung)?
- Wie konsistent sind die generierten/verfügbaren Inhalte?
- Enthalten die Daten(sätze) fehlende oder unplausible Einträge?
- Ist die gewünschte Granularität des Datenmaterials hinreichend erfüllt?

7.2.4 Datenexploration

Die Phase zielt darauf ab, eine feingranulare Abstraktion derjenigen Realität zu erhalten, welche in den Daten enthalten ist und durch diese repräsentiert wird. Es stellt sich die Frage, wie die Daten verteilt sind. Aktivitäten hierbei umfassen erste Visualisierungen (s. Abschn. 2.7) sowie die Ermittlung und Darstellung einfacher Kennzahlen und Zusammenfassungen (s. Abschn. 3.3).

Je nach Art der Forschungsfrage und Stand der Wissenschaft wird diese Phase unterschiedlich durchlaufen.

- *Explorativ:* Es gibt noch keine zugrunde liegenden Hypothesen/Modelle, die mit der Untersuchung evaluiert werden können; Ziel/Ergebnisartefakt: Aufstellen von Hypothesen;
- *Explanativ:* Es gibt zugrunde liegenden Hypothesen/Modelle, die mit der Untersuchung evaluiert werden können; Ziel/Ergebnisartefakt: Test von Hypothesen.

Ist eine Forschungsfrage rein explorativ, kann die Phase *Modellüberprüfung* übersprungen und direkt weiter mit der Phase *Interpretation* verfahren werden, in der erste Arbeitshypothesen evtl. als Ergebnis dargestellt und diskutiert werden.

In einigen Untersuchungen ergeben sich Hypothesensuche und Hypothesentest nacheinander respektive wechselseitig, d. h., es stellt sich bei der Datenexploration heraus, dass Hypothesen/Modelle erstellt und somit im weiteren Verlauf überprüft und angepasst werden können. Beispielsweise kann eine Exploration eines Netzes darauf hindeuten, dass selektierte Parameter/Variablen mit gewissen Netzstrukturen einhergehen, z. B. Knoten mit hohem Grad/Komponenten mit hoher Dichte teilen sich eine Eigenschaft. Weitere Schritte hin zu einem Modell könnten hierbei Assoziations- oder Korrelationsprüfungen (Parameter/Eigenschaft, Kennzahl (z. B. Grad, Dichte)) umfassen, um Zusammenhänge statistisch ermitteln zu können. Ein weiteres Beispiel hierzu findet sich in Abschn. 7.2.5.

Ergeben sich also aus der Forschungsfrage bzw. Theorie heraus und/oder im Verlauf der Datenexploration Arbeitshypothesen, kann zur Folgephase übergegangen werden.

7.2.5   Modellierung/Hypothesentest

Diese Phase adressiert bei Vorhandensein eines ersten Modells (z. B. aus der Wissenschaft oder als Ergebnis einer Exploration) dessen vertiefte Betrachtung in Form von Überprüfungen, Anpassungen und Weiterentwicklungen der in der vorigen Phase entwickelten Ausbaustufe. Beispielsweise könnten verschiedene Knoten auf Basis zuvor entdeckter Zusammenhänge mit Methoden des Machine Learning klassifiziert werden oder Struktur bzw. Verhalten von Netz(strukturen) auf Basis eines mathematischen Modells vorhergesagt werden.

In Kap. 6 wurde beschrieben, dass das Ziel einer Modellierung nicht ist, reale Netzwerke äquivalent abzubilden, sondern dass ein Vergleich zwischen Realität und Modell hinsichtlich eventueller Übereinstimmungen respektive Abweichungen ermöglicht werden soll. Auf Basis vorliegender Hypothesen erfolgt in dieser Phase ihr Test. Bezogen auf graphenspezifische Modelle bieten sich hierbei die folgenden Unterphasen an:

1. Eingrenzung einer Eigenschaft eines vorliegenden, realen Netzwerkes (z. B. durch Exploration von Kennzahlen, Gemeinschaften),
2. Modellauswahl (z. B. Gruppendetektion, Wahrscheinlichkeitsverteilung, statisches Modell, dynamisches Modell mit Fokus auf Zustandsübergänge) auf Basis der eingegrenzten Interessensbereiche und Hypothesen,
3. Modellgenerierung/-berechnung mit Parametern des realen Netzwerkes,
4. Modellanalyse: Vergleich der Eigenschaften des realen Netzes und des Modells (z. B. Ähnlichkeiten, Abweichungen, Widersprüche),
5. Interpretation: ggf. weitere Analysen (z. B. Korrelationsanalyse, Gruppierungen) oder erneuter Durchlauf der Schritte.

7.2.6   Interpretation

Die Phase Interpretation meint nicht nur die Auswertung von Ergebnissen der Phasen der Datenanalyse (Datenexploration, Modellplanung und -generierung), sondern auch die Zusammenfassung der zuvor durchlaufenen Schritte und das Ziehen von Schlussfolgerungen mit Blick auf Prozesse und Ergebnisse im Kontext der Forschungsfrage(n). Hierbei wird der Beitrag der eigenen Arbeit zur Beantwortung der Forschungsfrage mitsamt der zu identifizierenden Limitationen (Aussagekraft, Daten, Methode) sowie offenen Punkten über die Prozessphasen hinweg dargelegt.

7.2.7   Publikation

Diese Phase zielt darauf ab, die Ergebnisse der vorhergehenden Phasen zu veröffentlichen und den verschiedenen Anspruchs- und Interessensgruppen bereitzustellen und zu artikulieren. Hierbei können die fokussierten Personen(gruppen), Formate und Kanäle ebenso variieren wie der Umfang der Berichte (z. B. Gesamtbericht, Teilaspekte der Untersuchung).

7.2.8 Operationalisierung

Operationalisierung meint abstrakt die Anwendung der Ergebnisse der eigenen Untersuchung auf andere Kontexte, z. B. in wissenschaftlicher Form (Grundlage zur weiteren Theorie-/Modellbildung) oder in Form konkreter Anwendungs- und Produktentwicklung oder Methodenanwendung in der Fachdisziplin.

Die Phase Operationalisierung beinhaltet die Identifizierung und die Beschreibung (ggf. auch die Umsetzung) von Folgeaktivitäten im Zusammenhang mit der Untersuchung. Diese umfassen beispielsweise:

- Entwicklung und/oder Anpassung eines Modells,
- Anwendung einer anderen Methodologie und/oder anderer Daten zur Beantwortung der gleichen Forschungsfrage(n),
- Anwendung der gleichen Methodologie und/oder Daten zur Beantwortung anderer Forschungsfrage(n),
- Anwendung des Modells auf andere Kontexte,
- Entwicklung der Wissenschaft/Domain (Theorie- und Methodenbildung),
- Praktische Anwendung/Entwicklung: Applikationen, Produkte/Dienstleistungen, Produktkomponenten.

7.3 Phasenübergreifende Kompetenzen und Aktivitäten

Das Durchlaufen der einzelnen Phasen erfordert zahlreiche übergreifende Kompetenzen und Aktivitäten. Diese können in allen oder einigen Phasen zur Anwendung kommen und umfassen profunde Kenntnisse in den Bereichen Mathematik, Statistik, Programmierung sowie Domainwissen und Kontextfaktoren (rechtlich, ethisch).

Beispielsweise könnten rechtliche (s. Kap. 9) und/oder ethische Kontextfaktoren (s. Kap. 8) die Art und Weise der Datenbeschaffung und -präparation beeinflussen. In größeren Projekten sind zusätzliche Kompetenzen notwendig, z. B. Kenntnisse im Projektmanagement und/oder im Software Engineering.

7.4 Zusammenfassung

Kap. 7 zeigte, dass zur Strukturierung des Arbeitsprozesses für Datenwissenschaftler:innen sehr unterschiedliche Vorgehensmodelle vorliegen. Da es in Wissenschaft und Praxis kein

Vorgehensmodell für Netzwerkanalysen gibt und in Bezug auf Data-Science-Projekte im Allgemeinen darüber hinaus auch keinen einheitlichen und konsentierten Ansatz, wurde mit dem Graph Data Science Workflow (GDSW) ein eigenes Vorgehensmodell entwickelt (s. Abb. 7.1).

Das GDSW wurde mit folgenden Phasen vorgestellt:

- Erkundung,
- Datenbeschaffung,
- Datenpräparation,
- Datenexploration,
- Modellierung/Hypothesentest,
- Interpretation,
- Veröffentlichung,
- Operationalisierung.

Quellen

1. R. Wirth und J. Hipp, „CRISP-DM: Towards a standard process model for data mining", in *Proceedings of the 4th International Conference on the Practical Applications of Knowledge Discovery and Data Mining*, Manchester (UK): Practical Application Company, 2000, S. 29–39, ISBN: 1902426088.
2. R. Mackay und R. Oldford, „Scientific Method, Statistical Method and the Speed of Light", *Statistical Science*, Jg. 15, Aug. 2000. doi: https://doi.org/10.1214/ss/1009212817.
3. P. M. Schwartz, „Privacy, Ethics, and Analytics", *IEEE Security & Privacy*, Jg. 9, Nr. 03, S. 66-69, Mai 2011, ISSN: 1558-4046. https://doi.org/10.1109/MSP.2011.61.
4. C. O'Neil und R. Schutt, *Doing Data Science: Straight Talk from the Frontline*. Sebastopol, CA (USA): O'Reilly, 2014, ISBN: 978-1449358655.
5. L. Xu, C. Jiang, J. Wang, J. Yuan und Y. Ren, „Information Security in Big Data: Privacy and Data Mining", *IEEE Access*, Jg. 2, S. 1149–1176, 2014, ISSN: 2169-3536. https://doi.org/10.1109/ACCESS.2014.2362522.
6. J. Janssens, *Data Science at the Command Line: Facing the Future with Time-Tested Tools*. Sebastopol, CA (USA): O'Reilly, 2015, ISBN: 9781491947852.
7. D. Dietrich, B. Heller und B. Yang, *Data Science & Big Data Analytics: Discovering, Analyzing, Visualizing and Presenting Data*. Indianapolis, IN (USA): John Wiley & Sons, 2015, ISBN: 9781118876138.
8. J. Bell, *Machine Learning: Hands-on for Developers and Technical Professionals*. Indianapolis, IN (USA): John Wiley & Sons, 2014, ISBN: 9781118889060.
9. M. d'Aquin, P. Troullinou, N. E. O'Connor, A. Cullen, G. Faller und L. Holden, „Towards an „Ethics by Design" Methodology for AI Research Projects", in *Proceedings of the 2018 AAAI/ACM Conference on AI, Ethics, and Society*, Ser. AIES '18, ACM, 2018, S. 54–59, ISBN: 978-1-4503-6012-8. https://doi.org/10.1145/3278721.3278765. Adresse: http://doi.acm.org/10.1145/3278721.3278765

Spezielles Kapitel: Aspekte der Ethik

8

> „In order to act ethically, it is important that researchers reflect on the importance of accountability: both to the field of research and to the research subjects" [1, S. 672].

Inhaltsverzeichnis

Über viele Jahrhunderte hinweg hat sich die Menschheit mit *Ethik* beschäftigt. Das Verständnis, was unter ethischen Gesichtspunkten als akzeptabel oder nicht gilt, hat sich dabei stets stark verändert und ist auch in der heutigen Zeit weder gleichartig, noch in jeder Hinsicht konkret.

Datenwissenschaftler:innen sollten sich in allen Phasen eines Forschungsvorhabens mit ethischen Aspekten derjenigen Studie, an der sie beteiligt sind, auseinandersetzen. So kann bereits das Vorhaben selbst respektive die Forschungsfrage oder eine frühe Phase, wie beispielsweise die Datensammlung, in ethischer Hinsicht bedenklich sein.

Beispielsweise beschreiben Tsvetovat und Kouznetsov [2, S. 162], dass Menschen durch Studien selbst in vielfältiger und subtiler Weise beeinflusst werden und diese wiederum selbst Studien beeinflussen/manipulieren können. Insbesondere bei der Sammlung von Daten, die Menschen betreffen (z. B. bei der sozialen Netzwerkanalyse), ist ein Einfluss der Studie/des

eigenen Handelns auf beteiligte und betroffene Menschen nicht abzustreiten. Deshalb sollten Entscheidungen mit großer Tragweite (z. B. Entlassungen, Drohnenangriffe), die aus
sozialen Daten abgeleitet werden, gut abgewogen werden und idealerweise nicht nur auf
einem potenziell fragwürdigen Datensatz basieren.

Für Datenwissenschaftler:innen stellt sich die Frage nach den Rahmenbedingungen, die
das eigene Handeln aus ethischer Perspektive passfähig einordnen. Nun bietet Ethik jedoch
keinen homogenen Katalog von Handlungsempfehlungen und Handlungsregeln an, der einer
Handlung für alle Zeiten weltweit gültig das Prädikat ethisch korrekt attestiert. Ethik offe-
riert eher Leitplanken, innerhalb derer die Reflexionsfähigkeit, das Urteilsvermögen und
die Handlungsausgestaltung hinsichtlich relevanter ethischer Aspekte betroffener Personen
gefragt ist. Einige dieser Aspekte sollen im Folgenden skizziert werden.

8.1 Funktionen und Ebenen der Ethik in der Informationstechnologie (IT)

Grimm et al. [3, 9 f.] beschreiben *Ethik* als ein Teilgebiet der Moralphilosophie. Hierbei
werden die Begriffe *Ethik* und *Moral* im wissenschaftlichen Sprachgebrauch nicht synonym
verwendet [4, S. 23].

Moral meint eher einen speziellen Komplex von auf subjektive Handlungsbestimmung
abzielenden Werten, Regeln und Normen, wohingegen *Ethik* sich mit Prinzipien sowie
allgemeinen Urteilen und Normen beschäftigt [4, S. 23].

Ethik ist als Reflexionstheorie der Moral eine wissenschaftliche Disziplin mit mehreren
Funktionen, die auch als *Denkschulen* bezeichnet werden [4, 24 ff. 3, 9 f.]:

- *Deskriptiv:* Reflexion über die in einer Gesellschaft geltenden Wertmaßstäbe und Über-
  zeugungen,
- *Normativ:* Begründung und Formulierung von Werten und Normen, konsensfähiger Kriterien sowie ethischer Standards (auf Basis deskriptiver Elemente empirischer Erkenntnisse).

Ethik ist nicht *präskriptiv,* d. h., es ist nicht von vornherein vorgeschrieben, was wir tun
sollen. Ethik ist vielmehr *diskursiv,* als Einladung zu einer Auseinandersetzung mit einem
Thema zu verstehen [3, S. 11].

Je nach Fachgebiet haben sich im Laufe der Zeit aus allgemeinen ethischen Reflexions-
prozessen heraus ethische Ansätze für spezifische Domains als *angewandte Ethik* herausge-
bildet [4, S. 28]. Diese zielen auf konkrete Bereiche ab, in denen ethische Entscheidungen
getroffen werden müssen, z. B. Medizin, Biologie, Wirtschaft. In den Bereichen Informatik
und Machine Learning tauchen ebenso unterschiedliche Theorien angewandter Ethik auf,
die teilweise synonym verwendet werden.

Diese Theorien finden sich beispielsweise in Form der *Technikethik* (Reflexion zu Technik aller Art) und *Informationsethik* (Reflexion zu Informations- und Kommunikationstechnologien) [5, S. 77].

Etwas konkreter synthetisiert Hall [6, S. 28] aus der Fachliteratur eine Definition des Begriffs *Computerethik* als interdisziplinären und kollaborativen Ansatz, den Beitrag und die Kosten von Rechnerartefakten in der globalen Gesellschaft methodisch zu untersuchen und zu beeinflussen.

In ähnlicher Bedeutung bezeichnet der Begriff *digitale Ethik* nach Grimm et al. [3, S. 14] die Analyse legitimer Handlungsoptionen, die sich aus der Entwicklung, dem Einsatz und der Anwendung digitaler Technologien ergeben.

Magrani [7, S. 2] bezeichnet *Technologien* als *moralische Mediatoren,* welche die Art und Weise, wie wir wahrnehmen und interagieren, beeinflussen. Dadurch machen Technologien Verhalten sichtbar und leiten es. Aufgrund dessen sind Technologien nicht als moralisch neutral zu beschreiben. Weiterhin sind danach intelligente Dinge keine einfachen Werkzeuge, sondern moralische Maschinen, welche in sozio-technische Systeme[1] eingebettet sind [7, S. 15].

Ein weiterer Begriff im Umfeld der Computerethik ist die *Maschinenethik,* welche sich mit dem Verhalten von Maschinen gegenüber Menschen sowie anderen Maschinen gegenüber auseinandersetzt [9]. Der Ansatz fokussiert die Frage, ob und wie es im Software Engineering möglich sein kann, ethische Dimensionen und Entscheidungsfindung in Maschinen zu repräsentieren [10, S. 15]. Maschinenethik ist eine junge Fachdisziplin mit starkem Bezug zur künstlichen Intelligenz (KI) und Robotik, welche die Erschaffung moralischer Maschinen, deren Erforschung und ihre Verbesserung hin zu einer Nutzenstiftung fokussiert [5, S. 77].

Der Begriff *Roboter* kann im weitesten Sinne ausgelegt und fast deckungsgleich zum Begriff *Maschine* verwendet werden [11]. *Roboterethik* erforscht einerseits die Frage, „inwiefern Roboter selbst als moralische Akteure und damit als Subjekte moralischen Handelns begriffen werden müssen, inwiefern sie also *Moral Agents* sein können", und andererseits, „inwiefern Roboter als *Moral Patients* zu verstehen sind, also als Wert- und vielleicht gar Rechtsträgerinnen und -träger, ganz allgemein aber zunächst als Objekte moralischen Handelns" [11, S. 35].

Moor charakterisiert Computertechnologien im Kontext von Maschinenethik allgemein als normativ und Computer als *technologische normative Agenten,* welche für Menschen Dinge ausführen [12, S. 18].

---

[1] Kienle und Kunau [8, 96 f.] definieren ein *sozio-technisches System* als soziales System, welches mit einem technischen System in einer besonderen Beziehung steht. Die Beziehung hat drei Eigenschaften: 1. Soziales System nutzt technisches System zur Unterstützung der Kommunikationsprozesse; 2. Wechselseitige Prägung (technisches System beeinflusst soziales System, soziales System gestaltet technisches System); 3. Technisches System findet Eingang in die Selbstbeschreibung des sozialen Systems.

Mit Blick auf Verwendungszusammenhänge und Folgen ergeben sich unterschiedliche analytische Betrachtungsebenen der digitalen Ethik im Allgemeinen [3, 14 ff.]:

- Teleologisch: Kosten-Nutzen-Relation von digitalen Technologien,
- Deontologisch: Pflichten und Rechte, intrinsische moralische Werte,
- Konsequentialistisch: Ethische Richtigkeit einer Handlung oder Norm ist allein durch (vorhersehbare) Folgen bestimmt,
- Tugendethisch: Streben nach dem guten, glücklichen Leben.[2]

Die obigen Theorien lassen sich unterschiedlichen Perspektiven zuordnen. So ordnet sich der Begriff Computerethik nach Hall eher der Kosten-Nutzen-Betrachtung und somit der teleologischen Betrachtungsebene in deskriptiver Weise zu, wohingegen Grimm et al. [3] mit dem Begriff digitale Ethik mit Blick auf Handlungsoptionen eher der deontologischen und konsequentialistischen Perspektive mit normativem Charakter zuzuordnen sind.

Mit Blick auf gesellschaftliche Ebenen unterscheiden Grimm et al. [3] sowie Krupinski [13, S. 98] im ökonomisch-ethischen Zusammenhang drei verschiedene Perspektiven der Ethik:

- *Makro:* Ethik der Gesellschafts- und Wirtschaftsordnung,
- *Meso:* Ethik von Unternehmen/Institutionen,
- *Mikro:* Ethik der Person.

8.2   Ethisches Handeln: eine didaktische Perspektive

Nach den bisherigen Ausführungen stellt sich die Frage, was Dozierende lehren und Studierende lernen sollen, um ethisches Handeln in ihren jeweiligen Bereichen ermöglichen zu können.

Die *National Academies of Sciences, Engineering, and Medicine* empfehlen, dass Ethik und ethische Problemlösung im Verlauf der Ausbildung im Bereich Data Science durch folgende Themen angesprochen werden sollte [14, pp. 30 f.]:

- Ethische Grundsätze und Verhaltenskodizes,
- Privatsphäre/Datenschutz und Vertraulichkeit (s. Kap. 9),
- Verantwortungsvolle Durchführung von Forschungsvorhaben,

---

[2] Bartneck et al. [4, S. 27] weisen darauf hin, dass dieser Begriff auf Platon und Aristoteles zurückgeht, welche moralische und intellektuelle Tugenden beschrieben, die sowohl für einen Handelnden, als auch für vom Handeln betroffene Personen gut sein sollen. So beschrieb Platon die Kardinaltugenden Klugheit, Gerechtigkeit, Stärke und Besonnenheit, welche Aristoteles zu elf moralischen und intellektuellen Tugenden erweiterte. Die Gültigkeit dieses Ansatzes wird für heutige Gesellschaften infrage gestellt.

- Fähigkeit, schlechte Wissenschaft zu identifizieren,
- Fähigkeit, algorithmische Verzerrungen zu ermitteln.

Da es keinen allgemein anerkannten Verhaltenskodex gibt, werden im Folgenden erste Einzelinitiativen skizziert. Im Anschluss werden methodische Normen verantwortungsvoller Forschung vorgestellt. Ergänzend folgen eine Beleuchtung ethischer Aspekte im Kontext des wissenschaftlichen Arbeitsprozesses, eine Darstellung des Dilemmas zwischen Verzerrung und Varianz sowie eine Thematisierung von Diskriminierung.

8.2.1   Ethische Grundsätze, Leitlinien und Kodizes

Einige Organisationen und Fachverbände offerieren Kodizes mit Bezug zu Themen, die aus Perspektive der Datenwissenschaften besonders wichtig erscheinen.

Die *Association of Computer Machinery* (ACM) beschreibt allgemeine Verhaltensregeln in der Informatik und der Softwareentwicklung als *Code of Ethics and Professional Conduct* [15]. Für Datenwissenschaftler:innen gilt der Kodex entsprechend, da diese auch programmieren [16, S. 954] und Erkenntnisse ggf. in Produkte oder Produktkomponenten operationalisiert werden. Dementsprechend kommen Aspekte ethischer Softwareentwicklung auch in den Daten- und somit auch den Netzwerkwissenschaften zur Anwendung.

Die *Gesellschaft für Informatik* (GI) fokussiert in ihren ethischen Leitlinien [17] fachliche, sachliche und juristische berufliche Kompetenzen und postuliert, dass Mitglieder die Bereitschaft mitbringen sollten, diese durch stete Weiterbildung aktuell zu halten, allgemeine moralische Forderungen zu thematisieren und in Entscheidungsprozesse einfließen zu lassen [18, S. 13].

Die *United Nations Statistic Division* [19] beschreibt zehn Prinzipien als Leitlinien internationaler Aktivitäten in der Statistik, die durch Beispiele „guter" Praxis ergänzt werden. Fokussiert wird die Anwendung wissenschaftlicher Methoden in transparenter Weise mit gleichberechtigtem Zugang zu offiziellen statistischen Informationen.

Die *American Statistical Association* (ASA) thematisiert in sog. *Ethical Guidelines for Statistical Practice* [20] Integrität von Daten und Methoden, Verantwortlichkeiten gegenüber Stakeholdern, Forschungssubjekten, (Fach-)Kollegen und Arbeitgebern.

Das *United Kingdom Department for Digital, Culture, Media & Sport* [21] stellt unter der Bezeichnung *Data Ethics Framework* sieben Prinzipien vor:

- Starten Sie mit einem klaren Nutzerbedürfnis und einem öffentlichem Nutzen,
- Seien Sie sich relevanter Gesetzgebung und Verhaltensvorschriften bewusst,
- Nutzen Sie Daten, die dem Nutzerbedürfnis angemessen sind,
- Verstehen Sie die Limitation der Daten,
- Stellen Sie robuste Praktiken und Arbeitsweisen im eigenen Kompetenzspektrum sicher,
- Machen Sie Ihre Arbeit transparent und nachvollziehbar,

• Gliedern Sie die Datennutzung verantwortlich ein.

Die *Data Science Association* (DSA) [22] beschreibt ethische Regeln mit Fokus auf die Themenfelder Terminologie (Begriffe, Konzepte und Phänomene), Beziehung (Data Scientist zu Kunde) und Aufrechterhaltung der Integrität des Berufsfeldes Data Science. Saltz et al. [16, S. 954] weisen darauf hin, dass der Kodex der DSA keine breitere Perspektive auf Data Science und dessen Bedrohungspotenziale aufweist. Zudem fehlt eine Betrachtung, wie Modelle Verzerrungen[3] enthalten können und wie auf Basis von Modellen objektive Entscheidungen getroffen werden können.

Schwartz [23] beschreibt einige Fragen, die sich Unternehmen stellen können, wenn diese vier Stufen eines vorgestellten analytischen Prozesses durchlaufen: Datensammlung, Integration und Analyse, Entscheidung, Review und Revision.

Steiner et al. nennen übergreifende Prinzipien wie folgt [24]:

• Konformität mit rechtlichen Rahmenbedingungen,
• Konformität mit kulturellen und sozialen Normen,
• Nachvollziehbare Maßnahmen, welche auf identifizierte Risiken ausgerichtet sind,
• Angemessene Schutzmaßnahmen, um Datensicherheit zu gewährleisten,
• Verantwortungsvolle Grenzen bei der Analyse von sensitiven Bereichen oder in verletzlichen Gruppen.

Das Unternehmen Google stellt im Zusammenhang mit Projekten im Bereich *künstliche Intelligenz* (KI) ebenfalls sieben Prinzipien vor [25]:

• Nutzen für die Gesellschaft,
• Vermeidung der Entstehung oder Verstärkung unfairer Tendenzen oder Voreingenommenheiten,
• Sicherheit geht bei der Entwicklung und dem Einsatz von KI vor;
• Menschliche Verantwortlichkeit,
• Berücksichtigung von Datenschutz- und „Privacy-by-Design"-Prinzipien,[4]
• Hohe Standards wissenschaftlicher Fachkompetenz,
• Einsatz im Einklang mit diesen Prinzipien.

O'Neil und Schutt [27, S. 192] sowie Saltz et al. [16, S. 954] verweisen zudem auf ein Manifesto bzw. einen *Hippokratischen Eid,* welcher 2009 von Derman und Wilmott [28]

---

[3] Vgl. Abschn. 8.3.1.
[4] „Privacy-by-Design"-Prinzipien umfassen: 1. *Proactive* not Reactive; *Preventative* not Remedial 2. Privacy as the *Default* 3. Privacy *Embedded* into Design 4. *Full* Functionality – Positive-sum, not Zero-sum 5. *End-to-End* Security – Lifecycle Protection 6. Visibility and Transparency 7. Respect for User Privacy; vgl. hierzu ergänzend Cavoukian [26].

für Modelle im Finanzwesen wie folgt beschrieben wurde und sich als Gelübde auch auf
Datenwissenschaften übertragen lässt:

- Ich werde mich daran erinnern, dass ich die Welt nicht geschaffen habe und sie meine
  Gleichungen nicht erfüllt.
- Obwohl ich Modelle kühn verwenden werde, um den Wert zu schätzen, wird mich die
  Mathematik nicht übermäßig beeindrucken.
- Ich werde niemals die Realität für Eleganz opfern, ohne zu erklären, warum ich das getan
  habe.
- Ich werde den Leuten, die mein Modell benutzen, keine falsche Absicherung in Bezug auf
  die Genauigkeit geben. Stattdessen werde ich die Annahmen und Kontrollmechanismen
  des Modells explizit machen.
- Ich verstehe, dass meine Arbeit enorme Auswirkungen auf die Gesellschaft und die
  Wirtschaft haben kann, von denen viele außerhalb meines Verständnisses liegen.

Abschließend beschreiben Zook et al. [29] zehn Regeln für verantwortungsvolle Forschung
im Bereich Big Data:

- Erkennen Sie an, dass Daten Personen sind und Schaden anrichten können.
- Erkennen Sie, dass Datenschutz mehr als ein Binärwert ist.
- Schützen Sie sich vor einer erneuten Identifizierung Ihrer Daten.
- Üben Sie ethischen Datenaustausch aus.
- Berücksichtigen Sie die Stärken und Grenzen Ihrer Daten; groß heißt nicht automatisch
  besser.
- Diskutieren Sie die schwierigen, ethischen Entscheidungen.
- Entwickeln Sie einen Verhaltenskodex für Ihre Organisation, Forschungsgemeinschaft
  oder Branche.
- Entwerfen Sie Ihre Daten und Systeme mit Blick auf Überprüfbarkeit.
- Setzen Sie sich mit den allgemeinen Konsequenzen von Daten und Analysepraktiken
  auseinander.
- Seien Sie sich darüber im Klaren, wann diese Regeln nicht anzuwenden sind.

Die obigen Kodizes repräsentieren eine deontologische Perspektive, die Rechte und Pflichten
als Handlungsanleitung für Akteure im Bereich Data Science fokussiert. Allerdings ist deren
Verbindlichkeit sowie rechtliche Bewertung wie bei allen Kodizes schwierig, da sie lediglich
abstrakte Absichtserklärungen sind [3, S. 24].

8.2.2 Methodische Normen verantwortungsvoller Forschung

Bortz und Döhring [30, 44 ff.] beschreiben zahlreiche Normen wissenschaftlicher Methodik bei empirischen Untersuchungen.

Zunächst muss immer eine *Güterabwägung* zwischen wissenschaftlichem Fortschritt und der Menschenwürde erfolgen. Hierbei muss abgewogen werden, ob das erhoffte Ergebnis eine unangenehme Situation des Experiments bei der Datenerhebung rechtfertigt (z. B. Erforschung von Medikamenten in der Schmerztherapie). Bei Zweifeln an der ethischen Unbedenklichkeit einer Datenerhebung müssen immer erfahrene Fachleute und die zu untersuchende Zielgruppe zu Rate gezogen werden.

Derjenige, der eine Untersuchung durchführt, ist hierfür moralisch verantwortlich *(persönliche Verantwortung)*. Ein:e Untersuchungsleiter:in muss sicherstellen, dass Untersuchungsteilnehmer:innen über mögliche Gefahren informiert sind und psychische sowie körperliche Beeinträchtigungen vermieden werden. Ferner müssen Teilnehmer:innen ihr Recht wahrnehmen können, eine Teilnahme zu verweigern respektive jederzeit abbrechen zu können *(freiwillige Untersuchungsteilnahme)*.

Gleichzeitig besteht eine *Informationspflicht* sowie die Pflicht zur Absicherung von *Anonymität der Ergebnisse*. Ergänzende Konzepte beziehen sich auf die *Vermeidung wissenschaftlichen Betrugs* (z. B. Manipulation der Rohdaten in Form von Datenverfälschung oder -erfindung [31, 132 ff.], Auswertungsmanipulationen, Plagiat).

8.3   Ethik im wissenschaftlichen Arbeitsprozess

Die Data Science Association [22] definiert eine wissenschaftliche Methode als Forschungsansatz, bei dem ein Problem identifiziert wird, relevante Daten gesammelt werden, eine Hypothese auf Basis der Daten formuliert wird und diese Hypothese empirisch getestet wird.

D'Aquin et al. [32, S. 57] beschreiben Phasen des wissenschaftlichen Arbeitsprozesses (s. Tab. 7.1) und ordnen diesen ethische Fragen zu:

- Identifizierung: Hypothese/Frage/Problem,
- Entwurf des Forschungs-/Untersuchungsplans:
    - Welche Effekte kann das Forschungsvorhaben auf Mitwirkende haben?
    - Welche Seiteneffekte können bei dem Forschungsvorhaben auftreten?
- Datensammlung:
    - Wie könnte *Verzerrung*[5] in den Daten die Ergebnisse beeinflussen?
    - Können die Daten für andere Zwecke benutzt werden?
- Datenanalyse:
    - Birgt die Analyse Verzerrung in sich?

---

[5] S. Abschn. 8.3.1.

- – Gibt es Unsicherheiten?
- – Gibt es Annahmen bezüglich des Modells?
- Ergebnisextraktion:
  - – Können die Ergebnisse misinterpretiert werden?
  - – Sind Unsicherheiten, Annahmen und Verzerrungen vollumfänglich repräsentiert/beschrieben?
- Ergebnisveröffentlichung:
  - – Können die Ergebnisse für andere Zwecke missbraucht werden?
  - – Kann die Veröffentlichung/unter Verschlusshaltung ethische Konsequenzen haben?

Nach dem Entwurf des Forschungs-/Untersuchungsplans beschreiben d'Aquin et al. einen für gewöhnlich zu berücksichtigenden Kontrollpunkt *ethische Zustimmung*.

Es fällt auf, dass sich bei der Identifikationsphase[6] nach d'Aquin et al. offenbar keine ethischen Fragen stellen.

Analog zu (s. Abschn. 8.2.2) könnte hier je nach Fragestellung eine *Güterabwägung* dargestellt werden. Unabhängig von der Fragestellung sollten alle in Abschn. 7.2.1 beschriebenen Themen adressiert werden, z. B. Erstellung einer Liste der benötigten Daten und verfügbaren Datenquellen, direkt oder indirekt Betroffene, rechtlicher Kontext sowie Risikoregister.

Wie oben skizziert, beschreiben einige Unternehmen Konzepte, welche ethische Prinzipien bereits frühzeitig in den Produktlebenszyklus integrieren, z. B. Google mit Privacy-by-Design-Prinzipien [26]. Privacy-by-Design wird oftmals mit dem Ansatz des *value-sensitive Design*[7] assoziiert.

8.3.1 Verzerrung und Varianz

Der Begriff *Verzerrung* (engl.: bias) taucht oft im Zusammenhang mit dem überwachten maschinellen Lernen (ML) auf. Beim überwachten ML werden gelabelte Daten dazu genutzt, Muster zu erkennen und zu formalisieren, um mittels eines erlernten und trainierten Modells Vorhersagen für neue Datenpunkte zu treffen. Dabei ist es natürlich von großer Bedeutung, ein Modell zu erstellen, das auch für Daten, die nicht zum Lernen genutzt wurden, passt. Hierbei sind die Begriffe Bias und Varianz zentral. Sie stellen somit wichtige Konzepte dar, um aus ethischer Perspektive entscheiden zu können, ob eine Datenanalyse die Realität zwar formal hinreichend, aber eher schlecht darstellt. Im schlimmsten Fall können Algorithmen und Daten sogar bedrohliche und diskriminierende Auswirkungen haben (z. B. schlechtere Kreditkonditionen oder Tötung von Unbeteiligten aufgrund schlechter Trainingsdaten), weshalb diese auch aus ethischer Perspektive kritisch zu hinterfragen sind.

---

[6] Vgl. hierzu übertragend auch Phase *Exploration* in Abschn. 7.2.1.

[7] Hierzu bieten Friedman et al. [33] einen Überblick zu Prinzipien und Methoden.

Alpaydın [34, S. 85] beschreibt das Auftreten von Verzerrung als ein Zeichen dafür, dass eine Modellklasse die Lösung nicht enthält (Unteranpassung (engl.: underfit)). Einfache Algorithmen mit wenigen Parametern haben eine eher hohe Verzerrung, da die Komplexität der Daten nicht adäquat abgebildet wird (z. B. bei einer einfachen linearen Regression).

Nach O'Neil und Schutt [27, S. 192]) weist eine hohe Verzerrung darauf hin, dass ein Modell zu simpel ist (die ausgewählten Eigenschaften enkodieren nicht genug Information). In diesem Fall führt die Erhöhung der Datenmenge nicht zu einem besseren Modell. Stattdessen muss das Modell auf den Prüfstand und kann durch Hinzufügung weiterer Eigenschaften eventuell verbessert werden (zumindest hinsichtlich der Minimierung der Verzerrung) [35, S. 156]. Bei bestehender Varianz[8] ist die Modellklasse zu allgemein (Überanpassung (engl.: overfit)), anders formuliert zu kompliziert [27, S. 192]), weil zu viele Informationen berücksichtigt und erlernt wurden.

Varianz hängt von der Größe eines Datensatzes ab. Bei großer Varianz ist die Verzerrung niedrig [34, S. 85]. Um eine hohe Varianz zu vermindern, können Eigenschaften aus dem Modell entfernt und es dadurch simplifiziert werden, und falls möglich, auch mehr Daten beschafft werden [35, S. 156]. Bishop [36, S. 149] beschreibt, dass sehr flexible Modelle niedrige Verzerrung und hohe Varianz aufweisen; umgekehrt weisen rigide Modelle hohe Verzerrung und niedrige Varianz auf.

Wichtig für eine ethische Evaluierung erscheint jedoch, dass Verzerrung und Varianz immer ein Dilemma begründen, da beides nie vollständig eliminiert, sondern lediglich balanciert werden kann. Mit steigender Varianz verliert das Modell an Präzision, weil es zu gut ist, verringert man die Eigenschaften, erhöht sich die Verzerrung, sodass ein Modell zu schlecht zu werden droht. Die Erhöhung der Datenmenge wirkt sich nicht direkt auf die Verzerrung, sondern auf die Varianz aus. Eine Vermeidung von Verzerrung ist bei hypothesenprüfenden Untersuchungen, beispielsweise bei der Überprüfung von Zusammenhangshypothesen, insbesondere in der Frühphase der Datensammlung relevant. So muss nach Bortz und Döhring darauf geachtet werden, dass „die Stichprobe tatsächlich die gesamte Population, für die das Untersuchungsergebnis gelten soll, repräsentiert" [30, S. 510].

8.3.2 Vermeidung von Diskriminierung

Neben dem Schutz der Privatsphäre ist die Vermeidung von Diskriminierung ein weiteres wichtiges Thema, welches unter ethischen und rechtlichen Gesichtspunkten beim sog. *Data Mining* (s. Abschn. 9.6.1) zu berücksichtigen ist [37, S. 23], in: [38]. So erscheint es nachvollziehbar, dass niemand aufgrund von Attributen wie z. B. Geschlecht, Religion, Nationalität oder Alter diskriminiert werden möchte, wenn diese Attribute in automatisierte Entscheidungen einfließen (z. B. zur Entscheidung über Kredit-, Versicherungs- und Arbeitskonditionen). Hierbei wird zwischen direkter und indirekter Diskriminierung unterschieden. Direkte Diskriminierung bezeichnet Entscheidungen auf Basis von verzerrten sensitiven Attributen.

---

[8] Varianz meint die Streuung der Werte um einen Durchschnittswert.

Indirekte Diskriminierung meint Entscheidungen auf Basis von nicht sensitiven Attributen, die fälschlicherweise mit verzerrten sensitiven Attributen korrelieren und somit Verzerrung begründen (z. B. Zahlungsverhalten und Hautfarbe). Weiterhin wird auf Techniken zur Prävention von direkter und indirekter Diskriminierung hingewiesen (z. B. *Rule Protection* und *Rule Generalization*); dennoch bleibt die Vermeidung von Diskriminierung ein Thema mit vielen offenen Fragen.

Barocas et al. [39, S. 66], in: [40] konstatieren, dass es oftmals besser sei, von *struktureller Diskriminierung* mit folgenden Fragestellungen zu sprechen:

• Wie lässt sich strukturelle Diskriminierung feststellen?
• Inwiefern ist strukturelle Diskriminierung auf einen Algorithmus und/oder auf Input-Daten zurückzuführen?
• Wenn Daten verzerrt sind, ist es dann die Aufgabe eines Algorithmus, dies zu korrigieren? Wenn ja, wie (unter der Berücksichtigung, dass dies neue Verzerrungen begründen könnte)?
• Wie können Fehler in Daten, welche Diskriminierungen begründen können, identifiziert und abgemildert werden?

Da Verzerrungen meist mit der Observation in Zusammenhang gebracht werden, wird zum Ausgleich eine Kombination aus mehreren Observationen, d. h. verschiedene Datenerhebungen, empfohlen [ibid.].

8.4 Zusammenfassung

Das Kapitel führte zunächst einige Begriffe und Strömungen der Ethik im Bereich Informationstechnologien ein. So ist die *Computerethik* ein interdisziplinärer und kollaborativer Ansatz, den Beitrag und die Kosten von Rechnerartefakten in der globalen Gesellschaft methodisch zu untersuchen und zu beeinflussen. *Digitale Ethik* bezeichnet die Analyse legitimer Handlungsoptionen, die sich aus der Entwicklung, dem Einsatz und der Anwendung digitaler Technologien ergeben [3, S. 14]. *Maschinen- oder Roboterethik* fokussiert das Verhalten von Maschinen/Robotern gegenüber Menschen sowie gegenüber anderen Maschinen/Robotern [9].

Ergänzend wurden analytische Betrachtungsebenen (teleologisch, deontologisch, konsequentialistisch, tugendethisch) der digitalen Ethik im Allgemeinen dargestellt. Darüber hinaus wurden die gesellschaftlichen Ebenen (Makro, Meso, Mikro) skizziert, auf denen sich ethische Fragen und Problemstellungen ergeben.

Im Anschluss wurde dargestellt, welche Inhalte für die Hochschullehre mit Blick auf ethisches Handeln in Data Science empfohlen werden. Diese umfassen ethische Grundsätze und Verhaltenskodizes, Privatsphäre/Datenschutz und Vertraulichkeit (s. Kap. 9), Verantwortungsvolle Durchführung von Forschungsvorhaben, die Fähigkeit, schlechte Wissenschaftspraxis zu identifizieren und die Fähigkeit, algorithmische Verzerrungen zu ermitteln [14, 30 f.].

Anschließend wurden verfügbare Verhaltenskodizes präsentiert, also die Darstellung einer deontologischen analytischen Betrachtungsebene, welche auf Mesoebene von verschiedenen Organisationen und Institutionen für handelnde Akteure Rechte und Pflichten beschreiben. Die Beschreibungen selbst manifestieren sich als Selbstbeschreibungen des sie verfassenden sozio-technischen Systems und sind rechtlich nur verbindlich, wenn entsprechende Rechtsgrundlagen bestehen. Die Kodizes unterscheiden sich sehr und lassen alle einen Interpretationsspielraum zur eigenen Reflexion. Auf Makroebene sind keine Kodizes verfügbar.

Im weiteren Verlauf wurden methodische Normen verantwortungsvoller Forschung (Güterabwägung, persönliche Verantwortung, freiwillige Untersuchungsteilnahme, Informationspflicht, Pflicht zur Absicherung von Anonymität der Ergebnisse, Vermeidung wissenschaftlichen Betrugs) skizziert.

Ergänzend wurden Fragen vorgestellt, die sich dem wissenschaftlichen Arbeitsprozess und den verschiedenen Phasen nach d'Aquin et al. [32, S. 57] zuordnen und sich auf das hier entwickelte Prozessmodell (s. Abb. 7.1) übertragen lassen.

Dann erfolgte eine Erklärung des Begriffs *Verzerrung* im Kontext der Varianz, was im Zusammenspiel für Forscher:innen immer ein Dilemma begründet.

Abschließend wurde die Bedeutung der Vermeidung von Diskriminierung beschrieben, wobei die Theoriebildung hier als (noch) in den Kinderschuhen steckend charakterisiert werden kann.

Zusammengefasst ist ethisches Verhalten rechtskonform, dem Kontext angemessen, daran angepasst und ein kontinuierlicher Prozess der Reflexion.[9]

Es geht nicht darum, den einzig *perfekten* Weg zu finden, da es diesen nicht gibt. Da ethisches Verständnis sich kulturell und zeitlich verändert, geht es darum, den bestmöglichen Ansatz aus ethischer Perspektive als Ergebnis einer Reflexion (z. B. auch im Austausch mit Dritten) zu finden und im Geiste kontinuierlicher Verbesserung anzuwenden.

Da ethisch adäquate Handlungen für Datenwissenschaftler:innen maßgeblich durch den Rechtsrahmen definiert sind, widmet sich ein eigenes spezielles Kapitel dem Datenschutz aus der Perspektive der deutschen Gesetzgebung (s. Kap. 9).

Ethik kann im Sinne von Bartneck et al. so verstanden werden, dass diese als *Soft Law* dort beginnt, wo geltendes Recht aufhört und ohne Vorschrift eingehalten wird. Als *Hard Law* kann Ethik ähnliche Konsequenzen erreichen, wie sanktionierbare Gesetze (z. B. in Form von Image-Verlust) [4, 29 f.].

---

[9] Weber-Wulff et al. [18] bieten hierzu zahlreiche Fallbeispiele und -studien, anhand derer der Reflexionsprozess trainiert werden kann.

Quellen

1. D. Boyd und K. Crawford, „Critical Questions for Big Data: Provocations for a Cultural, Technological, and Scholarly Phenomenon", in, *Information, Communication & Society*, 5. Taylor & Francis, Mai 2012, Bd. 15, S. 662–679.
2. M. Tsvetovat und A. Kouznetsov, *Social Network Analysis for Startups: Finding connections on the social web*. Sebastopol, CA (USA): O'Reilly Media, 2011, ISBN: 9781449317621.
3. P. Grimm, T. Keber und O. Zöllner, *Digitale Ethik. Leben in vernetzten Welten: Reclam Kompaktwissen XL*, Ser. Reclam Kompaktwissen XL. Reclam Verlag, 2019, ISBN: 9783159615097.
4. C. Bartneck, C. Lütge, A. Wagner und S. Welsh, *Ethik in KI und Robotik*. Carl Hanser Verlag GmbH & Company KG, 2019, ISBN: 9783446462403.
5. O. Bendel, *Handbuch Maschinenethik*. Springer Fachmedien Wiesbaden, 2019, ISBN: 9783658174828.
6. B. R. Hall, „A Synthesized Definition of Computer Ethics", *ACM SIGCAS Computers and Society*, Jg. 44, Nr. 3, S. 21-35, Okt. 2014, issn: 0095-2737. https://doi.org/10.1145/2684097. 2684102.Adresse: http://doi.acm.org/10.1145/2684097.2684102.
7. E. Magrani, „New perspectives on ethics and the laws of artificial intelligence", *Internet Policy Review*, Jg. 8, Nr. 3, 2019.
8. A. Kienle und G. Kunau, *Informatik und Gesellschaft: Eine sozio-technische Perspektive*. De Gruyter, 2014, ISBN: 9783486990584.
9. M. Anderson und S. L. Anderson, „The status of machine ethics: a report from the AAAI Symposium", *Minds and Machines*, Jg. 17, Nr. 1, S. 1-10, 2007.
10. C. Allen, W. Wallach und I. Smit, „Why Machine Ethics?", *IEEE Intelligent Systems*, Jg. 21, Nr. 4, S. 12-17, Juli 2006, issn: 1541-1672. https://doi.org/10.1109/MIS.2006.83.Adresse: https:// doi.org/10.1109/MIS.2006.83.
11. J. Loh, *Roboterethik: Eine Einführung*. Suhrkamp Verlag, 2019, ISBN: 9783518761847.
12. J. H. Moor, „The Nature, Importance, and Difficulty of Machine Ethics", IEEE Intelligent Systems, Jg. 21, Nr. 4, S. 18–21, Juli 2006, issn: 1941–1294. doi: https://doi.org/10.1109/MIS.2006. 80.
13. G. Krupinski, „Ethik und Ökonomie", in *Führungsethik für die Wirtschaftspraxis: Grundlagen - Konzepte - Umsetzung*. Wiesbaden: Deutscher Universitätsverlag, 1993, S. 97-109, ISBN: 978-3-663-12123-7. https://doi.org/10.1007/978-3-663-12123-7_5.Adresse: https://doi.org/10.1007/ 978-3-663-12123-7_5.
14. National Academies of Sciences, Engineering, and Medicine, *Data Science for Undergraduates: Opportunities and Options*. Washington, DC (USA): National Academies Press, 2018, ISBN: 9780309475624.
15. ACM Committee on Professional Ethics, „Code of Ethics and Professional Conduct", https:// ethics.acm.org, ACM Council, 2018.
16. J. S. Saltz, N. I. Dewar und R. Heckman, „Key Concepts for a Data Science Ethics Curriculum", in *Proceedings of the 49th ACM Technical Symposium on Computer Science Education*, Ser. SIGCSE '18, ACM, 2018, S. 952-957, ISBN: 978-1-4503-5103-4. https://doi.org/10.1145/ 3159450.3159483. Adresse: http://doi.acm.org/10.1145/3159450.3159483.
17. Fachgruppe Informatik und Ethik, „Ethische Leitlinien", in *GI*, https://gi.de/ueber-uns/ organisation/unsere-ethischen-leitlinien/, Gesellschaft für Informatik, 2018.
18. D. Weber-Wulff, C. Class, W. Coy, C. Kurz und D. Zellhöfer, *Gewissensbisse: Ethische Probleme der Informatik. Biometrie - Datenschutz - geistiges Eigentum*, Ser. Kultur- und Medientheorie. transcript Verlag, 2015, ISBN: 9783839412213.

19. Statistics Division, „Professional Code of Conduct", https://unstats.un.org/unsd/methods/statorg/Principles_stat_activities/principles_stat_activities.asp, United Nations (UN), 2005.

20. Committee on Professional Ethics of the American Statistical Association, „Ethical Guidelines for Statistical Practice", https://www.amstat.org/ASA/Your-Career/Ethical-Guidelines-for-Statistical-Practice.aspx, American Statistical Association (ASA), 2018.

21. Department for Digital, Culture, Media & Sport, „Data Ethics Framework", in *Guidance*, https://www.gov.uk/government/publications/data-ethics-workbook/data-ethics-workbook, United Kingdom Government Digital Service, 2018.

22. Data Science Association, „Code of Conduct", in *AI*, http://www.datascienceassn.org/code-of-conduct.html, Data Science Association (DSA), 2018.

23. P. M. Schwartz, „Privacy, Ethics, and Analytics", *IEEE Security & Privacy*, Jg. 9, Nr. 03, S. 66-69, Mai 2011, issn: 1558-4046. https://doi.org/10.1109/MSP.2011.61.

24. C. M. Steiner, M. D. Kickmeier-Rust und D. Albert, „Let's Talk Ethics: Privacy and Data Protection Framework for a Learning Analytics Toolbox", *Ethics and Privacy in Learning Analytics (# EP4LA)*, Poughkeepsie, NY, März 2015.

25. Pichai, Sundar, „AI at Google: our principles", in *AI*, https://www.blog.google/technology/ai/ai-principles/, Google, 2018.

26. A. Cavoukian u. a., „Privacy by design: The 7 foundational principles", *Information and Privacy Commissioner of Ontario*, Canada, Jg. 5, 2009.

27. C. O'Neil und R. Schutt, *Doing Data Science: Straight Talk from the Frontline*. Sebastopol, CA (USA): O'Reilly, 2014, ISBN: 978-1449358655.

28. E. Derman und P. Wilmott, „The Financial Modelers' Manifesto", *SSRN Electronic Journal*, 2009. https://doi.org/10.2139/ssrn.1324878.

29. M. Zook, S. Barocas, D. Boyd, K. Crawford, E. Keller, S. P. Gangadharan, A. Goodman, R. Hollander, B. A. Koenig, J. Metcalf, A. Narayanan, A. Nelson und F. Pasquale, „Ten simple rules for responsible big data research", *PLOS Computational Biology*, Jg. 13, Nr. 3, S. 1-10, März 2017. https://doi.org/10.1371/journal.pcbi.1005399. Adresse: https://doi.org/10.1371/journal.pcbi.1005399.

30. J. Bortz und N. Döring, *Forschungsmethoden und Evaluation in den Sozial- und Humanwissenschaften*, 3. Aufl. Berlin, Heidelberg: Springer, 2003, Nachdruck, ISBN: 3-540-41940-3.

31. N. Döring, J. Bortz und S. Pöschl, *Forschungsmethoden und Evaluation in den Sozialund Humanwissenschaften*. Berlin, Heidelberg: Springer, 2016, ISBN: 978-3-642-41088-8.

32. M. d'Aquin, P. Troullinou, N. E. O'Connor, A. Cullen, G. Faller und L. Holden, „Towards an „Ethics by Design" Methodology for AI Research Projects", in *Proceedings of the 2018 AAAI/ACM Conference on AI, Ethics, and Society*, Ser. AIES '18, ACM, 2018, S. 54-59, ISBN: 978-1-4503-6012-8. https://doi.org/10.1145/3278721.3278765.Adresse: http://doi.acm.org/10.1145/3278721.3278765.

33. B. Friedman, D. G. Hendry, A. Borning u. a., „A survey of value sensitive design methods", *Foundations and Trends in Human-Computer Interaction*, Jg. 11, Nr. 2, S. 63-125, 2017.

34. E. Alpaydin, *Maschinelles Lernen*. Oldenbourg, 2008, ISBN: 9783486581140.

35. J. Grus, *Einführung in Data Science: Grundprinzipien der Datenanalyse mit Python*. O'Reilly, 2016, ISBN: 9783960100256.

36. C. M. Bishop, *Pattern Recognition and Machine Learning*, Ser. Information Science and Statistics. Springer New York, 2016, ISBN: 9781493938438.

37. J. A. Manjón und J. Domingo-Ferrer, „Selected Privacy Research Topics in the ARES Project: An Overview", in *Advanced Research in Data Privacy*, Ser. Studies in Computational Intelligence. Cham et al.: Springer, 2014, S. 15-25, ISBN: 9783319098852.

38. G. Navarro-Arribas und V. Torra, *Advanced Research in Data Privacy*, Ser. Studies in Computational Intelligence. Cham et al.: Springer International Publishing, 2014, ISBN: 9783319098852.

39. S. Barocas, B. Berendt, M. Hay, A. Marian und G. Miklau, „Working group: structural bias", in, S. Abiteboul, G. Miklau, J. Stoyanovich und G. Weikum, Hrsg., 7. Dagstuhl, Germany: Schloss Dagstuhl-Leibniz-Zentrum fuer Informatik, 2016, Bd. 6, S. 66. doi: 10 . 4230 / DagRep . 6 . 7 . 42. Adresse: http://drops.dagstuhl.de/opus/volltexte/2016/6764.

40. S. Abiteboul, G. Miklau, J. Stoyanovich und G. Weikum, „Data, Responsibly (Dagstuhl Seminar 16291)", *Dagstuhl Reports*, Jg. 6, Nr. 7, S. Abiteboul, G. Miklau, J. Stoyanovich und G. Weikum, Hrsg., S. 42-71, 2016, issn: 2192-5283. https://doi.org/10.4230/DagRep.6.7.42. Adresse: http://drops.dagstuhl.de/opus/volltexte/2016/6764.

Spezielles Kapitel: Datenschutz

9

Inhaltsverzeichnis

Datenbasierte Forschungsvorhaben stellen die an der Untersuchung beteiligten Personen im Prozessverlauf vor vielfältige Herausforderungen, insbesondere auch aus Sicht des Datenschutzes und im Hinblick auf die in Kap. 8 skizzierten ethischen Gesichtspunkte. Daten stehen für eine Untersuchung in unterschiedlicher Weise (explizit und/oder implizit) zur Verfügung. Im einfachsten Fall liegen die Daten bereits vor, wobei das Vorliegen von Daten diese (oder deren Untersuchung) nicht automatisch ethisch unbedenklich erscheinen lässt [1, S. 672]. Hinzuzufügen ist auch die fehlende Rechtssicherheit, die nicht aus der reinen Datenverfügbarkeit abgeleitet werden kann. So können Daten beispielsweise inkorrekt

C. Schmidt, *Graphentheorie und Netzwerkanalyse*,
https://doi.org/10.1007/978-3-662-67379-9_9

erhoben und gespeichert worden sein, wurden vielleicht aktiv durch Nutzer:innen preisge-
geben, unterliegen jedoch schützenswerten Rechten, liegen fälschlicherweise als Open Data
vor, und/oder sie wurden inkorrekt empirisch erhoben (z. B. durch illegale Analyse von
impliziten Verhaltensdaten). Untersuchungsgegenstände, welche mit empirischen Methoden untersucht werden, umfassen beispielsweise Gewalt, Aggressivität, Liebe, Leistungs-
streben, psychische Störungen, Neigung zu Konformität, sonstiges Verhalten oder Krankheiten [2, 44 ff.]. Derartige Untersuchungsgegenstände erfordern Daten, die die persönliche
Privatsphäre eines Menschen betreffen. Deren Schutz ist in Deutschland durch das Grundgesetz verfassungsrechtlich garantiert. Also müssen spezifische Rahmenbedingungen bei einer
Analyse eingehalten werden, die sich auf derartige Daten stützt. Die folgenden Abschnitte
des Kapitels skizzieren rechtliche Rahmenbedingungen aus der Perspektive der deutschen
Gesetzgebung.

9.1   Gesetzlicher Rahmen in Deutschland

Datenschutz, je nach Ebene und Rechtssubjekt, ergibt sich aus zahlreiche Rechtsquellen,
die auszugsweise wie folgt genannt werden können:

- Supranationale bilaterale oder multilaterale Abkommen, z. B. Datenschutz-
  Grundverordnung (DSGVO),
- Nationale Gesetze: Grundgesetz (GG), Bundesdatenschutzgesetz (BDSG), Telemedien-
  gesetz (TMG), Sozialgesetzbuch (SGB), Betriebsverfassungsgesetz (BetrVG), Urheber-
  rechtsgesetz (UrhG),
- Gesetze auf Bundesländerebene: Landesdatenschutzgesetze.

Die weiteren Ausführungen beziehen sich auf die unmittelbar geltende *Datenschutz-
Grundverordnung* (DSGVO)[1] zuzüglich des gegenwärtig geltenden BDSG[2], welches als
bundesgesetzliche Regelung die DSGVO ergänzt bzw. ausführt.

9.2   Zweck des Datenschutzes

Redeker [3, S. 305] beschreibt, dass heutige Regelungen zum Datenschutz in Deutschland,
welche sich sehr verästeln, im Wesentlichen auf das sog. *Volkszählungsurteil* des Bundes-

---

[1] Amtsblatt der Europäischen Union (L 119/1), Verordnung (EU) 2016/679 des Europäischen Par-
laments und des Rates vom 27. April 2016 zum Schutz natürlicher Personen bei der Verarbeitung
personenbezogener Daten, zum freien Datenverkehr und zur Aufhebung der Richtlinie 95/46/EG
(Datenschutz-Grundverordnung).

[2] Bundesdatenschutzgesetz vom 30. Juni 2017 (BGBl. I S. 2097), das zuletzt durch Artikel 10 des
Gesetzes vom 23. Juni 2021 (BGBl. I S. 1858; 2022 I 1045) geändert worden ist.

verfassungsgerichts (BVerfG) aus dem Jahre 1983 zurückgehen. Zwar gab es schon vorher sowohl ein Bundesdatenschutzgesetz, als auch Landesdatenschutzgesetze, allerdings wurde mit dem Volkszählungsurteil ein zentrales Prinzip, das sog. *Recht auf informationelle Selbstbestimmung,* definiert.

Das Recht auf informationelle Selbstbestimmung wurde aus Art. 1 Abs. 1 GG (Unantastbarkeit der Menschenwürde) und Art. 2 Abs. 1 GG (Recht auf freie Entfaltung der Persönlichkeit) abgeleitet und besagt, dass jede:r Bürger:in grundsätzlich selber entscheiden soll, wann und in welchem Ausmaß persönliche Sachverhalte offenbart werden. Jeder Eingriff in dieses Recht muss gesetzlich gerechtfertigt sein.

Zweck des Datenschutzes ist der Schutz der gesetzlich geschützten Grundrechte von natürlichen Personen.

Art. 1 Abs. 1 DSGVO beschreibt als Ziel den Schutz *„natürlicher Personen bei der Verarbeitung personenbezogener Daten und zum freien Verkehr solcher Daten".* Des Weiteren sollen durch die Verordnung *„Grundrechte und Grundfreiheiten natürlicher Personen und insbesondere deren Recht auf Schutz personenbezogener Daten"* (Art. 1 Abs. 2 DSGVO) geschützt werden.

Der Schutz bezieht sich demnach auf Sphären natürlicher Personen,[3] welche auch durch das Grundgesetz geschützt sind, und insbesondere auf Schutz und Regelung des Umgangs mit *personenbezogenen Daten.* Daraus folgt, dass Daten, die nicht personenbezogen sind, den nachfolgenden Rahmenbedingungen nicht unterliegen.

Datenschutzrechtlich sind folgende Sphären zu unterscheiden:

- *Sozial-/Individualsphäre:* öffentliches Leben einer Person,
- *Privatsphäre:* Leben einer Person im häuslichen Bereich,
- *Intimsphäre:* innere Gedanken- und Gefühlswelt einer Person.

Das allgemeine Persönlichkeitsrecht schützt zahlreiche Rechte, wie z. B. das Recht am eigenen Bild/Wort oder das Recht auf informationelle Selbstbestimmung.

9.3   Begriffe im Umfeld des Datenschutzes

Im Umfeld des Datenschutzes tauchen neben den *personenbezogenen Daten* und der *betroffenen Person* (s. Abschn. 9.2) zahlreiche Begriffe in relevanten Gesetzen auf. Eine umfassende Beschreibung findet sich in Art. 4 DSGVO. Ausgewählte Begriffe, die sich zum einen auf anzuwendende Verfahren, zum anderen auf Rechtssubjekte beziehen, werden im Folgenden skizziert.

---

[3] Juristische Personen sind also nicht Gegenstand des im Folgenden beschriebenen Datenschutzes.

9.3.1   Personenbezogene Daten einer betroffenen Person

Art. 4 Abs. 1 DSGVO definiert *personenbezogene Daten* als *„alle Informationen, die sich auf eine identifizierte oder identifizierbare natürliche Person (im Folgenden „betroffene Person") beziehen; als identifizierbar wird eine natürliche Person angesehen, die direkt oder indirekt, insbesondere mittels Zuordnung zu einer Kennung wie einem Namen, zu einer Kennnummer, zu Standortdaten, zu einer Online-Kennung oder zu einem oder mehreren besonderen Merkmalen, die Ausdruck der physischen, physiologischen, genetischen, psychischen, wirtschaftlichen, kulturellen oder sozialen Identität dieser natürlichen Person sind, identifiziert werden kann"*. Es geht demnach um sämtliche Daten, die in irgendeiner Weise auf eine konkrete natürliche Person bezogen werden können [3, S. 307]. Derartige Daten können nicht nur Tatsachenbehauptungen, sondern auch Meinungsäußerungen über persönliche oder sachliche Verhältnisse umfassen. Rohrlich [4, 84 f.] unterscheidet zwei Kategorien personenbezogener Daten:

- Normal:
  - Persönliche Daten: Name, Anschrift, Kontaktdaten,
  - Finanzdaten: Bankverbindung, Gehaltsabrechnung,
  - Biometrische Daten: Fingerabdruck, DNA,
  - Foto: erkennbare Darstellung einer Person,
  - Gesundheitsdaten: Krankmeldung, Diagnose, Überweisung,
  - IP-Adresse,[4]
- Besonders:
  - Ethnische Herkunft,
  - Politische, religiöse und/oder philosophische Überzeugungen/Meinungen,
  - Gewerkschaftszugehörigkeit,
  - Sexualleben.

Dabei ergibt sich die Herausforderung, dass es sich nicht nur dann um personenbezogene Daten einer Person handelt, wenn diese konkret in den Daten benannt ist, sondern auch dann, wenn aus vorhandenen Daten auf diese Person geschlossen werden kann, diese also bestimmbar ist. Es handelt sich nicht um personenbezogene Daten, wenn zur Bestimmung ein unverhältnismäßig hoher Aufwand betrieben werden muss [3, S. 307].

Hieraus kann sich eine zwingende Notwendigkeit der Anwendung von Verarbeitungsschritten auf die betroffenen Daten ergeben.

---

[4] Ob eine IP-Adresse zu den personenbezogenen Daten gehört, hängt davon ab, ob diese ohne großes Zusatzwissen einer natürlichen Person zugeordnet werden kann (absoluter Begriff), oder ob sie durch eine speichernde Stelle (z. B. Provider) ohne Weiteres einer natürlichen Personen zugeordnet werden kann (relativer Begriff). Im letzteren Fall können Dritte auskunftsberechtigt sein, wenn ein richterlicher Beschluss vorliegt, der einen Zugriff auf die personenbezogenen Daten gestattet [3, S. 307].

9.3.2 Rechtssubjekte im Umfeld betroffener Personen

Rohrlich [4, S. 85] hebt insbesondere die folgenden Begriffe und Rechtssubjekte, neben den *personenbezogenen Daten* und der *betroffenen Person* (s. Abschn. 9.2), hervor:

- Verantwortliche Stelle,
- Empfänger,
- Dritter,
- Verarbeitung,
- Automatisierte Verarbeitung.

Die *Verantwortliche Stelle* bezeichnet jede Person oder Stelle, welche personenbezogene Daten für sich erhebt, verarbeitet oder nutzt oder dies durch andere im Auftrag vornehmen lässt [4, S. 85], d. h. nach Art. 4 Abs. 7 DSGVO *„die natürliche oder juristische Person, Behörde, Einrichtung oder andere Stelle, die allein oder gemeinsam mit anderen über die Zwecke und Mittel der Verarbeitung von personenbezogenen Daten entscheidet"*.

Art. 4 Abs. 9 DSGVO beschreibt einen *Empfänger* als *„eine natürliche oder juristische Person, Behörde, Einrichtung oder andere Stelle, der personenbezogene Daten offengelegt werden, unabhängig davon, ob es sich bei ihr um einen Dritten handelt oder nicht"*.

Gemäß Art. 4 Abs. 10 DSGVO ist ein *Dritter „eine natürliche oder juristische Person, Behörde, Einrichtung oder andere Stelle, außer der betroffenen Person, dem Verantwortlichen, dem Auftragsverarbeiter und den Personen, die unter der unmittelbaren Verantwortung des Verantwortlichen oder des Auftragsverarbeiters befugt sind, die personenbezogenen Daten zu verarbeiten"*.

Art. 4 Abs. 2 DSGVO beschreibt *Verarbeitung* als *„jeden mit oder ohne Hilfe automatisierter Verfahren ausgeführten Vorgang oder jede solche Vorgangsreihe im Zusammenhang mit personenbezogenen Daten wie das Erheben, das Erfassen, die Organisation, das Ordnen, die Speicherung, die Anpassung oder Veränderung, das Auslesen, das Abfragen, die Verwendung, die Offenlegung durch Übermittlung, Verbreitung oder eine andere Form der Bereitstellung, den Abgleich oder die Verknüpfung, die Einschränkung, das Löschen oder die Vernichtung"*.

9.3.3 Pseudonymisierung

Art. 4 Abs. 5 DSGVO beschreibt *Pseudonymisierung* als *„die Verarbeitung personenbezogener Daten in einer Weise, dass die personenbezogenen Daten ohne Hinzuziehung zusätzlicher Informationen nicht mehr einer spezifischen betroffenen Person zugeordnet werden können, sofern diese zusätzlichen Informationen gesondert aufbewahrt werden und technischen und organisatorischen Maßnahmen unterliegen, die gewährleisten, dass die personenbezoge-*

nen Daten nicht einer identifizierten oder identifizierbaren natürlichen Person zugewiesen werden".

Es zeigt sich, dass keine Unterscheidung der Begriffe *Anonymisierung* und *Pseudonymisierung* mehr erfolgt, sondern die Anonymisierung in der Pseudonymisierung aufgeht und den Zustand beschreibt, dass keine (oder nur eine mit unverhältnismäßigem Aufwand verbundene) Möglichkeit besteht, von Daten über ein Mapping auf ursprüngliche personenbezogene Daten Rückschlüsse zu ziehen.

9.4 Grundsätze im Umgang mit personenbezogenen Daten

Art. 5 Abs. 1 DSGVO umfasst mehrere Prinzipien im Umgang mit personenbezogenen Daten:

(a) Rechtmäßigkeit, Verarbeitung nach Treu und Glauben, Transparenz,
(b) Zweckbindung,
(c) Datenminimierung,
(d) Richtigkeit,
(e) Speicherbegrenzung,
(f) Integrität und Vertraulichkeit.

Ergänzend gilt eine *Rechenschaftspflicht* (s. Art. 5 Abs. 2 DSGVO). Diese verpflichtet einen Verantwortlichen zur Einhaltung von Art. 5 Abs. 1 DSGVO dergestalt, dass dieser nicht nur verantwortlich ist, sondern die Einhaltung auch nachweisen können muss, d. h., er trägt insoweit die Beweislast.

9.4.1 Rechtmäßigkeit der Verarbeitung

Art. 6 Abs. 1 DSGVO knüpft die rechtmäßige Verarbeitung personenbezogener Daten an Bedingungen. Entweder hat eine betroffene Person ihre Einwilligung zur Verarbeitung der sie betreffenden personenbezogenen Daten für einen oder mehrere bestimmte Zwecke erteilt (s. Abschn. 9.5), oder die Verarbeitung ist erforderlich, z. B.:

- Zur Erfüllung eines Vertrags (oder für vorvertragliche Maßnahmen auf Initiative der betroffenen Person), dessen Vertragspartei die betroffene Person ist,
- Zur Erfüllung rechtlicher Verpflichtungen eines Verantwortlichen,
- Zum Schutz lebenswichtiger Interessen einer betroffenen Person oder einer anderen natürlichen Person,
- Zur Wahrnehmung einer Aufgabe, die im öffentlichen Interesse liegt oder in Ausübung öffentlicher Gewalt erfolgt, die dem Verantwortlichen übertragen wurde,

- Zur Wahrung der berechtigten Interessen eines Verantwortlichen oder eines Dritten, sofern nicht die Interessen oder Grundrechte und Grundfreiheiten der betroffenen Person, die den Schutz personenbezogener Daten erfordern, überwiegen, insbesondere dann, wenn es sich bei der betroffenen Person um ein Kind handelt.

Das Prinzip des Verbots mit Erlaubnisvorbehalt bleibt nach BDSG unverändert bestehen. Es wird lediglich, insbesondere durch Verweis auf die DSGVO und durch konkretere Paragraphen, wie z. B. § 48 zur Zulässigkeit der Verarbeitung besonderer Kategorien personenbezogener Daten bei Erforderlichkeit zu einer Aufgabenerfüllung oder § 4 zur Regelung zulässiger Videoüberwachung öffentlich zugänglicher Räume, anders formuliert.

9.4.2 Zweckbindung

Art. 5 Abs. 1 lit. b DSGVO besagt, dass jede Erhebung und Weiterverarbeitung von personenbezogenen Daten einem zuvor festgelegten Zweck dienen muss. Eine Änderung des Zwecks ist ein neuer (einwilligungsbedürftiger) Eingriff. Daten, die für einen Zweck gespeichert wurden, dürfen nicht für einen anderen Zweck genutzt werden. Eine Zweckentfremdung bedarf einer erneuten Einwilligung.

9.4.3 Datenminimierung

Datenminimierung nach Art. 5 Abs. 1 lit. c DSGVO bedeutet, dass personenbezogene Daten dem Zweck angemessen sowie auf das für die Zwecke der Verarbeitung notwendige Maß beschränkt sein müssen.

Ergänzend sollte zunächst immer eine grundsätzliche Datenvermeidung angestrebt werden. Demnach sollte möglichst auf die Verarbeitung von personenbezogenen Daten verzichtet werden.

9.4.4 Richtigkeit

Art. 5 Abs. 1 lit. d DSGVO schreibt vor, dass personenbezogene Daten sachlich richtig und erforderlichenfalls auf dem neuesten Stand sein müssen. Ferner sind alle angemessenen Maßnahmen zu treffen, damit personenbezogene Daten, die im Hinblick auf die Zwecke ihrer Verarbeitung unrichtig sind, unverzüglich gelöscht oder berichtigt werden.

9.4.5 Speicherbegrenzung

Art. 5 Abs. 1 lit. e DSGVO schreibt vor, dass es zwingend erforderlich ist, personenbezogene Daten in einer Form zu speichern, die die Identifizierung der betroffenen Personen nur so lange ermöglicht, wie es für die Zwecke, für die sie verarbeitet werden, erforderlich ist. Endet der Zweck oder ändert sich dieser, müssen entweder die Identifizierung mitsamt den personenbezogenen Daten gelöscht werden, oder es muss eine erneute Einwilligung für einen neuen Zweck eingeholt werden.

9.4.6 Integrität und Vertraulichkeit

Art. 5 Abs. 1 lit. f DSGVO postuliert für den Umgang mit personenbezogenen Daten eine Verarbeitung dergestalt, dass eine angemessene Sicherheit der personenbezogenen Daten gewährleistet ist. Dies macht geeignete technische und organisatorische Maßnahmen erforderlich, die den Schutz vor unbefugter oder unrechtmäßiger Verarbeitung, vor unbeabsichtigtem Verlust sowie vor unbeabsichtigter Zerstörung/Schädigung sicherstellen.

9.5 Verbot mit Erlaubnisvorbehalt

Damit die Verarbeitung personenbezogener Daten rechtmäßig ist, muss eine Einwilligung der betroffenen Person dazu vorliegen, es sei denn, dass die Verarbeitung aus anderen Gründen zulässig ist (s. Art. 6 Abs. 1 lit. a DSGVO). Die DSGVO beschreibt hierzu in Abs. 32 die Modalitäten mit Blick auf den Wegfall der Schriftform in elektronischen/digitalen Kontexten. Demnach muss die Einwilligung *„durch eine eindeutige bestätigende Handlung erfolgen, mit der freiwillig, für den konkreten Fall, in informierter Weise und unmissverständlich bekundet wird, dass die betroffene Person mit der Verarbeitung der sie betreffenden personenbezogenen Daten einverstanden ist"*. Dies kann z. B. durch mündliche oder schriftliche Erklärung erfolgen. Die schriftliche Erklärung kann auch elektronisch erfolgen, z. B. durch:

- Anklicken eines Kästchens beim Besuch einer Internetseite,
- Auswahl technischer Einstellungen für Dienste der Informationsgesellschaft,
- Eine andere Erklärung oder konkludente Verhaltensweise, mit der die betroffene Person im jeweiligen Kontext eindeutig in die beabsichtigte Verarbeitung ihrer personenbezogenen Daten einwilligt.

Stillschweigen, bereits angekreuzte Kästchen oder Untätigkeit der betroffenen Person gelten nach der DSGVO nicht als Einwilligung. Ergänzend zu Abschn. 9.4.2 hat sich die Einwilligung auf alle zu demselben Zweck oder denselben Zwecken vorgenommenen Verarbeitungsvorgänge zu beziehen. Wenn die Verarbeitung mehreren Zwecken dient, ist für alle diese Verarbeitungszwecke eine Einwilligung zu geben. Wird die betroffene Person auf elektronischem Weg zur Einwilligung aufgefordert, so muss die Aufforderung in klarer und knapper Form und ohne unnötige Unterbrechung des Dienstes, für den die Einwilligung gegeben werden soll, erfolgen.

Die DSGVO zählt weitere Bedingungen für eine Einwilligung zur Verarbeitung personenbezogener Daten auf:

- Der Verantwortliche muss nachweisen können, dass die betroffene Person in die Verarbeitung ihrer personenbezogenen Daten eingewilligt hat (Informationspflicht, s. Art. 7 Abs. 1 DSGVO),
- Bei schriftlicher Erklärung der Einwilligung der betroffenen Person muss das Ersuchen um Einwilligung in verständlicher und leicht zugänglicher Form in einer klaren und einfachen Sprache erfolgen. Bei mehreren Sachverhalten sind diese klar zu unterscheiden. Teile der Erklärung, die hiergegen verstoßen, sind unverbindlich (s. Art. 7 Abs. 2 DSGVO),
- Die betroffene Person hat das Recht, ihre Einwilligung jederzeit zu widerrufen (s. Art. 7 Abs. 3 DSGVO),
- Freiwilligkeit, die nicht dadurch beeinflusst werden darf, dass die betroffene Person durch ein anderes Leistungsangebot eines Diensteanbieters dazu gedrängt wird, ihre Einwilligung zu erteilen (s. Art. 7 Abs. 4 DSGVO).

9.6   Privacy Preserving Data Mining (PPDM)

9.6.1   Data Mining: Begriff, Prozessschritte und Rollen

Data Mining bezeichnet den Prozess, Muster und Wissen in großen Datenmengen zu entdecken [5]. Die Begriffe *Data Mining* und *Knowledge Discovery from Data (KDD)* werden oftmals synonym verwendet [6, S. 1149]. Die wachsende Popularität von Technologien im Umfeld des Data Mining stellt hierbei eine ernste Bedrohung für die Sicherheit von sensitiven Informationen eines Individuums dar [ibid.].

Hieraus hat sich ein Forschungsgebiet entwickelt, welches den Schutz der Privatsphäre im Kontext des Data Mining fokussiert. Dieser Bereich kann mit dem Begriff *Privacy Preserving Data Mining* (PPDM) bezeichnet werden. Dahinter verbirgt sich die Idee, Daten so zu modifizieren, dass diese prozessübergreifend bei der Anwendung von Data Mining-Algorithmen so zur Verfügung stehen, dass keine Kompromisse bezüglich der Sicherheit zugrunde liegender sensitiver Informationen in den Daten erforderlich sind.

Xu et al. [6, S. 1149] unterscheiden vier Prozessschritte im Data Mining:

1. *Vorverarbeitung:* beinhaltet grundlegende Operationen der Datenselektion, Datenbereinigung (Entfernung von inkonsistenten, unvollständigen Daten) sowie Datenintegration
   (Kombination aus mehreren Quellen),
2. *Transformation:* Selektion und Transformation von *Eigenschaften* (engl.: features),
3. *Abbau (Data Mining):* Extraktion von Datenmustern (z. B. Assoziationsregeln, Cluster,
   Klassifikationsregeln),
4. *Musterevaluation und Präsentation:* Identifizierung von Mustern, die Wissen repräsentieren, und verständliche Präsentation der Erkenntnisse.

Die Auswahl von Eigenschaften bezeichnet die Auswahl der Eingabedaten, die einem
Modell übergeben werden. Diese können bereits direkt in den Daten enthalten sein oder
werden indirekt auf Basis der Daten generiert/aggregiert. Features können binär, als Zahlen
oder diskrete Mengen codiert sein, um dann in weitere Modelle und Berechnungen überführt zu werden. Wenn Daten nicht genug Eigenschaften aufweisen, besteht die Gefahr von
Underfitting (ein Modell ist zu unpräzise), umgekehrt bergen zu viele Eigenschaften oftmals
das Risiko des *Overfittings* (ein Modell ist zu präzise) [7, 157 f.].

Am Data-Mining-Prozess beteiligte Rollen können wie folgt unterschieden werden [6,
1150 ff. 8, 198 ff. 9, S. 663]:

- Datenbereitsteller:in (engl.: data provider): Nutzer:in mit denjenigen Daten, welche durch
  die Problemstellung benötigt werden,
- Datensammler:in (engl.: data collector): Nutzer:in, welche:r Daten von Datenbereitstel-
  ler:in sammelt und veröffentlicht bzw. diese dem Abbau zur Verfügung stellt,
- Datenschürfer:in (engl.: data miner): Nutzer:in, welche:r Aufgaben (engl.: tasks) mit den
  Daten durchführt,
- Entscheider:in (engl.: decision maker): Nutzer:in, welche:r Entscheidungen auf der
  Grundlage von Ergebnissen des Abbaus trifft, um Ziele zu erreichen.

Auf Basis dieser Rollen werden verschiedene Anliegen und Interessen beschrieben, aus
denen Handlungsempfehlungen abgeleitet werden.

Demnach hat ein:e *Datenbereitsteller:in* ein Interesse daran, die Sensitivität derjenigen
Informationen, die er mit anderen teilt, zu kontrollieren. Das bedeutet, dass ein:e Datenbe-
reitsteller:in auch das Anliegen hat, einige Daten, von denen er nicht will, dass diese in den
Zugriff von Dritten gelangen, einem potenziellen Zugriff auch wirklich entziehen zu können. Andererseits möchte ein:e Datenbereitsteller:in so viele sensitive Informationen wie
möglich verbergen können, wenn Daten zum/zur Datensammler:in gelangen. Eventuell hat
ein:e Datenbereitsteller:in auch Interesse an Kompensationen für den potenziellen Verlust
von Daten der Privatsphäre. Die Handlungsmöglichkeiten für ein:e Datenbereitsteller:in,
um Datenschutz und Schutz der Privatsphäre aktiv gerecht werden zu können, umfassen
beispielsweise:

- Verweigerung einer Datenpreisgebung,
- Limitierung des Zugangs,
- Abwägung: Privatsphäre gegen Vorteil (z. B. Geld/Services für Daten),
- Preisgeben falscher Daten (z. B. mittels falscher Identitäten, Maskierung/Alias).

Ein:e *Datensammler:in* hat das Anliegen, trotz notwendiger Modifikationen zur Eliminierung von sensitiven Informationen in den Daten, diese vor einer Weitergabe an eine:n Datenschürfer:in benutzbar zu lassen. Hauptanliegen des/der Datensammler:in ist deshalb die Modifikation der Daten dergestalt, dass diese keine sensitiven Informationen mehr enthalten und eine hohe Nutzbarkeit erhalten bleibt.

Handlungsmöglichkeiten eines/einer Datensammler:in zur Erhaltung der Privatsphäre des/der Datenbereitsteller:in umfassen hierbei [6, 1154 f.]:

- Anwendung der Grundlagen von PPDM zum Datenschutz (s. Abschn. 9.6.2),
- Antizipation von gegnerischen Angriffen, z. B. durch Erstellung eines Angriffsmodells (Wer könnte auf welche Weise mit welchen Hintergrundinformationen die Datenbasis wie angreifen und welche Vorkehrungen/Maßnahmen müssen hierzu formuliert und ergriffen werden?),
- Soziale Netzwerke: Anonymisierung von Graphdaten,
- Anonymisierung von Bewegungs- und Verlaufsdaten.

Ein:e *Datenschürfer:in* möchte nützliche Informationen aus den Daten extrahieren und dabei die Privatsphäre erhalten. Dies bezieht sich sowohl auf den Schutz der sensitiven Daten für eine Aufgabe, als auch auf den Schutz der sensitiven Ergebnisse einer Aufgabe.

Ein:e *Entscheider:in* bekommt die Ergebnisse des Abbaus von dem/der Datenschürfer:in oder durch einen anderen Transmitter, der die Ergebnisse potenziell absichtlich oder unabsichtlich verfälschen kann. Da ein prinzipieller Informationsverlust seitens der Entscheider:in angenommen werden muss, hat diese:r ein Interesse an der Qualität der Ergebnisse. Um diese sicherzustellen, sollte Folgendes geklärt werden [6, 1166 f.]:

- Herkunft der Daten (engl.: data provenance): Quelle(n) der Daten, Veränderung der Daten über den Zeitverlauf hinweg,
- Glaubwürdigkeit.

Tudjman und Mikelic [10] beschreiben in diesem Zusammenhang fünf Kriterien, die ein:e Internetnutzer:in anwenden kann, um Informationen auf Richtigkeit zu überprüfen [6, S. 1167]:

- Verfasser:in (engl.: authority): Wahre Autor:innen von falschen Informationen sind meistens unklar,

- Sorgfalt/Genauigkeit (engl.: accuracy): Falsche Informationen enthalten weder korrekte Daten, noch anerkannte Fakten,
- Objektivität (engl.: objectivity): Falsche Information ist oftmals vorurteilsbehaftet,
- Aktualität (engl.: currency): Angaben zu Datenquellen falscher Information hinsichtlich Zeit, Ursprung, Ort sind oftmals unvollständig, veraltet oder überhaupt nicht verfügbar,
- Deckung (engl.: coverage): Falsche Information enthält keine effektiven Querverbindungen zu anderen Informationen.

9.6.2 PPDM-Framework

PPDM untersucht Anonymisierungsansätze zur Veröffentlichung nützlicher Daten unter Wahrung der Privatsphäre. Originaldaten sind meist in Form einer Tabelle verfügbar, die aus verschiedenen Datensätzen besteht. Diese Datensätze enthalten Attribute und deren Ausprägungen, welchen sich vier Typen zuordnen lassen [6, S. 1154, 11, S. 3, 8, S. 198]:

- *Identifier* (ID): Attribute, die eine direkte und eindeutige Identifizierung eines Individuums zulassen, z. B. Name, Personalausweisnummer,
- *Quasi-Identifier* (QID): Attribute, die in Verbindung (mit externen Daten) eine Identifizierung eines Individuums zulassen, z. B. Geschlecht, Alter, Postleitzahl,
- *Sensitive Attribute* (SA): Attribute, die ein Individuum verheimlichen möchte, z. B. Krankheiten, Gehalt, Vorstrafen,
- *Non-sensitive Attribute* (NSA): Alle Attribute außer ID, QID und SA.

Bevor die Daten Dritten zur Verfügung gestellt werden, muss eine Tabelle anonymisiert werden, d. h., IDs müssen entfernt und QIDs müssen modifiziert werden. So können sowohl die Identität eines Individuums, als auch die damit verknüpften Attributwerte vor potenziellen Gegnern/Angreifern versteckt werden. Wie die Tabelle und darin enthaltene Daten anonymisiert werden, hängt davon ab, wie viel Privatsphäre in den anonymisierten Daten erhalten bleiben soll.

Simi et al. [11] beschreiben drei wesentliche Bedrohungen individueller Privatsphäre, die es abzuwehren gilt:[5]

- Aufdeckung der Identität durch Verknüpfung einer Person mit öffentlich verfügbaren Daten,
- Enthüllung von Eigenschaften (oder Aufdeckung verletzlicher Daten) im Falle der Verknüpfung von Patientendaten mit sensitiven Krankheitsdaten,
- Tabellenverknüpfung.

Zainab und Kechadi [12, 3 f.] beschreiben drei Ebenen (engl.: levels) des PPDM-Ansatzes:

---

[5] In allen Fällen geht man dabei davon aus, dass ein Angreifer einen QID einer Person kennt.

- Level 1: Sammlung und Umwandlung von Rohdaten aus einer oder mehreren Quellen, um diese passend für die Analyse in Level 2 zu machen,
- Level 2: Datenbereinigung und Anwendung von Algorithmen zur Wissenserkundung unter Absicherung der Privatsphäre,
- Level 3: Das Ergebnis von Level 2 wird hinsichtlich des Datenschutzes und potenzieller Sensitivität geprüft, bevor es veröffentlicht wird.

9.6.3   PPDM: Techniken, Methoden und Algorithmen

Nach Zainab und Kechadi [12, 3 f.] lassen sich Techniken des PPDM anhand von fünf Dimensionen klassifizieren:

1. Datenverteilung: zentral und verteilt (horizontal, vertikal),[6]
2. Datenmodifizierung,
3. Data-Mining-Algorithmen,
4. Daten- oder Regelverbergung,
5. Erhaltung der Privatsphäre.

PPDM umfasst vielfältige Methoden und Algorithmen der Datenmodifizierung. Diese werden sehr unterschiedlich klassifiziert. Sie können ohne Anspruch auf Vollständigkeit wie folgt aufgeführt werden [12, S. 6], [6, S. 1167][7]:

- Anonymisierung: Eliminierung von IDs, Modifizierung von QIDs (z. B. k-Anonymität),
- Generalisierung: Operation zum Ersetzen von Werten durch übergeordnete Werte einer Taxonomie/Kategorie,
- Perturbation: Sensitive Daten werden durch synthetische/falsche Werte ersetzt, ohne dass Berechnungsergebnisse sich verändern (z. B. noise addition),
- Suppression: Attributwerte werden durch spezielle Werte (z. B. Zeichen) ersetzt,
- Permutation: Datensätze werden aufgeteilt/partitioniert, und die Attributwerte werden durchmischt,
- Kryptographie: Datenverschlüsselung,
- Randomisierung[8],
- Anatomisierung: Trennung von QIDs und SAs in zwei Tabellen.

---

[6] Amiri und Quirchmayr [13, S. 124] ergänzen hierzu noch die Kategorie „outsourced/cloud-based" sowie weitere Algorithmen.

[7] Weitere Ansätze zur Klassifikation von PPDM-Methoden, -Techniken und -Algorithmen finden sich in [12, 14, S. 2].

[8] Vgl. [15, S. 2130].

PPDM mit Fokus auf Anonymisierung von Graphdaten wird im Vergleich zu relationalen (Tabellen-)Daten als herausfordernder beschrieben [6, S. 1156].

Viele der obigen Methoden und Technologien beim PPDM beruhen darauf, das Hintergrundwissen potenzieller Angreifer zu modellieren. In Netzwerken ist das Hintergrundwissen eines Angreifers schwieriger zu modellieren. In relationalen Szenarien wird eine kleine Menge QIDs dazu genutzt, potenzielle Angriffsszenarien zu modellieren. In Netzwerken können Angriffe auf vielfältigen Informationen beruhen, wie den Attributen von Knoten und den Beziehungen zwischen diesen. In Netzwerken ist es zudem eine Herausforderung, den Informationsverlust bei der Anwendung von Anonymisierungsmethoden zu messen. Eine Bestimmung des Unterschiedes zwischen dem Originalnetzwerk und dem anonymisierten Netzwerk ist schwierig.

Letztlich stellt die Anwendung von Anonymisierungsmethoden selbst eine Herausforderung dar. Während Änderungen von Tupeln in einer Tabelle keine Auswirkungen auf andere Tabellen haben, kann die Änderung eines Knotens oder einer Kante Auswirkungen auf das Gesamtnetz aufweisen. In diesem Zusammenhang erweisen sich Ansätze wie z. B. *Divide and Conquer* in Netzwerkszenarien als nutzlos.

Um mit diesen Herausforderungen umgehen zu können, verweisen Xu et al. [6, S. 1156] ausgehend von einfachen Graphen (ohne Knotenattribute und Kantenlabel) auf die Möglichkeit der Modifizierung und Randomisierung von Kanten sowie Cluster-Bildung (Generalisierung).

9.7   Zusammenfassung

Zu Beginn des Kapitels erfolgte eine Hinführung zum Thema, warum Datenschutz aus Sicht einer Person, die an datenbasierten Studien beteiligt ist, wichtig ist. So wurden grundsätzliche Prinzipien, wie z. B. das Recht auf informationelle Selbstbestimmung in den Kontext anderer Gesetze gebracht. Dabei wurde zum Anwendungsbereich klargestellt, dass das Recht auf informationelle Selbstbestimmung auch in der Form, die es durch die DSGVO und das BDSG erhalten hat, nur natürliche Personen schützt, weshalb juristische Personen insoweit keinen datenschutzrechtlichen Schutz genießen.

Die Prinzipien des Datenschutzes in Deutschland haben sich erst vor einigen Jahrzehnten konkretisiert. Sie konnten sich aber nicht nur als nationales Recht etablieren. Vielmehr gelten entsprechende Regelungen inzwischen durch den Erlass der DSGVO mutatis mutandis auch als supranationales Recht in allen Mitgliedstaaten der Europäischen Union.

Ergänzend wurde der Zusammenhang des Datenschutzes mit den durch das Grundgesetz geschützten Sphären und Grundfreiheiten beschrieben. Der Schutz bezieht sich demnach auf die Intim-, Privat- und Sozialsphären, die durch das allgemeine Persönlichkeitsrecht und damit auch durch das Grundgesetz geschützt sind. Datenschutz zielt ergänzend auf die Regelung des Umgangs mit personenbezogenen Daten ab. Daraus folgt, dass Daten, die nicht personenbezogen (z. B. anonymisiert) sind, den im Kapitel dargelegten Rahmenbedingungen nicht unterliegen.

Im Anschluss daran widmete sich das Kapitel einigen Begriffen und Verfahren im Umfeld datenschutzrechtlicher Gesetze, um zu klären, was personenbezogene Daten sind, welche Rechtssubjekte hiervon potenziell betroffen sein können und was auf jeden Fall getan werden muss, wenn man mit personenbezogenen Daten in Berührung kommt. Demnach sind Daten personenbezogen, wenn sie Einzelangaben über persönliche oder sachliche Verhältnisse einer bestimmten oder bestimmbaren natürlichen Person (betroffene Person) enthalten. Relevante Begriffe und Rechtssubjekte umfassen u. a. die Verantwortliche Stelle, den Empfänger, Dritte, Verarbeitung und automatisierte Verarbeitung. Verarbeitung wurde durch die DSGVO auch auf den automatisierten Aspekt ausgedehnt.

Es folgte eine Beschreibung des Verfahrens der Pseudonymisierung, welche im Falle des Vorliegens personenbezogener Daten zwingend anzuwenden ist, um über ein Mapping keine (oder nur mit unverhältnismäßigem Aufwänden mögliche) Rückschlüsse auf ursprüngliche personenbezogene Daten zu ziehen.

Anschließend wurden die Grundsätze für die Verarbeitung personenbezogener Daten der DSGVO wie folgt beschrieben:

- Rechtmäßigkeit, Verarbeitung nach Treu und Glauben, Transparenz,
- Zweckbindung,
- Datenminimierung,
- Richtigkeit,
- Speicherbegrenzung und
- Integrität und Vertraulichkeit.

Hierbei wurde die Bedeutung der Rechenschaft und Informationspflichten bezogen auf alle obigen Bereiche hervorgehoben.

Im Anschluss wurde auf die Einwilligung als eine der Bedingungen eingegangen, die erfüllt sein muss, damit eine Verarbeitung personenbezogener Daten zulässig ist. Ergänzend wurden Modalitäten und Bedingungen der Einwilligung und deren Einholung beschrieben. Eine Einwilligung muss aktiv durch eine betroffene Person auf Basis eines klar umrissenen und verständlich formulierten Zwecks erfolgen. Die Einwilligung muss freiwillig erfolgen und muss jederzeit widerrufen werden können. Ein Verantwortlicher muss jederzeit in der Lage sein, seiner Informationspflicht vollumfänglich nachzukommen und muss jederzeit zur Rechenschaft gezogen werden können.

Den Abschluss des Kapitels bildete der Bereich des Privacy Protecting Data Mining (PPDM). In diesem Gebiet werden Anonymisierungsansätze zur Veröffentlichung nützlicher Daten unter Wahrung der Privatsphäre fokussiert. Auf Basis der vorgestellten Attributtypen wird mittels verschiedener Methoden und Techniken versucht, nicht nur die eindeutigen Kennzeichen einer Person zu eliminieren, sondern auch quasi-eindeutige Kennungen so zu modifizieren, dass Angreifer keine Rückschlüsse auf sensitive Daten bezogen auf eine natürliche Person ziehen können. Hierbei wurden weitere Methoden und Algorithmen zur Modifizierung von Daten vorgestellt. Da diese meist auf relationalen Daten basieren, wurden Schwierigkeiten und erste Ansätze im Bereich der Netzwerkdaten skizziert.

Quellen

1. D. Boyd und K. Crawford, „Critical Questions for Big Data: Provocations for a Cultural, Technological, and Scholarly Phenomenon", in, Information, Communication & Society, 5. Taylor & Francis, Mai 2012, Bd. 15, S. 662–679.
2. J. Bortz und N. Döring, *Forschungsmethoden und Evaluation in den Sozial- und Humanwissenschaften*, 3. Aufl. Berlin, Heidelberg: Springer, 2003, Nachdruck, isbn: 3-540-41940-3.
3. H. Redeker, IT-Recht, 5. Aufl., Ser. NJW Praxis. Nördlingen: C. H. Beck, 2012, isbn: 9783406624889.
4. M. Rohrlich, *Social Media: Rechte und Pflichten für User*, Ser. Schnell kompakt. Frankfurt: Entwickler Press, 2013, isbn: 9783868020939.
5. J. Han, „Data Mining", in *Encyclopedia of Database Systems*, L. Liu und M. T. Özsu, Hrsg. Boston, MA: Springer US, 2009, S. 595–598, isbn: 978-0-387-39940-9. https://doi.org/10.1007/978-0-387-39940-9_104. Adresse: https://doi.org/10.1007/978-0-387-39940-9_104.
6. L. Xu, C. Jiang, J. Wang, J. Yuan und Y. Ren, „Information Security in Big Data: Privacy and Data Mining", *IEEE Access*, Jg. 2, S. 1149–1176, 2014, issn: 2169-3536. https://doi.org/10.1109/ACCESS.2014.2362522.
7. J. Grus, *Einführung in Data Science: Grundprinzipien der Datenanalyse mit Python*. O'Reilly, 2016, isbn: 9783960100256.
8. M. T. M. Saleem und A. Kankale, „Privacy preserving and data mining in big data", *International Research Journal of Engineering and Technology*, Jg. 3, Nr. 10, S. 1–5, 2016.
9. T. P. Adhau und M. A. Pund, „Information Security and Data Mining in Big Data", *International Journal of Scientific Research in Science, Engineering and Technology (IJSRSET)*, Jg. 3, S. 648–673, 2017.
10. M. Tudjman und N. Mikelic, „Information science: Science about information, misinformation and disinformation", *Proceedings of Informing Science + Information Technology Education*, Jg. 3, S. 1513–1527, 2003.
11. M. S. Simi, K. Sankara Nayaki und M. Sudheep Elayidom, „An Extensive Study on Data Anonymization Algorithms Based on K-Anonymity", *IOP Conference Series: Materials Science and Engineering*, Jg. 225, S. 012 279, Aug. 2017. https://doi.org/10.1088/1757-899x/225/1/012279. Adresse: https://doi.org/10.1088%2F1757-899x%2F225%2F1%2F012279.
12. S. S. e. Zainab und T. Kechadi, „Sensitive and Private Data Analysis: A Systematic Review", in *Proceedings of the 3rd International Conference on Future Networks and Distributed Systems*, Ser. ICFNDS '19, ACM, 2019, 12:1–12:11, isbn: 978-1-4503-7163-6. https://doi.org/10.1145/3341325.3342002. Adresse: http://doi.acm.org/10.1145/3341325.3342002.
13. F. Amiri und G. Quirchmayr, „A Comparative Study on Innovative Approaches for Privacy-preservation in Knowledge Discovery", in *Proceedings of the 9th International Conference on Information Management and Engineering*, Ser. ICIME 2017, ACM, 2017, S. 120–127, isbn: 978-1-4503-5337-3. https://doi.org/10.1145/3149572.3149586. Adresse: http://doi.acm.org/10.1145/3149572.3149586.
14. G. Arumugam und V. J. V. Sulekha, „IMR Based Anonymization for Privacy Preservation in Data Mining", in *Proceedings of the The 11th International Knowledge Management in Organizations*

Conference on The Changing Face of Knowledge Management Impacting Society, Ser. KMO '16, Hagen, Germany: ACM, 2016, 18:1–18:8, isbn: 978-1-4503-4064-9. https://doi.org/10.1145/2925995.2926005. Adresse: https://doi.acm.org/10.1145/2925995.2926005.

15. G. Nayak und S. Devi, „A survey on privacy preserving data mining: approaches and techniques", *International Journal of Engineering Science and Technology*, Jg. 3, Nr. 3, S. 2127–2133, 2011.

Schlussbetrachtung 10

Inhaltsverzeichnis

10.1 Zusammenfassung

Kap. 1 führte allgemein in die Welt der Graphen und Netze ein. Es beschrieb die Bedeutung und Verbreitung von Graphentheorie und Netzwerkanalyse für verschiedene Disziplinen anhand praktischer Beispiele sowie verschiedener Netzwerktypen, welche in unterschiedlichsten Bereichen charakterisiert und untersucht wurden.

Ergänzend wurden gesellschaftliche Aspekte der Netzwerkperspektive durch ihren vielfältigen Einfluss und Einsatz in Wirtschaft, Gesundheitswesen und dem Sicherheitssektor exemplarisch skizziert. Abschließend wurden die interdisziplinären Eigenschaften der noch recht jungen Wissenschaftsdisziplin der *Netzwerkwissenschaft* (engl. network science), welche Graphentheorie und Netzwerkanalyse verbindet, skizziert.

Kap. 2 beschrieb Aspekte der Modellierung und Erhebung sowie grundsätzliche Analyse- und Visualisierungsmöglichkeiten von Netzwerkdaten. Auf Basis einer Zielstellung wurde beschrieben, wie, ausgehend von einer Definition und Abgrenzung der Untersuchungspopulation (Knoten) und Festlegung der zu untersuchenden Relationen (Kanten), Analysen geplant und die dafür zu erhebenden Daten festgelegt und in ein Property Graph Model (PGM) integriert werden können.

Ergänzend wurden Erhebungsverfahren und -methoden sowie gängige Dateiformate im Kontext von Technologien und der Abhängigkeit der zu erwartenden Datenmenge vorgestellt. Hierbei wurden für Individuen und Kollektive verschiedene Merkmalstypen mit besonderem Augenmerk auf nicht absolute, relationale Merkmale beleuchtet. Diese müssen vorhanden sein, um konkrete Netzwerkanalysen durchführen zu können.

Anschließend wurden mit der Eigenschaftsanalyse, der Positionsanalyse, der Strukturanalyse sowie der Dynamikanalyse vier Verfahren der Netzwerkanalyse skizziert, die sich
auf Individuen oder (Teil-)Graphen beziehen können.

Die im Anschluss daran beschriebenen Visualisierungsaspekte umfassten das Layout von
Gesamt- und Teilgraphen sowie die unterschiedliche Größendarstellung und Färbung von
Labels und Attributen bei Knoten und Kanten.

Das Kapitel endete mit einem praktischen Beispiel. Hierbei wurden auf Basis einer
zugrunde liegenden Frage einzelne, im Kapitel skizzierte Schritte wie folgt exemplarisch
durchlaufen und beschrieben:

- Eingrenzung relevanter Knoten und deren Beziehungen sowie Modellierung als Property
  Graph (s. Abb. 2.6),
- Sammlung und Aufbereitung von (textbasierten) Daten (s. Abb. 2.7),
- Import in Graphdatenbank `Neo4j` (s. Listing 2.1, Abb. 2.8),
- Queries zur Abfrage, Berechnung und Speicherung weiterer Kennzahlen auf Basis des
  Knotengrades in `Cypher` (s. Listing 2.2),
- Modifizierte Visualisierung des `Neo4j`-Graphen als knotengewichteter Graph und Bereit-
  stellung für weitere Analysen und Anpassungen mittels `neovis.js` (s. Listing 2.3,
  Abb. 2.9).

Weitere Grundlagen wurden danach sukzessiv in Folgekapiteln dargelegt, beginnend mit graphentheoretischen Grundlagen und einfachen Kennzahlen in Kap. 3. Hierbei wurde zunächst
der Graph als mathematische Repräsentation eines Netzwerkes mit seinen Bestandteilen,
Knoten und Kanten in unterschiedlichen Ausprägungen beschrieben.

Anschließend wurde der Unterschied zwischen ungerichteten und gerichteten Graphen
sowie deren Darstellung als Matrix (Adjazenzmatrix, Inzidenzmatrix) beleuchtet. Während
eine Adjazenzmatrix die Nachbarschaften bzw. Verbindungen aller Knoten untereinander
(auch redundant) beinhaltet, zeigt die Inzidenzmatrix nur diejenigen Kanten, die von einem
Knoten A in einen Knoten B münden. Bei einfachen Graphen sind dies Bool'sche Matrizen,
bei gewichteten Graphen und/oder Multigraphen nicht. Weiterhin wurden Hypergraphen als
Graphen mit unterschiedlichen Knotentypen vorgestellt. Hierbei wurde auf ihren bipartiten Charakter hingewiesen und zu k-partiten Graphen übergeleitet. Ergänzend wurden die
Eigenschaften von Bäumen sowie planaren Graphen skizziert.

Es folgten erste Kennzahlen und Metriken, um einfache Netzwerkstrukturen und Positionen auf globaler Ebene eines gesamten betrachteten Netzes (Makro), auf regionaler Ebene
von Knotengruppen und Gemeinschaften (Meso) sowie auf Ebene individueller Knoten
(Mikro) erkennen, unterscheiden und beschreiben zu können. Dabei erfolgte die Vorstellung des Knotengrades in ungerichteten und gerichteten Graphen, des durchschnittlichen
Grades sowie eine erste Einführung in die Gradverteilung als Wahrscheinlichkeit, mit der
ein zufällig aus dem Graphen ausgewählter Knoten über einen bestimmten Grad verfügt. Im
Zuge der Beleuchtung der unterschiedlichen Kantenanzahl eines Graphen wurde die Kenn-

zahl *Dichte* beschrieben, welche die Anzahl der im Graph existenten Kanten zur Anzahl der theoretisch maximal möglichen Kanten setzt.

Im Anschluss wurden Distanzen in ungerichteten und gerichteten Graphen in Form von Pfaden und Wegen als Erweiterung der euklidischen Distanzperspektive im Kontext von Graphen beschrieben. Distanz wurde hierbei als Kantensequenz zur Darstellung der Verbindung zwischen zwei Knoten definiert (Weg), wobei ein Pfad ein Weg ist, auf dem kein Knoten mehrmals durchlaufen wird. Des Weiteren wurden der Zyklus als Weg mit gleichem Start- und Endknoten sowie die Eigenschaften eines Euler- und Hamilton-Kreises skizziert. Auf Basis der Adjazenzmatrix wurde beschrieben, wie viele Pfade einer bestimmten Länge in einem Graphen auftreten. Zudem ergänzte die Beschreibung des kürzesten Pfades, des Durchmessers und der durchschnittlichen Pfadlänge das Kapitel. Danach wurde der Begriff der Komponenten im Kontext von nicht verbundenen Graphen eingeführt. Ergänzend wurden auch die Breiten- und Tiefensuche als Möglichkeiten zum Traversieren im Graphen vorgestellt, da diese Verfahren die Grundlage für viele Algorithmen und Abwandlungen in Folgekapiteln bilden.

Kap. 4 vertiefte die Mikroebene und fokussierte Zentralitätsmaße, welche den Wert einer Kennzahl eines einzelnen Knotens aus radialer oder medialer Perspektive zu den Gesamtwerten eines Netzes in Beziehung setzen. Allen Verfahren gemein ist die Tatsache, dass sie allen einzelnen Knoten im Graphen Werte zuordnen, die eine Reihung nach „Wichtigkeit" ermöglichen. Auf Basis unterschiedlicher Ansätze zur Konkretisierung dessen, was als „wichtig" anzunehmen ist, wurden einige spezifische Kennzahlen thematisiert. Diese sog. Zentralitätsmaße setzen den Wert einer Kennzahl eines einzelnen Knotens (z. B. Grad, Pfadpositionierung) zu den Gesamtwerten eines Netzes in Beziehung und umfassen:

- Grad/Gradzentralität: Wie viele Verbindungen weist ein Knoten (relativ zum Gesamtnetz) auf?
- Nähezentralität: Wie hoch ist die durchschnittliche Pfaddistanz eines Ausgangsknotens zu anderen Knoten im Netzwerk?
- Zwischenzentralität: Wie wichtig ist ein Knoten für die kürzesten Pfade zwischen allen Knoten im Netzwerk?
- Cluster-Koeffizient, Eigenvektor- und Katz-Zentralität: Wie wichtig ist ein Knoten aufgrund der Zentralität seiner Nachbarknoten?

In Kap. 5 wurde diese Perspektive auf den Kontext anderer Knotengruppen ausgeweitet (z. B. auf direkte Nachbarn eines Knotens, auf eine Partition, der ein Knoten zuweisbar ist, oder auf ein gesamtes Netz). So wurde skizziert, wie statt einzelner Knoten regionale Knotengruppen auf der Mesoebene betrachtet werden können. Aufbauend auf ersten Ausführungen zu Komponenten als Gruppenstrukturen in Netzwerken (s. Abschn. 3.4) thematisierte das Kapitel unterschiedliche Analyseebenen in Abhängigkeit der Größe der betrachteten Gruppenstruktur, beginnend mit der kleinsten Einheit: Dyade, Triade, ego-zentrische Netzwerke und Gruppen in ihren Gruppierungsmöglichkeiten.

So wurde gezeigt, wie es mittels *Dyaden-* und *Triadenzensus* anhand des MAN-Schemas möglich ist, von Struktureigenschaften zweier oder dreier Knoten durch Zusammenführung der Teilinformationen auf Strukturen eines größeren Netzes zu schließen, anstatt umgekehrt bei einer Analyse mit der Fülle an Informationen auf Ebene eines gesamten Netzes zu beginnen. Dabei wurden die Konzepte Reziprozität und Transitivität erläutert. Letzteres eignet sich zur Analyse von Tripletts und Triaden in Netzwerken und ermöglicht zudem einen Einblick in Strukturinformationen von Triaden (s. Abb. 5.4), welche wiederum ggf. Rückschlüsse auf ein Gesamtnetz zulassen. Im Anschluss daran erfolgte die Beschreibung *ego-zentrierter Netze* für Analysen, welche, ausgehend von einem Knoten *(ego)*, die Verbindungen zu und zwischen dessen direkten Nachbarn *(alteri)* in verschiedenen Radien ermöglichen.

Das Kapitel widmete sich danach dem Konstrukt *Gemeinschaften* (s. Abschn. 5.4) und den vielfältigen Ansätzen, diese als Subgraphenstruktur beschreiben und mittels Zerlegungs-/Detektionsmethoden ermitteln zu können. Hierbei wurden Herangehensweisen zur Zerlegung von Graphen für den Fall, dass die Anzahl der Cluster bekannt ist *(Partitionierung)*, von Verfahren der *Gemeinschaftsdetektion,* bei der die Anzahl der Cluster nicht bekannt ist, abgegrenzt. In beiden Fällen kann *Ähnlichkeit* dazu genutzt werden, entweder strukturell miteinander verbundene Knoten (strukturelle Äquivalenz) oder inhaltlich (nicht strukturell im Graphen) verbundene Knoten (reguläre Äquivalenz) zu Gemeinschaften bzw. Subgraphen zusammenzufassen. Anschließend wurde *Modularität* als Kennzahl zur Ermittlung der Qualität und Gütekriterium in Bezug auf jegliche Zerlegungen und im Kontext von Algorithmen, die dieses Konzept integrieren, beschrieben. Danach wurden unterschiedliche Konzepte auf Basis regulärer oder struktureller Äquivalenz zur Beschreibung und Erkennung von Gruppenstrukturen dargestellt sowie ein praktisches Beispiel zur Anwendung des Verfahrens *Label Propagation* in R, Julia und Python vorgestellt.

Kap. 6 beschrieb zunächst die Grundlagen der Modellierung von Netzwerken mit dem Ziel der Reproduktion von Eigenschaften realer Netzwerke hin zu Vergleichen von Eigenschaften realer Netzwerke mit deren Abweichung von Modellen. Auf Basis von Wahrscheinlichkeitsverteilungen, die in realen Netzwerken oftmals beobachtet werden, beschrieb das Kapitel statische Netzwerkmodelle hinsichtlich der Verdrahtung auf Basis gegebener Gradsequenzen und fixierter Knotenanzahl. Hierbei wurde der Zufallsgraph $G(n, p)$ sowie dessen Limitationen und Abweichungen von Charakteristiken vieler in der Realität untersuchter Netzwerke vorgestellt. Im Anschluss zeigte sich das Konfigurationsmodell als probates Mittel, auf Grundlage einer gegebenen Gradsequenz mögliche Zufallsgraphen zu generieren. Zur Betrachtung weiterer, voneinander abhängiger Parameter in einem Modell, wurde die Modellklasse der *exponentiellen Zufallsgraphen* mit ihrer Unterform der Markov-Graphen (mit Fokus auf strukturelle Parameter) mit Interpretationsmöglichkeiten und Limitationen gezeigt. Hierbei wurden auch ERGMs als Modellklasse zur Untersuchung abhängiger Parameter bei der Kantenbildung beleuchtet und ein Beispiel präsentiert (s. Abschn. 6.2.7). Das Beispiel wurde mit einigen Schritten durchlaufen, die sich in das später vorgestellte Vorgehensmodell (Graph Data Science Workflow, s. Kap. 7) wie folgt integrieren lassen:

- Datenexploration:
  - Exploration des Netzwerkes (Visualisierung, Eckdaten, Auffälligkeiten),
  - Aufstellen von (Arbeits-)Hypothesen,
- Modellierung/Hypothesentest:
  - Konkretisierung von Parametern,
  - ERGM-Erstellung (mit Parametern) und ERGM-Anwendung,
  - Ermittlung der Modellgüte (MCMC, Goodness of Fit),
- Interpretation: Überprüfen der Ergebnisse und Abgleich mit den Hypothesen.

Das Kapitel gab zudem einen Ausblick auf dynamische Aspekte von Netzwerken im Zeitverlauf und skizzierte Ansätze mit Fokus auf Knoten- oder Kantenveränderungen. Vorgestellt wurden Modelle mit Fokus auf Kantenveränderungen:

- *Bevorzugte Verbindung:* Grundannahme, dass Knoten mit höheren Graden eine höhere Wahrscheinlichkeit aufweisen, neue Kanten/Verbindungen aufzubauen (Abschn. 6.3.2.1),
- *Homophilie*: Eigenschaft in sozialen Netzwerken dergestalt, dass Menschen dazu neigen, Beziehungen zu anderen Menschen zu unterhalten, die sich hinsichtlich verschiedener Kriterien ähnlich sind (Abschn. 6.3.2.2).

Im Anschluss skizzierte das Kapitel Modelle mit Fokus auf Knotenveränderung, unterschieden in *deterministisch* und *probabilistisch* in Abhängigkeit ihres Potenzials zur Abbildung unterschiedlicher Einflussfaktoren und Wahrscheinlichkeiten im Zeitverlauf:

- Deterministisch:
  - *k-Schwellenwert-Modelle* beruhen auf der Annahme, dass ein Knoten entweder inaktiv oder aktiviert ist. Wenn der auf einen inaktiven Knoten ausgeübte Einfluss bzw. Kontaktparameter seiner aktivierten Nachbarknoten einen gewissen Schwellenwert k übersteigt, aktiviert er sich; der Knoten adaptiert ein Mem oder ist mit einer Krankheit infiziert. Schwellenwerte variieren von Knoten zu Knoten und werden aus einer Verteilung gezogen (s. Abschn. 6.3.3.1),
  - *Epidemiologische Modelle:* simplifizieren Grundannahmen zur Verbreitung von Krankheiten in Netzwerken hinsichtlich der Kategorisierung verschiedener Krankheitszustände (engl.: compartments) sowie der Flussraten im Krankheitsverlauf (z. B. Übertragungsrate einer Krankheit) innerhalb einer Population (s. Abschn. 6.3.3.2),
- Probabilistisch/stochastisch: Das *Modell der Verzweigung* stellt die wellenartige Krankheitsausbreitung in einem festgelegten Personenkreis in Baumstruktur dar (s. Abschn. 6.3.3.3).

Ergänzend zur probabilistischen Modellklasse wurden ERGMs thematisiert (s. Abschn. 6.2.6).

Es folgten spezielle Abschnitte zu Querschnittsthemen und übergreifenden Kompetenzen bei der Datenanalyse im Allgemeinen und, wo möglich, mit Bezügen zu netzwerkanalytischen Fragestellungen.

Im Fokus von Kap. 7 stand die Strukturierung des Arbeitsprozesses für Datenwissenschaftler:innen. In Ermangelung eines einheitlich konsentierten Ansatzes für ein Vorgehensmodell, insbesondere bezogen auf Netzwerkanalyse, wurde ein eigenes Prozessmodell, Graph Data Science Workflow (GDSW, s. Abb. 7.1), synthetisiert und beschrieben.

Im GDSW wurden dabei folgende Phasen unterschieden und dargestellt:

- Erkundung,
- Datenbeschaffung,
- Datenpräparation,
- Datenexploration,
- Modellierung,
- Interpretation,
- Veröffentlichung,
- Operationalisierung.

Mit den Phasen verbundene Aktivitäten sowie prozessübergreifende Aspekte wurden ergänzt, um so praktisch Interessierten Unterstützung bei der Strukturierung ihres Arbeitsprozesses zur Untersuchung einer datenwissenschaftlichen Problemstellung (mit Fokus auf Netzwerkanalyse) zu bieten.

Zur Adressierung weiterer Kompetenzen und Einflussfaktoren der Erhebung sowie Analyse von (Netzwerk-)Daten führte Kap. 8 in Begrifflichkeiten und Strömungen der Ethik im Bereich Informationstechnologien ein. Analytische Betrachtungsebenen der digitalen Ethik im Allgemeinen (teleologisch, deontologisch, konsequentialistisch, tugendethisch) sowie gesellschaftliche Ebenen, auf der sich ethische Fragen und Problemstellungen ergeben (Makro, Meso, Mikro), wurden vorgestellt. Im Fokus dabei standen ebenfalls Aspekte zu ethischen Grundsätzen und Verhaltenskodizes, zu Privatsphäre/Datenschutz und Vertraulichkeit sowie zur verantwortungsvollen Durchführung und Evaluation von Forschungsvorhaben. Das Kapitel skizzierte zudem den Begriff Verzerrung im Kontext der Varianz, welche im Zusammenspiel für Forscher:innen immer ein Dilemma begründen, und beschrieb ferner die Bedeutung der Vermeidung von Diskriminierung. Ergänzend wurden Fragen vorgestellt, die sich dem wissenschaftlichen Arbeitsprozess und den verschiedenen Phasen zuordnen und sich auf das hier entwickelte Prozessmodell GDSW übertragen lassen. Zusammengefasst ist ethisches Verhalten rechtskonform, dem Kontext angemessen, daran angepasst und ein kontinuierlicher Prozess der Reflexion. Es geht nicht darum, den einzig *perfekten* Weg zu finden, da es diesen nicht gibt. Da ethisches Verständnis sich kulturell und zeitlich verändert, geht es darum, den bestmöglichen Ansatz aus ethischer Perspektive als Ergebnis einer Reflexion zu finden und im Geiste kontinuierlicher Verbesserung anzuwenden. Ethik kann hierbei so verstanden werden, dass sie dort beginnt, wo geltendes Recht aufhört und ohne Vorschrift eingehalten wird.

Da ethisch adäquate Handlungen für Datenwissenschaftler:innen maßgeblich durch den Rechtsrahmen definiert sind, widmete sich Kap. 9 dem Datenschutz aus Perspektive der deutschen Gesetzgebung und beschrieb, warum Datenschutz aus Sicht einer Person, die an datenbasierten Studien und vergleichbaren Aktivitäten beteiligt ist, wichtig ist. Abgeleitet aus grundsätzlichen Prinzipien und rechtlich geschützten Sphären und Grundfreiheiten wurden im Kapitel Begriffe, Rechtssubjekte und Verfahren im Umfeld datenschutzrechtlicher Gesetze skizziert. Weiterhin wurde das Konzept der Pseudonymisierung vorgestellt, welches im Falle des Vorliegens personenbezogener Daten zwingend anzuwenden ist. Anschließend wurden Prinzipien des Datenschutzes in Deutschland im Kontext der DSGVO und des BDSG skizziert. Den Abschluss des Kapitels bildete die Vorstellung des Bereichs Privacy Protecting Data Mining (PPDM), welcher Anonymisierungsansätze zur Veröffentlichung nützlicher Daten unter Wahrung der Privatsphäre fokussiert.

10.2 Limitationen und Ausblick

Wie in Kap. 1 beschrieben, werden mit der Disziplin *Netzwerkwissenschaft* die Eigenschaften Interdisziplinarität, Datengetriebenheit, mathematischer Formalismus und Notwendigkeit zu Datenverarbeitung/Berechnungen assoziiert (s. Abschn. 1.2). Inhaltliche Schwerpunkte der Netzwerkforschung umfassen Theorie(-bildung) mit Fokus auf Strukturen und dynamische Aspekte von Netzwerken (z. B. Formierung) sowie deren Einfluss auf Verhalten, Empirie und Statistik sowie Methodologien bei der Netzwerkanalyse. In Konsequenz erfordert die Disziplin eine Vielzahl von Kompetenzen und interdisziplinäres Fachwissen, welches sich von wissenschaftlicher Methodik über Mathematik und Statistik hin zur Informatik erstreckt. Ebenso sind Kenntnisse des jeweiligen Bereiches, gesellschaftliche und ethische Reflexionsfähigkeit sowie Rechtskenntnisse unerlässlich. Hierzu leistet dieses Buch einen Beitrag, indem Möglichkeiten, Konzepte und Anwendungsbeispiele zu Themen in den o. g. Dimensionen und damit Eigenschaften und diverse inhaltliche Schwerpunkte der Graphentheorie und Netzwerkanalyse adressiert wurden. Dabei zeigten sich auch in mehrfacher Hinsicht Grenzen.

Kap. 4 vertiefte die Mikroebene der graphentheoretischen Netzwerkanalyse und fokussierte dabei auch Zentralitätsmaße. Dabei zeigten sich Schwächen dieser Kennzahlen in nicht zusammenhängenden Graphenstrukturen, da eine Differenzierung der Position eines Knotens in Abhängigkeit der Position seiner Nachbarknoten dann meist nicht möglich ist. Dies ermöglichen lediglich die beschriebenen Zentralitätsmaße Eigenvektorzentralität sowie Katz-Zentralität.

Kap. 5 thematisierte im Kontext der Gemeinschaftsdetektion die Rolle der Modularität (s. Abschn. 5.4.2.4). Das Konzept ist in vielen Algorithmen vorgesehen und implementiert, eignet sich jedoch nicht:

- Zur Erkennung von Gruppenstrukturen in bipartiten Graphen,
- Bei Graphen, deren inhärente Gruppenstrukturen sich in ihrer Größe stark unterscheiden,
- Als alleiniger Indikator für Gruppenstruktur, da hohe Modularitätswerte auch in Netzwerken ohne reale Gemeinschaftsstrukturen auftreten können,
- Für Gruppen, die sich überlappen.

Ferner erscheinen absolute, globale Maxima schwer erreichbar, wohingegen zahlreiche lokale Maxima auftreten können. Die daraus resultierende Vielfalt möglicher Zerlegungen, die zwar alle vergleichsweise „gute" Werte für Modularität zeigen, strukturell jedoch sehr heterogen sind, erschwert die Auswahl, welche Zerlegung tatsächlich eine adäquate Passfähigkeit aufweist.

Aufgrund dieser Limitationen ist es zwingend notwendig, die auf Basis von Modularität ermittelten Werte und Gruppenstrukturen mit weiteren Analysen der in den Daten enthaltenen Informationen und dadurch erwarteten Gemeinschaftsstrukturen zu kombinieren. Wenn möglich, sollten weitere statistische Analysen, z. B. Signifikanzanalysen, ergänzend herangezogen werden. Es kann nämlich der Fall auftreten, dass Gemeinschaften lediglich aus Berechnungen abgeleitet werden, ohne diese in einen Kontext zu setzen, d. h., ohne zuvor spezifiziert zu haben, was die gemeinschaftliche Struktur eigentlich repräsentieren soll, wie diese potenzielle Struktur die Bildung eines Netzwerkes beeinflusst oder warum der gewählte Algorithmus genau derjenige ist, mit dessen Hilfe eine nicht spezifizierte Grundannahme einer Struktur aufgedeckt werden kann. In der Folge können gemeinschaftliche Strukturen als das definiert werden, was ein Algorithmus findet, anstatt auf Basis einer wohldefinierten Gruppenstruktur daraus geeignete Algorithmen für deren Aufspürung abzuleiten. In jedem Fall ist die Gruppenstruktur abhängig von ihrem Kontext und dem sich daraus ergebenden Verständnis, was die eingegrenzte Gemeinschaft repräsentieren soll. Mit Blick auf Modularität bleibt abzuwarten, ob damit verbundene Unsicherheiten durch weitere Theoriebildung in naher Zukunft minimiert werden können.

Weitere Grenzen zeigten sich im Bereich der Netzwerkmodelle dergestalt, dass viele Modelle die Realität nicht (oder nur unterkomplex) abbilden können und deshalb für einen adäquaten Vergleich zwischen Modell und observierten Daten ungeeignet sind.

Beispielsweise befasste sich Kap. 6 mit dem Modell der Zufallsgraphen (s. Abschn. 6.2.1), welches vielen Netzwerken in der Realität nicht entspricht (s. Abschn. 6.2.1), weil diese andere Eigenschaften besitzen (z. B. groß und dünn besetzt, geringer, durchschnittlicher Grad im Kontext der Gesamtanzahl von Knoten, geringe Dichte, heterogene Knotengrade mit hoher Varianz, Clusterbildung mit Knoten mit wenigen Verbindungen sowie „Hubs").

Zudem erfolgt die Kantenbildung in einigen Kontexten, z. B. bei sozialen Netzwerken, nicht unabhängig voneinander, weshalb in diesen Fällen p als Erfolgswahrscheinlichkeit nicht als konstant anzunehmen ist und die Realität in solchen Fällen im Modell nicht hinreichend abgebildet und abgeglichen werden kann.

Als Alternative wurde in Abschn. 6.2.6 in die Modelle der exponentiellen Zufallsgraphen (ERGMs) eingeführt. Diese ermöglichen eine flexible Modellbildung mit zahlreichen strukturellen und ergänzenden Attributen, haben sich aber noch nicht durchgesetzt. Zudem weist die Parameterschätzung oft Unstimmigkeiten auf, und es erscheint paradox, dass ein ERGM nur dann praktisch schätzbar ist, wenn die Kantenverbindungen/Parameter nahezu unabhängig voneinander sind, was der eigentlichen Motivation, ERGMs anzuwenden völlig entgegensteht. Ergänzend erscheinen Markov-Graphen nicht zur Modellierung vieler realer Daten geeignet, weil diese nicht adäquat mit schiefen Gradverteilungen und Triangulationen umgehen, derartige Heterogenitäten in vielen (sozialen) Netzwerken jedoch charakteristisch sind.

Im Bereich der dynamischen Modelle, welche auf Netzwerke angewendet werden können (s. Abschn. 6.3), wurden hinsichtlich der epidemiologischen Modellierung (s. Abschn. 6.3.3.2) Nachteile wie folgt skizziert:

- Ein Modell ist nicht die Realität, sondern vereinfacht diese stark,
- Deterministische Modelle vernachlässigen den Faktor Zufall und bieten zu Ergebnissen keine Konfidenzintervalle,
- Probabilistisch/stochastische Modelle beinhalten zwar den Faktor Zufall, sind jedoch schwieriger darzustellen und zu analysieren als deterministische Ansätze.

Hinsichtlich übergreifender Themen, die bei der Netzwerkanalyse zu beachten sind, zeigten sich weitere Limitationen.

Obwohl mit dem *Graph Data Science Workflow* (GDSW) ein Vorschlag gemacht wurde (s. Kap. 7), kann dies lediglich als eine weitere Einzelinitiative zur Anregung eines Diskurses hin zu einem systematischen Verständnis eines Prozessmodells für Daten- bzw. Netzwerkwissenschaften verstanden werden.

In Kap. 8 wurden Verhaltenskodizes im Bereich Ethik präsentiert, die auf einer deontologischen analytischen Mesoebene von verschiedenen Organisationen und Institutionen für handelnde Akteure Rechte und Pflichten postulieren. Die Beschreibungen selbst manifestieren sich als Selbstbeschreibungen des sie verfassenden sozio-technischen Systems und sind rechtlich nur dann verbindlich, wenn entsprechende Rechtsgrundlagen bestehen. Die Kodizes unterscheiden sich sehr und lassen alle einen Interpretationsspielraum zur eigenen Reflexion.

Auf der Makroebene des Gesellschafts- und Wirtschaftssystems sind keine Kodizes dieser Art verfügbar. Abschließend wurde im Kapitel die Bedeutung der Vermeidung von Diskriminierung thematisiert, wobei die Theoriebildung hier als (noch) in den Kinderschuhen steckend charakterisiert wurde.

Die zur Verfügung stehenden Werkzeuge im Bereich der Technologien mit Bezug zu Graphen und Netzwerken zeigten sich heterogen im Funktions- und Leistungsumfang (z. B. in Abschn. 2.5.4 sowie in den Beispielen und Lösungsvorschlägen). An dieser Stelle konnte dabei lediglich ein kleiner Trend innerhalb einer kleinen Gruppe betrachteter Technologien mit frei verfügbaren, kleinen Datensätzen dargestellt werden.

Ein weiterer detaillierter Technologievergleich, der zwar hier nicht Zielstellung war, erscheint dennoch lohnend für praktische Anwendungsszenarien. Beispielsweise ist immer noch unklar, ob NoSQL-Technologien tatsächlich Vorteile bei großen Datenmengen im Vergleich zu den in der Praxis weitverbreiteten SQL-Ansätzen bieten.

Deshalb kann auf Basis der heterogenen Standards an dieser Stelle keine valide und robuste Technologieempfehlung für konkrete Netzwerkanalyseprojekte gegeben werden. So wäre hierbei ausblickend sicher auch interessant, weitere (proprietäre) Technologien mittels konkreter Anwendungsszenarien und realer Daten zu analysieren und ihre Qualität zu bewerten.

Fest steht: Da es nicht eine Anwendung gibt, welche alle Analyseanforderungen hinreichend integriert und abdeckt, wird in der Praxis immer ein *Technologiemix* erforderlich sein, um die Bandbreite aller Netzwerkanalysemöglichkeiten einschließlich Visualisierung auszuschöpfen.

Möge es mittels dieses Buches, liebe Leserin, lieber Leser, gelungen sein, Ihnen einen Überblick zu einführenden Themen, Theorien und grundsätzlichen Anwendungspotenzialen innerhalb der jungen, auf Graphentheorie und Netzwerkanalyse basierenden Netzwerkwissenschaften anzubieten. Die hier beschriebenen Themengebiete und deren Grenzen deuten auf eine Notwendigkeit zu weiterer Theoriebildung und Sammlung praktischer Erfahrungen hin. Daraus ergeben sich für die Zukunft zahlreiche weitere spannende Fragen und Vorhaben, deren Verfolgung lohnend und vielleicht auch für Sie spannend erscheint.

Aufgabe 1.1: Ihre Beispiele

Die Lösung dieser Aufgabe besteht aus den jeweils zusammengetragenen Ideen der Studierenden im Kurs. Dies kann auch in Graphenform aggregiert werden. Der Graph ist genau dann bipartit mit Studierenden (Knotentyp 1) und Themen (Knotentyp 2), wenn mehrere Studierende das gleiche Themenbeispiel haben. Sonst ist es ein Wald, in dem genau k Bäume (k = Anzahl der Studierenden) existieren. Die Bäume haben dann immer vier Knoten (root: Studierende:r, drei Themen). Beispiele als Grundlage:

- Studierende im Studiengang (Soziogramm; zwingend notwendig: Eingrenzung auf Stichtag/Zeitraum)
  - Knoten: Studierende, Module (auch andere Betrachtung möglich: Fachsemester)
  - Kanten: Belegung (auch andere Betrachtung möglich: erfolgreich bestanden, Anwesenheit im Modul)
- Bewegung von Zugvögeln (biologisches Netzwerk auf den ersten Blick, aber eher Ähnlichkeit zu Transportnetzwerk)
  - Knoten: Zugvögel, Geokoordinaten von (Zwischen-)Stationen bei der Rast
  - Kanten: Flugroute von Station zu Station
- Weltweiter illegaler Waffenhandel (Distributionsnetz auf den ersten Blick, aber eher Soziogramm (ego-zentrisch, von einem Knoten ausgehend))
  - Knoten: Länder
  - Kanten: Transaktionen (z. B. Lieferungen, Finanztransaktionen)

Aufgabe 1.2: Netzwerktypen

Mögliche Knoten und Kanten für die im Kapitel genannten Netzwerktypen:

- Stromnetz: Hochspannungsleitungen zur Übertragung elektrischer Energie über lange Distanzen
  - Knoten: Schalt- und Umspannwerke
  - Kanten: Kabel, Freileitungen
- Transportnetzwerke: Straßennetze, Bahnnetze, Luftverkehrsnetze
  - Knoten: Lokationen/Geokoordinaten
  - Kanten: Routen
- Zustellungs- und Distributionsnetze: Öl- und Gaspipelines, Wasser und Abwassernetze (Verteilungswege von zustellenden Knoten (Post, Logistik, Cargo), s. Transportnetze)
  - Knoten: Stationen (Erzeuger, Pumpstellen, Verteiler, Lager, Raffinerien)
  - Kanten: Pipelines

Aufgabe 1.3: Ihr Interesse

Die Lösung dieser Aufgabe besteht aus den jeweils zusammengetragenen Ideen der Studierenden im Kurs. Hierbei kann auf die Unterschiede/Gemeinsamkeiten sowie auf gesellschaftliche, ethische oder auch wissenschaftliche Aspekte eingegangen werden. Ziel ist es, zu zeigen, dass einige Themen nicht untersuchbar sind, obschon die zugrunde liegende Fragestellung sicher spannend (vielleicht sogar dringend notwendig) erscheint. Zudem kann ein erster Hinweis auf Testtheorie (Hypothesen- und Modellbildung) sowie auf den wissenschaftlichen Arbeitsprozess in Datenwissenschaften als Überbau der Netzwerkwissenschaften erfolgen.

Aufgabe 1.4: Einfluss der Netzwerkwissenschaften

Die Lösung dieser Aufgabe besteht aus den jeweils zusammengetragenen Ideen der Studierenden im Kurs. Dies kann auch in Graphenform aggregiert werden. Der Graph ist genau dann bipartit mit den Studierenden (Knotentyp 1) und den Bereichen (Knotentyp 2), wenn mehrere Studierende das gleiche Beispiel haben. Sonst ist es ein Wald (engl.: forest), in dem genau k Bäume (k = Anzahl der Studierenden) existieren. Die Bäume haben dann immer einen Knoten (root: Studierende:r, Bereich). Dieser triviale Baum wäre eigentlich auch eine Dyade, der Wald also eine Ansammlung von k Dyaden.

Aufgabe 2.1: Abgrenzung und Datenerhebung bei Knoten in einem ego-zentrierten Netzwerk

Um relevante Knoten für ein ego-zentriertes Netz (s. Abschn. 5.3) zu ermitteln, muss man unter Berücksichtigung ethischer Gesichtspunkte (s. Kap. 8) und unter Einhaltung datenschutzrechtlicher Erfordernisse (z. B. mit zweckbestimmter Einwilligung und potenzieller Anwendung von Anonymisierungstechniken; s. Kap. 9) die Namen weiterer Knoten finden, deren Relationen zueinander unterschiedlich sein können.

Die Generierung der Namen könnte mittels eines Interviews auf Basis eines Fragenkatalogs, z. B. des sog. *Fischer-Instruments,* erfolgen:

- Wer kümmert sich um die Wohnung, wenn die befragte Person abwesend ist?
- Mit wem bespricht die befragte Person Arbeitsangelegenheiten?
- Wer hat in den letzten drei Monaten bei Arbeiten im und am Haus geholfen?
- Mit wem hat die befragte Person in den letzten drei Monaten gemeinsame Aktivitäten unternommen?
- Mit wem spricht die befragte Person gewöhnlich über gemeinsame Hobbies oder sonstige Freizeitbeschäftigungen?
- Mit wem ist die befragte Person liiert?
- Mit wem bespricht die befragte Person persönliche Dinge?
- Wessen Ratschlag holt die befragte Person bei für sie wichtigen Entscheidungen ein?
- Von wem würde sich die befragte Person Geld leihen?
- Wer lebt als erwachsene Person im Haushalt der befragten Person?

Alle Namen, die durch die Antworten generiert wurden, könnten der befragten Person nochmals vorgelegt werden. Fehlende Namen könnten so ergänzt werden.

Im nächsten Schritt könnte eine Erfassung und Zuordnung der Rollenbeziehung (Verwandtschaft, Kollegenschaft, Nachbarschaft, Freundschaft, ...) ausgehend von der befragten Person *(ego)* zu den genannten Namen mit Erhebung des Alters und Geschlechts der verschiedenen *alteri* dargestellt werden.

Aufgabe 2.2: Modellieren und Erstellen eines eigenen Netzwerkes
Die Lösung dieser Aufgabe besteht aus den jeweils zusammengetragenen Ideen der Studierenden im Kurs. Hierbei sollen erste Analyse- und Kommunikationsfähigkeiten unabhängig von konkreten Tools trainiert werden (die Aufgabe ist auch mit einem Stift auf Papier lösbar).

Lösungsvorschläge: Kap. 3

Aufgabe 3.1: Hypergraphen

Zunächst stellt sich die Frage, ob eine Adjazenzmatrix hier weiterhilft. Dies ist bei Hypergraphen nicht der Fall. Besser erscheint hier eine Inzidenzmatrix. Eine Inzidenzmatrix für diesen Hypergraphen kann durch eine Überführung in seine bipartite Repräsentation erreicht werden. Wir benötigen hierzu zunächst die Gruppen (zur Ermittlung der Reihen der Inzidenzmatrix). Diese können wie folgt identifiziert werden:

- Gruppe A: Knoten 1, 3, 4, 6
- Gruppe B: 4, 7
- Gruppe C: 5, 6

Knoten 2 gehört keiner Gruppe an, ist also isoliert.

Die Inzidenzmatrix besteht aus drei Reihen (aufgrund der drei möglichen Gruppen A, B, C) sowie sieben Spalten (die Knoten 1, 2, 3, 4, 5, 6, 7) und zeigt die Zugehörigkeit der Knoten zu den Gruppen:

$$b = \begin{pmatrix} 1 & 0 & 1 & 1 & 0 & 1 & 0 \\ 0 & 0 & 0 & 1 & 0 & 1 & 1 \\ 0 & 0 & 0 & 0 & 0 & 1 & 1 \end{pmatrix} \tag{C.1}$$

Aufgabe 3.2: Dichte eines Petersen-Graphen

In einem Petersen-Graphen gibt es 10 Knoten, die alle den Grad 3 haben, d. h., jeder Knoten hat immer drei Nachbarn. Insgesamt existieren 15 Kanten im ungerichteten nicht planaren Graphen nach Petersen.

© Der/die Herausgeber bzw. der/die Autor(en), exklusiv lizenziert an Springer-Verlag GmbH, DE, ein Teil von Springer Nature 2023
C. Schmidt, *Graphentheorie und Netzwerkanalyse*,
https://doi.org/10.1007/978-3-662-67379-9

Maximal mögliche Kantenanzahl eines Petersen-Graphen:

$$
\begin{aligned}
L_{max} &= \frac{N(N-1)}{2} \\
&= \frac{10(10-1)}{2} \\
&= \frac{90}{2} \\
&= 45
\end{aligned}
\tag{C.2}
$$

Dichte eines Petersen-Graphen:

$$
\begin{aligned}
\rho &= \frac{2\,L}{N(N-1)} \\
&= \frac{2 \cdot 15}{10(9-1)} \\
&= \frac{30}{90} \\
&= 0{,}33333333333
\end{aligned}
\tag{C.3}
$$

Natürlich kann man sich auch mit diversen Anwendungen einen Petersen-Graphen erstellen und die Dichte berechnen lassen. Folgendes Listing zeigt einen Lösungsvorschlag in Python:

```python
import matplotlib.pyplot as plt
import networkx as nx

# Der Graph G
G = nx.petersen_graph()
pos = nx.spring_layout(G)
plt.axis('off')

# Zeichne den Graphen
nx.draw_networkx_nodes(G, pos, node_size=300, node_color="w", node_shape = 'o',
    edgecolors="black")
nx.draw_networkx_edges(G, pos, alpha=1)
nx.draw_networkx_labels(G, pos, labels=None, font_size=10, font_color='k',
    font_family='sans-serif', font_weight='normal', alpha=1.0, bbox=None, ax=None)
plt.show()

# Die Dichte des Graphen
print(nx.density(G))
```

Listing C.1 Lösung: Dichte im Petersen-Graph (Python)

Aufgabe 3.3: Ermittlung der Wegeanzahl

Die zugrunde liegende Adjazenzmatrix kann wie folgt notiert werden:

$$g = \begin{pmatrix} 0 & 1 & 1 & 0 & 1 \\ 1 & 0 & 0 & 1 & 1 \\ 1 & 0 & 0 & 1 & 0 \\ 0 & 1 & 1 & 0 & 0 \\ 1 & 1 & 0 & 0 & 0 \end{pmatrix}. \tag{C.4}$$

Möchte man wissen, wie viele Wege der Länge zwei im Graphen existieren, potenziert man g mit dem Exponenten 2:

$$g^2 = \begin{pmatrix} 3 & 1 & 0 & 2 & 1 \\ 1 & 3 & 2 & 0 & 1 \\ 0 & 2 & 2 & 0 & 1 \\ 2 & 0 & 0 & 2 & 1 \\ 1 & 1 & 1 & 1 & 2 \end{pmatrix}. \tag{C.5}$$

Den Einträgen ist mittels Kumulierung der Reihen- oder Spaltenhäufigkeiten (respektive der Aufsummierung aller Werte in der Matrix in Gl. C.5) zu entnehmen, dass es im obigen Graphen **30 Wege der Länge zwei** gibt. Es existieren beispielsweise drei Wege der Länge zwei von A zu A (1. A-E-A, 2. A-B-A, 3. A-C-A).

Entsprechend kann ermittelt werden, wie viele Wege der Länge drei im Graphen existieren; hierzu potenziert man g mit dem Exponenten 3 $((g^2)g)$.

$$g^3 = \begin{pmatrix} 2 & 6 & 5 & 1 & 4 \\ 6 & 2 & 1 & 5 & 4 \\ 5 & 1 & 0 & 4 & 2 \\ 1 & 5 & 4 & 0 & 2 \\ 4 & 4 & 2 & 2 & 2 \end{pmatrix}. \tag{C.6}$$

Den Einträgen in der Matrix ist zu entnehmen, dass es im obigen Graphen **74 Wege der Länge drei** gibt. Es existieren beispielsweise fünf Wege der Länge drei von A zu C (1. A-E-A-C, 2. A-B-A-C, 3. A-B-D-C, 4. A-C-D-C und 5. A-C-A-C).

Folgendes Listing zeigt einen Lösungsvorschlag zur Aufgabe in `Python`:

```python
import numpy as np

x = np.array([ [0, 1, 1, 0, 1],
               [1, 0, 0, 1, 1],
               [1, 0, 0, 1, 0],
               [0, 1, 1, 0, 0],
               [1, 1, 0, 0, 0],])
y = np.matrix(x)

a = y**2
b = y**3
# alternativ: c = np.linalg.matrix_power(x, 3)

print (x)
print (a)
print (b)
# print (c)
```

Listing C.2 Lösung: Potenzieren von Matrizen zur Ermittlung von Wegen (Python)

Aufgabe 4.1: Zwischenzentralität

Um die Zwischenzentralität zu ermitteln, müssen zunächst alle Knotenpaare (ohne 3 als Ausgangsknoten) aufgelistet werden. Dann wird die Anzahl der kürzesten Pfade (KP) der Knotenpaare untereinander ermittelt sowie der Anteil der Pfade, an denen Knoten 0 beteiligt ist (s. Tab. D.1).

Die Kumulierung der Anteile geteilt durch die Anzahl der betrachteten Knotenpaare ergibt eine Zwischenzentralität von $11/15 = 0,733$.

Aufgabe 4.2: Berechnung von Cluster-Koeffizienten

Hierzu müssen die Cluster-Koeffizienten aller Familien berechnet werden:

- 'Acciaiuoli': 0,
- **'Medici': 0,06666666666666667,**
- 'Castellani': 0,3333333333333333,
- **'Peruzzi': 0,6666666666666666,**
- 'Strozzi': 0,3333333333333333,
- 'Barbadori': 0,
- 'Ridolfi': 0,3333333333333333,
- 'Tornabuoni': 0,3333333333333333,
- 'Albizzi': 0,
- 'Salviati': 0,
- 'Pazzi': 0,
- 'Bischeri': 0,3333333333333333,
- 'Guadagni': 0,
- 'Ginori': 0,
- 'Lamberteschi': 0.

Tab. D.1 Lösungsweg: Ermittlung der Zwischenzentralität

Knotenpaare	KP (mit 3)	KP (ohne 3)	Anzahl KP	Verhältnis
0,1	0	1 (0-1)	1	0/1=0
0,2	0	1 (0-2)	1	0/1=0
0,4	1 (0-3-4)	0	1	1/1=1
0,5	1 (0-3-5)	0	1	1/1=1
0,6	1 (0-3-5-6)	0	1	1/1=1
1,2	0	1 (1-2)	1	0/1=0
1,4	2 (1-0-3-4; 1-2-3-4)	0	2	2/2=1
1,5	2 (1-0-3-5; 1-2-3-5)	0	2	2/2=1
1,6	1 (1-0-3-5-6; 1-2-3-5-6)	0	2	2/2=1
2,4	1 (2-3-4)	0	1	1/1=1
2,5	1 (2-3-5)	0	1	1/1=1
2,6	1 (2-3-5-6)	0	1	1/1=1
4,5	1 (4-3-5)	0	1	1/1=1
4,6	1 (4-3-5-6)	0	1	1/1=1
5,6	0	1 (5-6)	1	0/1=0
Summe = 15			Summe = 11	

Die höchsten Cluster-Koeffizienten weisen die Familien Medici und Peruzzi (fett) auf. Im Vergleich sind die Familien der Mitglieder, welche durch Heirat Teil dieser Familien geworden sind, auch untereinander durch Heirat stärker verbunden als alle anderen betrachteten Familien. Folgendes Listing zeigt einen Lösungsvorschlag in `Python`:

```python
1  import matplotlib.pyplot as plt
2  import networkx as nx
3
4  fig_size = plt.rcParams["figure.figsize"]
5  fig_size[0] = 10
6  fig_size[1] = 8
7  plt.rcParams["figure.figsize"] = fig_size
8
9  G = nx.florentine_families_graph()
10 C = nx.clustering(G) # Ermittlung der Cluster-Koeffizienten
11 print(C)
12
13 nx.draw_circular(G, node_size=3000, font_size=7, with_labels=True, node_color="w",
       node_shape = 'o', edgecolors="black")
14 plt.show()
```

Listing D.1 Lösung: Berechnung von Cluster-Koeffizienten (Python)

Aufgabe 5.1: Dyadenzensus und Reziprozität

Im Beispielgraphen in der Aufgabenstellung mit 7 Knoten (s. Abb. 5.14) errechnet sich die Anzahl der verschiedenen Dyaden analog zu Gl. 5.1 in Abschn. 5.1 wie folgt:

$$\binom{N}{2} = \frac{(7^2 - 7)}{2} = \frac{(49 - 7)}{2} = \frac{(42)}{2} = 21. \tag{E.1}$$

Aufgeschlüsselt enthält der Graph dementsprechend drei Dyadentypen wie folgt:

- 5 reziproke (M),
- 1 asymmetrische (A),
- 15 Null-Dyaden (N) (s. gestrichelte Kanten in Abb. E.1).

Die Reziprozität, also der Anteil aller reziproken an allen auftretenden Kanten beträgt $\frac{5}{6} = 0{,}833$. Demnach sind die Dyadenbeziehungen einer zufällig im Graphen ausgewählten Dyade mit einer Wahrscheinlichkeit von 83 % reziprok.

Aufgabe 5.2: Ego-zentrierte Netzwerkanalyse mit unterschiedlichen Radien

Insgesamt enthält das auf Basis von im Internet frei verfügbaren Daten (Stand: Dezember 2020) erstellte Netz 60 Knoten und 105 gerichtete Kanten. Kanten wurden für vier Beziehungstypen angelegt:

- „verheiratet mit" (27,62 %),
- „geschieden von" (5,71 %),
- „Mutter" (33,33 %) und
- „Vater" (33,33 %).

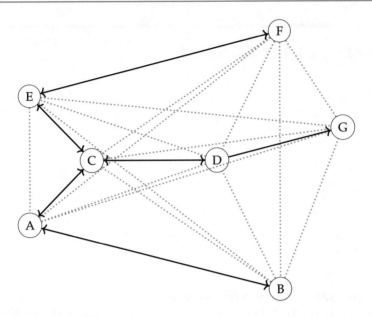

Abb. E.1 Dyadentypen

So enthält das Netz zu $\frac{2}{3}$ Abstammungsrelationen und zu $\frac{1}{3}$ Familienstandsinformationen.

Abb. E.2 zeigt das gesamte Netz für die gesammelten Daten von Königin Elizabeth II. Hierbei wurden die gesammelten Daten zunächst in `Python` und der Bibliothek `networkx` als Graph angelegt (s. Listing E.1).

Nach einer Zerlegung in ego-zentrische Netze verschiedenen Grades und den Triaden-analysen (s. Tab. E.1) erfolgte der Export für die Anwendung `Gephi` mithilfe derer die Berechnung der Zentralitätsmaße sowie weitere Anpassungen hinsichtlich der Visualisie-rung vorgenommen wurden.

Die Knoten im Netz sind in ihrer Größe proportional zu ihrer Zwischenzentralität darge-stellt (je höher der Wert, desto größer der Knoten).

Knoten sind allgemein weiß gefärbt, gehören sie zum ego-zentrierten Netz des Grades 1, sind sie hellgrau, im ego-zentrierten Netz des Grades 2 dunkelgrau. Die Beschriftun-gen/Labels der Relationen umfassen: „verheiratet mit", „geschieden von", „Mutter" und „Vater".

Die Auswertung der Kennzahlen und Zentralitätsmaße lieferte die folgenden Ergebnisse:

- Durchmesser des Netzes: 6,
- Durchschnittliche Pfadlänge: 3,37,
- Durchschnittlicher Cluster-Koeffizient: 0,371,

- Knoten mit höchster Zwischenzentralität (betweenness): „Charles, Prince of Wales" (Rang 1), „Prince Philip, Duke of Edinburgh" (Rang 2), „Königin Elizabeth II." (Rang 3),
- Knoten mit höchster Nähezentralität (closeness): Duke & Duchess of Cambridge, Duchess of Sussex, Earl & Countess of Wessex, die Kinder der Princess Royal samt Ehepartner:innen, Princess Eugenie of York und ihr Ehepartner, die Kinder der Duchess of Cornwall aus erster Ehe, sowie die Kinder von Princess Margaret, der Schwester der Königin,
- Zwei Knoten mit Eigenvektor 1 („Prince William, Duke of Cambridge", „Prince Harry, Duke of Sussex") sowie sieben Knoten mit Eigenvektor 0.

Insgesamt zeigt sich, dass der zentrale Ausgangsknoten (Königin Elisabeth II.) im gesamten Kontext hinsichtlich seiner Zentralitätsmaße nicht den ersten Platz einnimmt. Der Cluster-Koeffizient impliziert, dass mit einer Wahrscheinlichkeit von 37 % die Nachbarn eines zufällig ausgewählten Knotens ebenso miteinander verbunden sind. Diese Querverbindungen entstehen entweder reziprok durch den Familienstand oder asymmetrisch durch die Verwandtschaftsbeziehungen. Da weitere Relationen wie z. B. *Geschwister* nicht im Netz repräsentiert sind, würde sich dieser Wert durch Hinzufügung weiterer reziproker und/oder asymmetrischer Relationen untereinander erhöhen. Auf Basis der Zwischenzentralität zeigt sich, wie wichtig die genannten Knoten für die kürzesten Pfade zwischen allen Knoten im Netzwerk sind (es ist nicht das Ausgangsego auf Rang 1); sie fungieren als wichtige Gateways für den Kommunikationsfluss im Netz.

Die Nähezentralität reflektiert, dass auch vermeintlich eher weiter weg liegende Knoten eine wichtige Position im Gesamtnetz einnehmen. So finden sich neben vier leiblichen Enkeln der Königin auch fünf Ehepartner:innen von Enkel:innen, zwei Kinder einer Schwiegertochter aus erster Ehe sowie deren Nichte und Neffe.

Die Analyse des Eigenvektors zeigte, dass es sich bei denjenigen sieben Knoten mit Wert 0 um die Großeltern von Königin Elizabeth II. und ihres Ehemannes Philip handelt. Zudem zeigt sich, dass bei der Datenerhebung ein Knoten nicht enthalten war, nämlich die Großmutter der Königin mütterlicherseits: Lady Cecilia Nina Cavendish-Bentinck.

Abb. E.3 zeigt das ego-zentrierte Netz vom Grad/Radius 1 (mit ego):

Im Ego-zentrierten Netz des Grades 1 zeigen sich sieben Knoten: die Eltern, der Ehemann sowie die vier Kinder des egos. Aufgrund der Triaden zu den vier Kindern, ist bei einer Triadenanalyse mindestens die Anzahl vier des Typs 120U zu erwarten.

Abb. E.4 zeigt das egozentrische Netz vom Grad/Radius 2 (mit ego):

Im ego-zentrierten Netz des Grades 2 zeigen sich 27 Knoten: die Eltern, Großeltern, die Schwester, der Ehemann sowie die vier Kinder (einschließlich aktueller/vergangener Eheparter(inne)n und gemeinsamer Kinder) des egos.

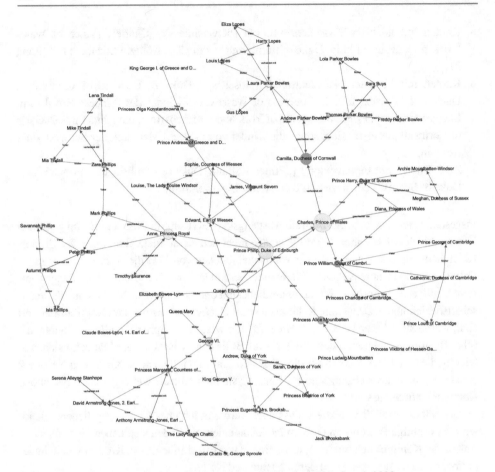

Abb. E.2 Ego-zentriertes Familiennetz (gesamt) von „Elisabeth II."; Stand: 2020

Der Triadenzensus ergab weitere Einblicke in die Netzstruktur. Insgesamt enthält das Gesamtnetz 34.220 Triaden, das ego-zentrierte Netz vom Grad 1 56 Triaden (0,16 % aller Triaden) bei acht Knoten und das ego-zentrierte Netz vom Grad 2 3276 Triaden bei 28 Knoten, was einem Anteil von 9,57 % an allen Triaden entspricht. Mit dem ego-zentrierten Netz des Grades 2 können folglich nahezu 50 % des Gesamtnetzes betrachtet werden. Hierbei zeigen sich ähnliche Tendenzen hinsichtlich der Ergebnisse der Triadenzensi.

In allen Graphen überwiegen Null-Dyaden, im Gesamtgraphen sowie im ego-zentrierten Netz Grad 2 folgen auf Rang 2 die Strukturtypen 012, im ego-zentrierten Netz des Grades 1 folgen hingegen auf Rang 2 die zwei nach unten gerichteten asymmetrischen Verbindungen im Strukturtyp der Triade 021D. Wie zuvor erwartet, tritt im ego-zentrierten Netz des Grades 1 viermal der Typ 120U auf (die Kinder der Königin unter Berücksichtigung der reziproken Beziehung der Eltern durch Heirat).

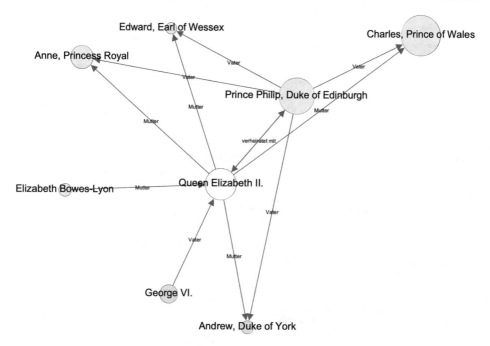

Abb. E.3 Ego-zentriertes Familiennetz (Radius: 1) von „Elisabeth II."; Stand: 2020

Keiner der Graphen weist den Strukturtyp 300 auf, und der Anteil des Strukturtyps 102 liegt, wenn er auftritt (im Gesamtnetz sowie im egozentierten Netz mit Radius 2), unter 4 %. Deshalb kann, ausgehend von den erhobenen Daten, kein Idealmodell als passfähig erachtet werden.

Tab. E.1 fasst die Ergebnisse der Triadenanalyse des gesamten betrachteten Netzes sowie der ego-zentrierten Netze der Grade 1 und 2 zusammen.

Insgesamt könnte der Graph nun um zahlreiche Daten erweitert und weiter analysiert werden. Sicher ergäbe sich ein interessantes Bild, wenn man die Möglichkeit hätte, weitere relevante Knoten und Kanten mit zusätzlichen Instrumenten und Datenquellen für ein ego-zentriertes Netz (auch mit weiteren Egos aus den bisher betrachteten Radien) zu ermitteln (s. Aufgabe 2.1). Aufgrund weiterer Attribute wäre zudem eine Basis für weitere Gruppierungen und Analysen geschaffen.

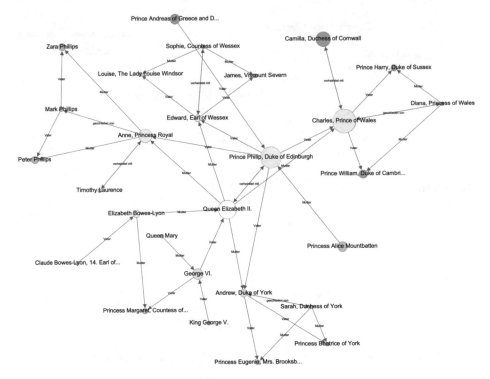

Abb. E.4 Ego-zentriertes Familiennetz (Radius: 2) von „Elisabeth II."; Stand: 2020

Tab. E.1 Ergebnisse: Triadenzensus

Triadentyp	Anzahl Gesamtnetz	Anzahl Ego (Grad 1)	Anzahl Ego (Grad 2)
003	29.338	21	2346
012	3774	8	707
021C	74	8	40
021D	42	12	22
021U	6	1	4
030C	0	0	0
030T	2	0	2
102	914	0	125
111D	34	2	14
111U	8	0	5

(Fortsetzung)

Tab. E.1 (Fortsetzung)

Triadentyp	Anzahl Gesamtnetz	Anzahl Ego (Grad 1)	Anzahl Ego (Grad 2)
120C	0	0	0
120D	0	0	0
120U	26	4	10
201	2	0	1
210	0	0	0
300	0	0	0

Listing E.1 zeigt auszugsweise einen Vorschlag für die Erstellung des Graphen, die Zerlegung in ego-zentrierte Netzwerke und die Triadenanalyse in `Python`.

```
 1  import collections
 2  import matplotlib.pyplot as plt
 3  import networkx as nx
 4
 5  # nx.DiGraph.clear()
 6  fig_size = plt.rcParams["figure.figsize"]
 7  fig_size[0] = 15
 8  fig_size[1] = 15
 9  plt.rcParams["figure.figsize"] = fig_size
10
11  # Knoten und deren Labels
12  Majesty = "Queen Elizabeth II."
13  QueenSister = "Princess Margret"
14  QueenMom = "Elizabeth Bowes-Lyon"
15  ...
16  # Graph erstellen durch Anlegen der Relationen mit zuvor definierten Labels von Knoten
17  G = nx.DiGraph()
18
19  # Relationen, z. B. Eltern der Queen
20  G.add_edge(QueenMom,Majesty, title='Mutter')
21  G.add_edge(QueenDad,Majesty, title='Vater')
22  ...
23  # Die Labels der Knoten zum Plotten
24  edge_labels = nx.get_edge_attributes(G, 'title')
25
26  # Den Graphen ausgeben
27  pos = nx.spring_layout(G)
28  plt.axis('off')
29  nx.draw_networkx_nodes(G, pos, node_color="w", node_shape = 'o', node_size=500)
30  nx.draw_networkx_edges(G, pos, edgelist=None, width=1.0, edge_color='k', style='solid', alpha=0.5,
        edge_cmap=None, edge_vmin=None, edge_vmax=None, ax=None, arrows=True, label=None, arrowsize=20,
        arrowstyle='->')
31  nx.draw_networkx_labels(G, pos, labels=None, font_size=8, font_color='k', font_family='sans-serif',
        font_weight='bold', alpha=1.0, bbox=None, ax=None)
32  nx.draw_networkx_edge_labels(G, pos, edge_labels=edge_labels,font_size=7)
33  plt.show()
34
35  #T riadenzensus
36  nx.triadic_census(G)
37
38  # Export, z. B. fuer Gephi zur weiteren Anpassung der Visualisierung
39  # nx.write_gexf(G, "Datei.gexf")
40
41  #Ego-Netz mit Grad 1; Radius kann angepasst werden, z. B. 2, 3
42  G1 = nx.ego_graph(G, Majesty , radius=1, center=True, undirected=True, distance=None)
```

```
43  edge_labels1 = nx.get_edge_attributes(G1, 'title')
44  pos = nx.spring_layout(G1, k=3, iterations=150)
45  plt.axis('off')
46  nx.draw_networkx_nodes(G1, pos, node_size=500, node_color="w", node_shape = 'o')
47  nx.draw_networkx_edges(G1, pos, edgelist=None, width=1.0, edge_color='k', style='solid', alpha=0.5,
            edge_cmap=None, edge_vmin=None, edge_vmax=None, ax=None, arrows=True, label=None, arrowsize=20,
            arrowstyle='->')
48  nx.draw_networkx_labels(G1, pos, labels=None, font_size=8, font_color='k', font_family='sans-serif',
            font_weight='bold', alpha=1.0, bbox=None, ax=None)
49  nx.draw_networkx_edge_labels(G1, pos, edge_labels=edge_labels1, font_size=7)
50  plt.show()
51  #Triadenzensus
52  nx.triadic_census(G1)
53  ...
```

Listing E.1 Lösung (Auszug): Beziehungsnetz Elisabeth II. (Python)

Aufgabe 5.3: Clustering von Zachary's Karate Club mittels Label Propagation

Abb. E.5 zeigt das Ergebnis der Community Detection in R als visualisierten Graphen. Knoten, die aufgrund der Ausführung des Algorithmus einer spezifischen Gruppe zugeordnet wurden, sind gleich eingefärbt. Die Zerlegung hat eine Modularität i. H. v. 0,371.

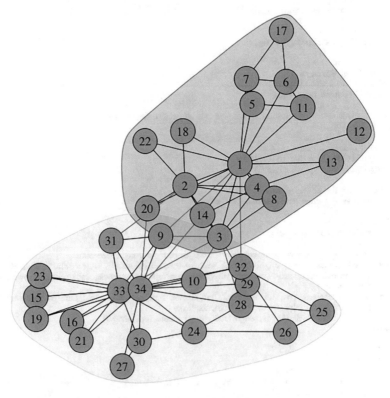

Abb. E.5 Clustering/Label Propagation: „Zachary's Karate Club" (R)

Listing E.2 zeigt die Community Detection mittels Label Propagation (methode `cluster_label_prop()`) in R.

```
1  library(igraph)
2  g <- make_graph("Zachary")
3  wc <- cluster_label_prop(g, weights = NULL, initial = NULL, fixed = NULL)
4  plot(wc,g, edge.arrow.size=.5)
```

Listing E.2 Lösung: Label Propagation (R)

Abb. E.6 zeigt das Ergebnis der Community Detection in `Julia` als visualisierten Graphen. Knoten, die aufgrund der Ausführung des Algorithmus einer spezifischen Gruppe zugeordnet wurden, sind gleich eingefärbt. Die Zerlegung hat eine Modularität i. H. v. 0,371.

Listing E.3 zeigt die Community Detection mittels Label Propagation (methode `label_propagation()`) in `Julia`.

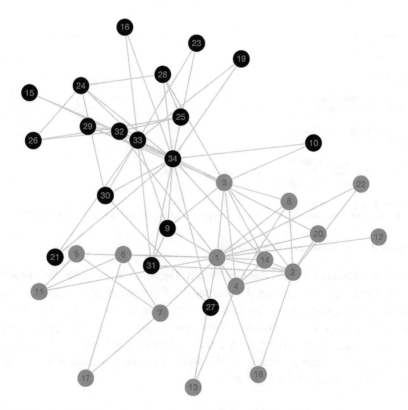

Abb. E.6 Clustering/Label Propagation: „Zachary's Karate Club" (Julia)

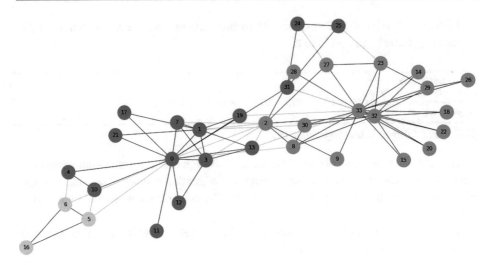

Abb. E.7 Clustering/Label Propagation: „Zachary's Karate Club" (Python)

```
 1  using LightGraphs
 2  using CommunityDetection
 3  using Colors
 4  using GraphPlot
 5
 6  set_default_graphic_size(20cm,20cm)
 7  g = graphfamous("karate")
 8
 9  nvertices = nv(g) # number of vertices
10  nedges = ne(g)    # number of edges
11
12  membership = label_propagation(g)
13  nodecolor = distinguishable_colors(nv(g), colorant"lightseagreen")
14  nodefillc = nodecolor[membership[1]]
15
16  layout=(args...) -> spring_layout(args...; C=10)
17  gplot(g, layout=layout, nodelabel=1:nvertices, nodefillc=nodefillc, nodelabelc=colorant"grey", nodesize =
        0
```

Listing E.3 Lösung: Label Propagation (Julia)

Abb. E.7 zeigt das Ergebnis der Community Detection in Python als visualisierten Graphen. Knoten, die aufgrund der Ausführung des Algorithmus einer spezifischen Gruppe zugeordnet wurden, sind gleich eingefärbt.[1] Die Zerlegung hat eine Modularität i. H. v. 0,325.

Listing E.4 zeigt die Community Detection mittels Label Propagation (methode label_propagation()) in Python. Die Einfärbung von Knoten nach Zugehörigkeit zu einer ermittelten Gemeinschaft (l. 10-47) wurde im Lösungsvorschlag wie im Beispiel in Listing 5.3 (s. Abschn. 5.4.5.3) adaptiert.

---

[1] Vgl. Adaption von Platt [1] in Listing 5.3

```
1  import matplotlib.pyplot as plt
2  import networkx as nx
3  import networkx.algorithms.community as nx_comm
4
5  G = nx.karate_club_graph()
6  communities = nx_comm.label_propagation_communities(G)
7  plt.rcParams["figure.figsize"] = (20,10)
8  plt.axis('off')
9
10 def set_node_community(G, communities):
11     '''Add community to node attributes'''
12     for c, v_c in enumerate(communities):
13         for v in v_c:
14             # Add 1 to save 0 for external edges
15             G.nodes[v]['community'] = c + 1
16
17 def set_edge_community(G):
18     '''Find internal edges and add their community to their attributes'''
19     for v, w, in G.edges:
20         if G.nodes[v]['community'] == G.nodes[w]['community']:
21             # Internal edge, mark with community
22             G.edges[v, w]['community'] = G.nodes[v]['community']
23         else:
24             # External edge, mark as 0
25             G.edges[v, w]['community'] = 0
26
27 def get_color(i, r_off=1, g_off=1, b_off=1):
28     '''Assign a color to a vertex.'''
29     r0, g0, b0 = 0, 0, 0
30     n = 16
31     low, high = 0.1, 0.9
32     span = high - low
33     r = low + span * (((i + r_off) * 3) \% n) / (n - 1)
34     g = low + span * (((i + g_off) * 5) \% n) / (n - 1)
35     b = low + span * (((i + b_off) * 7) \% n) / (n - 1)
36     return (r, g, b)
37
38 # Set node and edge communities
39 set_node_community(G, communities)
40 set_edge_community(G)
41 node_color = [get_color(G.nodes[v]['community']) for v in G.nodes]
42
43 # Set community color for edges (internal and external)
44 external = [(v, w) for v, w in G.edges if G.edges[v, w]['community'] == 0]
45 internal = [(v, w) for v, w in G.edges if G.edges[v, w]['community'] > 0]
46 internal_color = ['black' for e in internal]
47 G_pos = nx.spring_layout(G)
48 plt.rcParams.update({'figure.figsize': (15, 10)})
49
50 # Draw external edges
51 nx.draw_networkx(G,
52         pos=G_pos,
53         node_size=0,
54         edgelist=external,
55         edge_color="silver")
56
57 # Draw nodes and internal edges
58 nx.draw_networkx(G,
59         pos=G_pos,
60         node_size=1000,
61         node_color=node_color,
62         edgelist=internal,
63         edge_color=internal_color)
```

Listing E.4 Lösung: Label Propagation (Python)

Die Auswertungen zeigen, dass sich auf Basis der Label Propagation Zerlegungen mit Modularitätswerten über 0,3 finden lassen. Es ist folglich von einem guten Indikator für eine signifikante Gemeinschaftsstruktur in einem Netzwerk auszugehen.

Die Zerlegungen zeigen mindestens zwei unterscheidbare Gruppen. Knoten innerhalb einer mittels Label Propagation zugeordneten Gruppe scheinen mehr miteinander zu interagieren, als es zufällig bei Knoten im Kontext des gesamten betrachteten Netzes zu erwarten wäre. Hinsichtlich der Modularitätswerte liefern die Zerlegungen in R und Julia den höchsten („besten") Wert. Hierbei weisen Zerlegungen mit zwei Gruppierungen vergleichsweise höhere Werte hinsichtlich der Modularität auf.

Selbstverständlich ist offen, ob bei einer Anwendung anderer Algorithmen respektive einer erneuten Anwendung der Label Propagation weitere Gruppen unterschieden würden.

Die Aussagekraft der ermittelten Zerlegungen ist limitiert, da Details zur zugrunde liegenden Gruppenstruktur und zum Kontext unbekannt sind. Weitere Analysen, z. B. hinsichtlich spezifischer Attribute von Knoten und Kanten innerhalb einer gefundenen Zerlegung, wären deshalb auf Basis der ersten explorativen Gemeinschaftserkennung ergänzend anzuraten.

Aufgabe 6.1: Kleine-Welt-Modell
Gegeben sei ein Kleine-Welt-Netzwerk mit $N = 2000$, $k = 3$ und unterschiedlichen p (rewiring probabilities): 0,001, 0,01, 0,2, 0,3. Tab. F.1 zeigt den Effekt auf den durchschnittlichen kürzesten Pfad: Dieser sinkt für $0{,}001 < p < 0{,}2$ rapide ab und bleibt für $p > 0{,}2$ fast auf dem Niveau eines Zufallsgraphen mit $p = 1$ (4,45).

Aufgabe 6.2: Konfigurationsmodell (gerichteter Graph)
Basis: Gradsequenz (s. Tab. 6.5) Stubs und mögliche Matchings (Abb. F.1 und F.2).

Aufgabe 6.3: ERGM
Abb. F.3 zeigt das Kommunikationsnetzwerk mit gewichteter Knotengröße abhängig vom Grad.

Abb. F.1 Stubs

Tab. F.1 Vergleich: durchschnittlicher kürzester Pfad im Kleine-Welt-Modell

p	0,001	0,01	0,2	0,3
Average shortest path	46,06	12,89	4,95	4,66

Abb. F.2 Mögliche gerichtete Graphen auf Basis der Gradsequenz

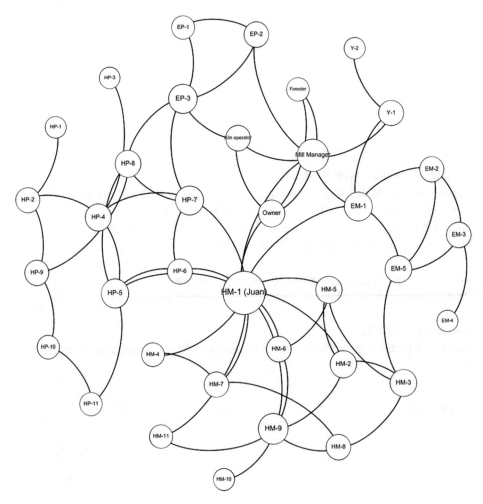

Abb. F.3 Soziales Kommunikationsnetzwerk „sawmill"

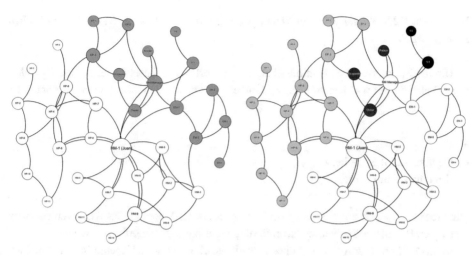

(a) *Sprache (Weiß: Spanisch; Grau: Englisch)*   **(b)** *Bereich (Weiß: Mühle, Hellgrau: Plan schleifen,*
Dunkelgrau: Leitungsfunktion, Schwarz: Außen-
lager)

Abb. F.4 Soziales Kommunikationsnetzwerk „sawmill" (nach Attributen)

Tab. F.2 Kreuztabellen

	Englisch	Spanisch
Englisch	20	6
Spanisch	6	36

(a) *Attribut/Kategorie: Sprache*

	M	P	S	Y
M	29	4	4	2
P	4	19	1	0
S	4	1	2	0
Y	2	0	0	1

(b) *Attribut/Kategorie: Bereich (M: Mühle, P: Plan*
schleifen, S: Leitungsfunktion, Y: Außenlager;)

Es stellt sich die Frage, welche Rolle die Attribute Sprache und Bereich bei der Kantenbildung des Kommunikationsnetzwerkes spielen.

Eine erste Exploration der Visualisierungen nach Attributen (Abb. F.4a, Abb. F.4b) sowie
der Kreuztabellen (Tab. F.2a, Tab. F.2b) deutet darauf hin, dass es unterhalb der Mitarbeiter-
schaft im gleichen Bereich bzw. mit dem gleichen Sprachhintergrund mehr Kommunikati-
onsbeziehungen zu geben scheint.

Die ersten Auswertungen und Visualisierungen deuten auf Arbeitshypothesen wie folgt
hin:

Hypothese F.1. *Knoten kommunizieren mehr mit anderen Knoten, wenn sie die gleiche*
Sprache als Muttersprache sprechen.

Hypothese F.2. *Knoten kommunizieren mehr mit anderen Knoten, wenn sie im gleichen Bereich arbeiten.*

Um die Formierung des Kommunikationsnetzwerkes auf Basis dieser beiden Hypothesen näher erfassen und beschreiben zu können, soll das ERGM die folgenden Parameter beinhalten:

- Kanten,
- Knotenattribut Sprache,
- Knotenattribut Bereich.

Die Frage ist also, ob ein Netzwerk zufällig generiert wird, oder ob das Auftreten der oben genannten Parameter die Netzwerkformierung signifikant zu beeinflussen scheint.

Im ersten Schritt soll ein einfaches Modell die Kantenbildung/Dichte im Allgemeinen fokussieren.[2]

Die Parameterschätzung für die Kantenbildung zwischen zwei Knoten ergibt $-2,2150$ bei einem Standardfehler i.H.v. $0,1338$. Der negative Koeffizient bedeutet nicht, dass das Modell keine, sondern eine vergleichsweise eher geringe Kantenbildung hin zu weniger dichten Netzen bevorzugt.

Dieser Wert kann zur Berechnung einer bedingten Wahrscheinlichkeit für jede Kante mithilfe des natürlichen Logarithmus einer Chance (Logit) genutzt werden:

$$\begin{aligned} logit(p(y)) &= \theta \ X \ \delta(g(y)) \\ &= -2,2150 \ X \ \text{Änderung der Kantenanzahl} \qquad \text{(F.1)} \\ &= -2,2150 \ X \ 1. \end{aligned}$$

Die entsprechende Wahrscheinlichkeit ergibt sich durch die Inverse der Logit-Funktion (Expit) von θ:

$$\begin{aligned} \text{expit} \ (\theta) &= e(-2,2150)/(1 + e(-2,2150)) \\ &= 0,109/1,109 \qquad \qquad \text{(F.2)} \\ &= 0,098. \end{aligned}$$

Diese Wahrscheinlichkeit $(0,098)$ korrespondiert mit der Dichte und repräsentiert das sog. Null-Modell, die Basistendenz bzw. Wahrscheinlichkeit der Kantenbildung im Kommunikationsnetz.

Nun können weitere Parameter in das Modell integriert werden. Da das Modell mit den Knotenattributen Sprache und Bereich endogene Terme enthält, werden diese nicht

---

[2] Die Umsetzung der ERGM-Modellierung erfolgte in R mit der Bibliothek `statnet` (s. Listing F.1).

Tab. F.3 ERGM-Modell: Schätzung „sawmill"

	Schätzung (SE)	Goodness of fit (Gof) / p-Value
Kanten (edges)	−5,5015 (0,5383)*	0,98
nodematch.Sprache.Englisch	3,2328 (0,5489)*	1,00
nodematch.Sprache.Spanisch	2,0402 (0,4642)*	0,84
nodematch.Bereich.M	2,6267 (0,4173)*	1,00
nodematch.Bereich.P	2,5413 (0,4646)*	0,96
nodematch.Bereich.S	2,9619 (1,2757)*	1,00
nodematch.Bereich.Y	16,8348 (882,7434)	1,00

sukzessiv, sondern gesammelt integriert und berechnet. Zwischenschritte bereiten Probleme beim Konvergieren.[3]

Das Modell beinhaltet demnach die folgenden Parameter (s. Listing F.1):

- Anzahl der Kanten [edges],
- Anzahl der Kanten zwischen Knoten mit gleicher Sprache nach Sprachen [nodematch("Sprache", diff = TRUE)],
- Anzahl der Kanten zwischen Knoten in demselben Bereich nach Bereichen [nodematch("Bereich", diff = TRUE)].

Tab. F.3 zeigt die ermittelten Schätzungen der Parameter im Modell (signifikante Parameter sind durch ein * gekennzeichnet).

Im Ergebnis zeigt sich bei dem Beispiel, dass das Modell insgesamt eher weniger Kanten/eine geringe Dichte bevorzugt.

Im Kontext der Hypothesen zeigen sich folgende Ergebnisse:

- Hypothese F.1: Das Modell bevorzugt mehr Kantenbildungen/Kommunikation innerhalb der Kategorie Sprache.
- Hypothese F.2: Das Modell bevorzugt mehr Kantenbildungen/Kommunikation innerhalb der Kategorie Bereich (außer im Bereich Y).

Die Frage, die sich bei allen Modellen stellt, ist, wie gut das Modell erscheint. Dies beinhaltet z. B. eine Überprüfung der MCMC-Analyse sowie einen Abgleich des Modells mit den Daten mittels Goodness of Fit (Gof). Die Werte für den Gof sind zwar bei allen Parametern hoch, müssen jedoch vernachlässigt werden, da eine MCMC-Analyse auf Basis des vorliegenden Datensatzes mit dem Modell nicht konvergiert (s. Tab. F.3).

---

[3] Dies ist auch hier der Fall und reproduzierbar, wenn lediglich Triaden als Parameter integriert werden; das Hinzufügen weiterer Terme/Parameter im Modell erleichtert das Finden und Maximieren der Wahrscheinlichkeiten.

Die Untersuchung weiterer Hypothesen sowie die Erstellung und der Vergleich weiterer Modelle mit ergänzenden Berechnungen und Simulationen könnten nun folgen.

Listing F.1 zeigt den entsprechenden Code zum Nachmachen in R.

```
 1  library(statnet)
 2  #library(igraph)
 3  library(intergraph)
 4
 5  g<-read.graph("sawmill.gml",format=c("gml"))
 6  sawmill <- asNetwork(g)
 7  summary(sawmill)#Pruefen der Attribute
 8  class(sawmill)#sollte network sein
 9  summary(sawmill~edges+triangle) #62 edges, 18 Triangles
10  plot(sawmill, displayisolates = FALSE, vertex.col = "Sprache", vertex.cex = 0.7)
11
12  #Kreuztabellen
13  mixingmatrix(sawmill, "Sprache")
14  mixingmatrix(sawmill, "Bereich")
15
16  #modell - nur edges, also Zufallsgraph/Null-Modell
17  model0 <- ergm(sawmill~edges)
18  model0
19  summary(model0)
20  model0{$}coefficients
21  names(model0)
22
23  # Export des Wertes des Koeffizienten des gewuenschten Kovariats, hier edges
24  coef0 <- as.numeric(coef(model0)['edges'])
25
26  # Wahrscheinlichkeit mittels Expit
27  exp(coef0)/(1 + exp(coef0)) #0.0984127
28
29  #ERGM-Modell mit allen Parametern - nach Kategorien differenziert
30  model_diff <- ergm(sawmill~edges+ nodematch("Sprache",diff=T) + nodematch("Bereich
       ",diff=T))
31  summary(model_diff)
32
33  #Modell mit allen Kovariaten, die interessieren - in Kategorien zusammengefasst (s
       . Beispiel)
34  model <- ergm(sawmill~edges+ nodematch("Sprache") + nodematch("Bereich"))
35  summary(model)
36
37  #Wahrscheinlichkeiten
38  plogis(coef(model)['edges'])#0.005293458
39  plogis(coef(model)['edges'] + coef(model)['nodematch.Sprache'])#0.05207193
40  plogis(coef(model)['edges'] + coef(model)['nodematch.Sprache'] + coef(model)['
       nodematch.Bereich'])#0.3492904
41
```

```
42  #Pruefung der Daten
43  summary(sawmill~edges+nodefactor('Sprache') + nodematch('Sprache',diff=T))
44  summary(sawmill~edges+nodefactor('Bereich') + nodematch('Bereich',diff=T))
```

Listing F.1 Lösung: ERGM „sawmill" (R)

Aufgabe 6.4: k-Schwellenwert

SIS: Infizierte Knoten sind grau gefärbt. Ab t_1 oszilliert die Krankheit, d. h., Knoten 14 und 18 infizieren zum nächsten Zeitpunkt Knoten 13 und 19 und dann wieder umgekehrt (s. Abb. F.5).

SI: Infizierte Knoten sind grau gefärbt. In nur zwei Zeitsprüngen verbreitet sich die Krankheit von vier Knoten auf fast das gesamte Netz – im nächsten Schritt wären alle Knoten infiziert (s. Abb. F.6).

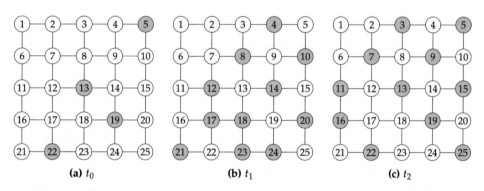

(a) t_0 **(b)** t_1 **(c)** t_2

Abb. F.5 $k = 1$-Schwellenwert: SIS-Modell

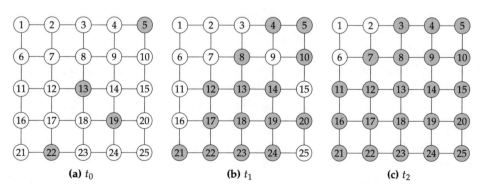

(a) t_0 **(b)** t_1 **(c)** t_2

Abb. F.6 $k = 1$-Schwellenwert: SI-Modell

Stichwortverzeichnis

© Der/die Herausgeber bzw. der/die Autor(en), exklusiv lizenziert an Springer-Verlag GmbH, DE, ein Teil von Springer Nature 2023
C. Schmidt, *Graphentheorie und Netzwerkanalyse*,
https://doi.org/10.1007/978-3-662-67379-9

Printed in the United States
by Baker & Taylor Publisher Services